TURING

时空大数据
SPATIAL-TEMPORAL BIG DATA

系统核心技术

隋远　俞自生　王如斌 ○ 著

U0383258

人民邮电出版社

北　京

图书在版编目（CIP）数据

时空大数据系统核心技术 / 隋远，俞自生，王如斌
著. -- 北京：人民邮电出版社，2024.1
ISBN 978-7-115-63162-6

Ⅰ. ①时… Ⅱ. ①隋… ②俞… ③王… Ⅲ. ①数据处
理系统 Ⅳ. ①TP274

中国国家版本馆CIP数据核字(2023)第224012号

内 容 提 要

本书分为 10 章。前两章循序渐进地介绍了时空大数据系统产生的背景、时空大数据系
统相关的基础知识，包括专业概念、基础技术组件，以及基础的数据处理工具。接下来的五
章是本书的核心内容，从底向上分别介绍了时空数据系统总体结构中的各个层次，包括数据
的感知与接入、数据的存储与索引、数据的分析与挖掘、数据的服务与共享、数据的可视化。
这些章会介绍最经典的算法和最前沿的技术，并会给出这些技术和算法在普通场景下和分布
式场景下的实现思路。最后本书详尽拆解了网上购物、物流服务、危化品车辆监管这三个热
门的大数据系统的应用。

◆ 著　　　　隋　远　俞自生　王如斌

　　责任编辑　赵　轩

　　责任印制　胡　南

◆ 人民邮电出版社出版发行　　北京市丰台区成寿寺路 11 号

　邮编　100164　电子邮件　315@ptpress.com.cn

　网址　https://www.ptpress.com.cn

固安县铭成印刷有限公司印刷

◆ 开本：720×960　1/16

印张：18.25　　　　　　　　　2024 年 1 月第 1 版

字数：325 千字　　　　　　　2024 年 1 月河北第 1 次印刷

定价：79.80 元

读者服务热线：(010)84084456-6009　印装质量热线：(010)81055316

反盗版热线：(010)81055315

广告经营许可证：京东市监广登字 20170147 号

目前，时空数据技术正在蓬勃发展。

从人才角度来看，除了传统 GIS 领域的人才，越来越多计算机行业的专家开始深入研究时空数据，贡献了大量先进的理论和技术。还有统计学、数学等专业人士也在探索时空数据和他们研究的领域的融合方案。

从技术角度来看，伴随传感器、计算机等基础能力的发展，时空数据技术呈现百花齐放的态势。当年，"ArcGIS"几乎成了地理信息及时空数据系统的代名词，在国内外鲜有对手。而近十几年，出现了大量的生产级的优秀技术，比如时空计算引擎 Apache Sedona、存储引擎 GeoMesa、京东的 JUST 以及阿里巴巴基于云计算的 Ganos。

从产品角度来看，一些以时空数据为基础的大型系统、理论体系、解决方案经过多年的积累，开始逐渐成熟并落地。比如在智慧城市这个融合多行业、多场景的领域有百度和阿里的"城市大脑"、京东的"城市操作系统"等。在理论方面，郑宇博士的城市计算理论和城市知识体系，都以时空数据作为重要基础。

从应用角度看，时空数据的应用方向越来越多，场景越来越深入。除了传统的政府项目，时空数据开始出现在大量的 B 端和 C 端场景，并发挥其独特优势。比如在农业、交通等领域的应用越来越深入，解决的问题越来越复杂。一些新兴行业，比如无人驾驶、物联网等，也开始探索融合时空数据技术的新解决方案。

本书正是在这样的背景下产生的。在最开始创作这本书时，我们的目的并不是很"宏大"。最初，虽然我们主要在研发时空大数据系统，但团队成员的背景却各不相同。有的同学是 GIS 专业，但不熟悉分布式、大数据技术。有的同学是计算机专业，但对时空数据了解不多。还有一些建筑、化学等专业的同学，是对相关理论和技术都没什么概念的纯"小白"。为了让大家齐头并进，了解我们要做的事情的来龙去脉，我们会定期做一些分享。但这些分享的内容慢慢变得五花八门，不成体系。于是我就有一个想法，即将零散的知识系统化，让大家学习起来更容易。

书中内容可以分为 3 个部分，第 1、2 章为基础知识，介绍了时空大数据系统出现的背景，提出了基本架构，还介绍了一些时空基础理论。第 3 至 7 章为核心技术，每一章对应第 1 章中的架构图的一层。第 8 至 10 章为应用案例，介绍了比较有代表性的 3 个落地案例，这些案例分别对应 C 端、B 端和 G 端场景。

致谢

感谢京东的郑宇博士，他发展了城市计算理论，并推动了时空大数据技术的落地，他的思维方式和做事方法论让我受益匪浅。

感谢京东的鲍捷博士和重庆大学的李瑞远博士，他们是我的老师和好友，从他们身上我学到了"专注"和"专业"。

感谢本书另外两位作者王如斌和俞自生，他们虽然刚刚毕业，却已经"身经百战"，是值得信赖的伙伴和战友。还要感谢 JUST 的所有小伙伴，他们聪明且充满激情，和他们在一起每天都很开心。

最后，感谢我的妻子，每当我感到迷茫时，她的智慧总能给我很多启发和灵感。

提示：

为保证书中内容与实操情景的统一，以及行业应用习惯，对于本书公式中的字母，会酌情使用正斜体与大小写。

目 录
CONTENTS

第 1 章

时空大数据系统的产生

1.1 时空数据无处不在

随着 21 世纪初 Google Earth 的诞生，地图以一种全新形式进入公众的视野。这一划时代的产品，颠覆了当时人们对于地图的认知。地图从课本里、图册中，走到了电脑屏幕上。就像它第一次出现那样，这一次它又颠覆了人们认识地球的方式。通过一个有限大小的视窗，即可展示无限辽阔的世界；只是简单的平移、缩放即可浏览每寸土地的真实景象。电子地图，可能是普通大众最早接触到的时空数据产品，它看似和普通的动态网页没有差别，其实内部蕴含了大量时空数据的叠加，包括土地数据、河流数据、路网数据、遥感影像等，而且这些数据在电子地图诞生之前就已经存在，只是大众鲜有感知的途径。

1.1.1 既是使用者又是生产者

今天，我们早已习惯了各种时空产品围绕的生活。我们习惯了在出门前打开地图软件，定位到目的地，根据道路状况和花费的时间选择最合适的出行路线。当我们订外卖时，软件会推荐附近符合条件的餐厅，并推算出大概的送达时间，方便我们做出选择。类似的场景在生活中还有很多。时至今日，在不知不觉中我们早已离不开时空数据提供的便利服务（见图 1-1）。

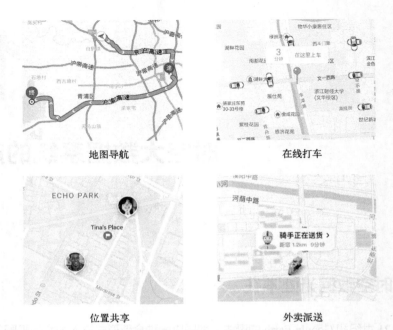

地图导航　　　　　　　　　在线打车

位置共享　　　　　　　　　外卖派送

图 1-1　生活中的各种时空数据应用

其实，除了地图软件，我们还享受着很多其他类型时空数据带来的便利。比如，本地气温的预测。城市内气温的获取不能像房子里一样在每个区域放置温度计。事实上，气象部门会在关键的区域建立监测站，同时在监测站之间安置一些轻量级的传感器，构成一个空间上分布比较均匀的监测网络。利用实时探测到的温度、气象等信息，再辅以城市地形、城市大气等数据，专业人员可以构建一个预测模型。这个模型会计算当前城市每个区域的气温状况，并能预测未来的气温走势。除了气温的预测，像城市规划、轨道交通调度、自然灾害的预警等都离不开时空数据的使用。

作为使用者，时空数据为我们带来了极大的便利。事实上，我们同时也是这些数据的生产者。想象一下，当你开车行驶在道路上，突然前方发生了车辆剐蹭，导致交通拥堵，后面所有的车辆都无法正常行驶。此时，你会发现导航软件上，当前道路从绿色逐渐变为黄色甚至红色。软件是如何做到这么快速地感知路况信息的呢？其实，你在其中提供了重要的信息，即 GPS 数据。导航软件会根据所有在当前路段的车辆 GPS 信息测算出车辆的平均速度，如果发现一段时间内车辆速度降低到某个阈值，它就会更新当前路段的拥堵系数，最终反映为地图上道路的颜色。因此我们既是贡献者又是受益者（见图 1-2）。类似的例子还有很多，会在本书后面的章节慢慢介绍。

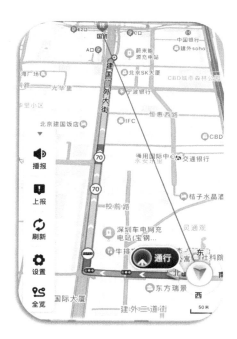

图 1-2　地图上的路况信息

1.1.2　如何进一步利用时空数据

时空数据无处不在。作为普通大众，我们享受着它带来的便利。那么，如果我们是普通技术人员，或者其他行业从业者，我们能否更进一步挖掘时空数据的价值？答案是肯定的。既然时空数据如此广泛地存在，就必然可以将其和各行各业进行结合，发挥更大的价值。

如果你是城市规划与管理相关工作的从业者，时空数据可以作为城市建设的数字基石，所有地理相关的基础数据都可以作为城市管理者的数字资产。通过将摄影测量、遥感等数据与 CIM、BIM 等技术结合，最终可以构建出一个城市的数字孪生体。城市内各种传感器数据，就像城市的脉搏，反映着城市运转的状况。汇聚这些数据并进行时空分析与挖掘，可以帮助管理者制定更科学的政策。

如果你是电商行业从业者，时空数据可以为你提供包括区域推荐在内的各种算法支撑，帮助你的系统执行更精准的商业化推荐。

如果你是物流行业从业者，时空数据可以提供调度、规划等算法支撑，帮助提高整体物流系统运转的效率。利用地理编码技术，系统还可以根据用户填写的一串收货地址文本，解析出其所在的区、街道、社区甚至是门牌号信息，提升用户的下单效率。

除此之外，还有非常多的行业伴随着时空数据的应用——从精准农业、防灾减灾，到国防军事、航空探索。本书不会花太多篇幅介绍这些行业案例，我们的重点是从这些看似五花八门的场景中抽象出通用的能力。这些能力共同构成了时空大数据系统。

1.2 什么是时空大数据系统

时空数据如此普遍，又有这么多应用场景，那么到底什么是时空数据系统，又如何构建这种系统呢？时空数据系统又被称为时空数据平台或者时空数据管理系统。目前，对于时空数据系统并没有一个官方的定义。由于这类系统的很多基础技术与地理信息系统（Geographic Information System，GIS）相同或类似，因此业界普遍认为它是由传统GIS 发展而来的，或者是 GIS 的一种新的形态。类似地，时空大数据系统也是在时空数据系统的基础上进一步发展而来的。

1.2.1 传统 GIS 的产生

早期的 GIS 服务于地理学并由地图学发展而来。如果说地图是地理学的第二代语言，那么 GIS 就是地理学的第三代语言。最开始的突破点来自计算机图形学理论的发展。1962 年，麻省理工学院的一名研究生在其博士学位论文中，首次提出了计算机图形学的概念，并论证了交互式计算机图形学是一个可行的、有价值的研究领域。自此，传统纸质地图的编制、测量、分析等工作，开始逐渐由 GIS 来完成，这也使得地图学与 GIS 分别得到了快速发展。

20 世纪七八十年代，随着计算机硬件的发展，普通 PC 的存储能力和计算能力不断增强。依靠 GIS，地理数据的管理和分析能力有了长足的进步。这一时期，GIS 软件能够处理的数据量和对复杂问题的处理能力大大提高。GIS 开始与其他学科进行融合，从单一功能、分散的模块，逐渐发展为综合性信息系统并向智能化发展。同时，专用于地理数据的大型地理信息数据库开始出现，内含丰富的 GIS 空间关系表达和分析功能。这一时期还涌现出一批对行业影响深远的商业化 GIS 公司，美国的 ESRI 就是其中的代表。

从 20 世纪 90 年代起，地理信息产业逐渐成熟，并且开始在各行业中普及。一方面，由于地理空间数据的普遍性和重要性，GIS 开始成为许多机构特别是政府决策部门的必备工具。另一方面，随着 Web 技术的发展，GIS 开始进入大众化时代，最具代表性的就是在线地图的普及和应用。

时至今日，GIS 已经从一个处理工具，发展为一门学科、一个信息化产业。它以地理学和计算机科学为基础，不断地吸收新的学科理论和领域知识。GIS 的解释也从早期的"地理信息系统"发展为"地理信息科学"。时空大数据系统便是站在这个巨人的肩膀上，一步步发展而来的。

1.2.2 时空大数据的产生

21 世纪初，时空数据的概念开始出现。这一时期，传感器技术有了很大的进步。无论是 GPS 接收器还是遥感探测器，它们产生数据的周期变得越来越短，时间信息越来越丰富。另外，移动设备开始大面积普及。人们使用手机时产生的位置信息带有明显的时间和空间特征。伴随而来的是 LBS（Location Based Services，基于位置的服务）的概念被广泛使用。这些变化，让空间信息专家们开始注意到，地理信息蕴含的时间维度价值越来越明显，很多技术和研究课题开始从纯空间维度扩展到空间 + 时间维度。这一时期，时空数据系统已初见雏形。

到了 21 世纪的第二个十年，随着通信技术和信息技术的高速发展，时空数据产生的速度越来越快，产生的数据量越来越庞大，产生的数据种类也越来越丰富。但是，随之而来的问题就是，数据中的价值不断被稀释，很难通过传统技术直接对这些海量的时空数据进行处理，常规的分析手段和管理方法越来越捉襟见肘。就在时空信息领域苦苦寻找解决方案之时，又一个重要的节点出现，计算机领域的云计算、分布式和大数据技术跨越了 Gartner 曲线的谷底，逐渐进入稳定爬升期。这一时期，大量工业级的框架和技术不断涌现，大数据领域的很多难题被逐一化解。时空大数据技术就在同一时期开始快速发展。

依照整个时空数据发展的脉络，我们不难梳理出地理信息系统、时空数据系统、时空大数据系统三者的关系。如图 1-3 所示，地理信息系统提供了最基础也最核心的空间信息技术。在此之上，结合 LBS 数据和丰富的传感器数据又发展出了时空数据的相关理论。最后，以前两者为基础，结合最先进的计算机与人工智能技术，发展出了时空大数据系统。

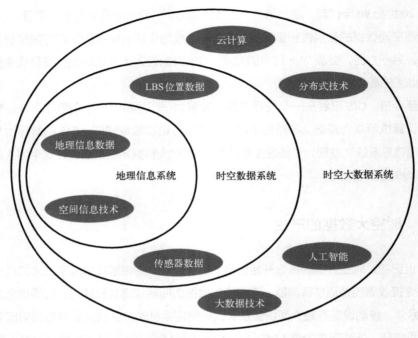

图 1-3　时空数据相关系统之间的关系图

1.3　时空大数据系统是如何构建的

互联网地图是我们平时接触最多的时空大数据系统，像百度地图、高德地图和滴滴打车等，都属于这一范畴。它们每天接收的时空数据量足够大，要计算的场景足够复杂。据统计，互联网地图日均位置服务请求次数最高达 1300 亿次，日覆盖用户数超过 10 亿人次。另外，互联网地图几乎涵盖了所有时空数据要处理的核心问题，因此，我们以它为例来分析时空大数据系统的构建方法。

1.3.1　互联网地图要解决的问题

大家生活中接触的地图产品往往有不同的侧重方向，有些以地图为核心扩展出其他场景，比如，导航地图和打车软件等；有些则会将地图作为重要的信息延展手段，将时空信息巧妙地与某些产品相融合，这些产品包括外卖软件和电商软件等。但它们内部与时空相关的功能基本围绕 4 个核心模块展开，即地图展示、位置信息获取、地点搜索，以及路线规划与导航。

1. 地图展示

地图是时空数据系统最重要的能力，它提供了用户操作的面板，并展示最终结果。对于用户来说，地图的展示一般有 3 点要求——数据准确性高、运行流畅、内容清晰。为了满足这些要求，在技术上需要对地理数据进行高效的存储和索引，在服务层要有标准化的协议和缓存策略，同时前端要能快速渲染海量的地理信息。

2. 位置信息获取

位置信息获取是地图与用户交流的重要基础，很多功能需要以用户的位置数据作为输入。为了获取实时的位置信息，同时能及时返回准确的结果，系统要具备对海量信息的实时收集与处理能力，具有对 GPS 点序列进行处理与建模的能力，最后还要能够对构建好的点和轨迹进行物理存储与索引构建，方便后续查询。

3. 地点搜索

搜索可能是地图内使用率最高的功能，也是很多应用场景的切入点。无论是基于输入文本或语音，还是基于当前位置来搜索附近的场所，都需要复杂的数据处理和分析算法的双重保障。这类模块还需要地址数据的建模能力、基于地点名称的搜索能力，以及基于位置的空间搜索能力。

4. 路线规划与导航

近几年，路线导航已经发展成了人们的刚需，特别是有车一族。为了能准确规划，快速导航，系统必须具备实时处理百亿级轨迹数据的能力。在此之上，还需要有基于图数据结构构建的路网模型，以及可适配各种复杂场景的规划算法。

基于上述内容，我们大致了解了一个时空大数据系统要解决的核心场景问题，而基于这些问题又可以扩展出非常多的技术点，比如图 1-4 展示了互联网地图的两层技术扩展。但是，仅了解系统场景问题和关键技术还不足以构建一个完整的系统，还需要一套体系化的架构方案。下一节将结合本节内容来探讨时空大数据系统的架构体系。

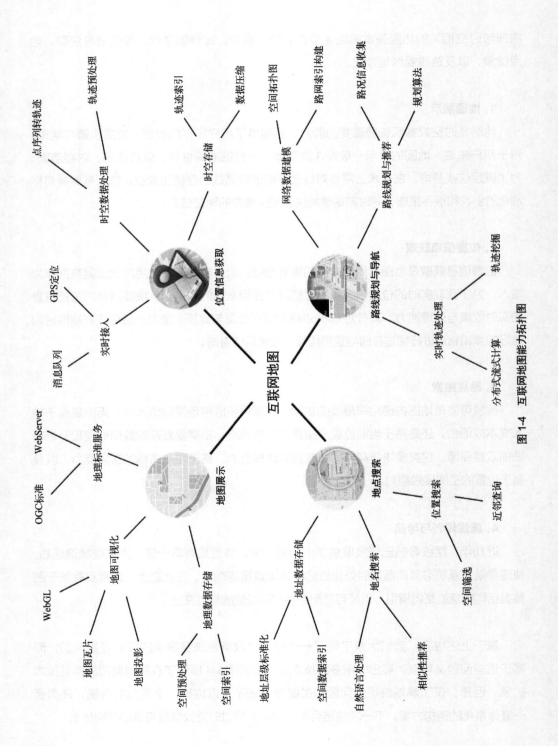

图1-4 互联网地图能力拓扑图

1.3.2 互联网地图整体架构

分析完互联网地图涉及的核心问题和技术，本节将对这些零散的技术点做一个归类和整合，结合系统的数据流，搭建完整的架构图。

图 1-5 是一个典型的互联网地图产品的数据流图。图中的实线表示请求，虚线表示数据。从左上角开始，用户与终端 App 进行交互，既产生请求流，又发送数据流。根据实线箭头的走向，可以看出，终端收到请求后会将其发送给 Web 服务器。现实中，因为用户量大，此处作为服务端入口会利用大量的机器集群来进行负载均衡，保障响应速率。接到请求后，Web 服务器会根据请求类型将任务分发给不同的计算单元。这些计算单元，可能是 Java 服务内的 JVM，也可能是分布式集群，还可能是实时计算引擎。总之，这些单元需要消耗 CPU 和内存来进行请求任务的分析计算。计算的数据则来自底层的存储组件。计算单元会根据用户输入的范围信息对底层数据进行过滤和拉取。比如，用户检索与其距离不超过 500 米的餐馆，只需要筛选在以用户位置为圆心、500 米为半径的范围内，类型为"餐馆"的数据。那么，存储组件内的数据来自哪里呢？我们来看虚线部分。系统的数据源可以分为 3 类，第一类是所有基础地理信息（图中左下角），这类数据一般会周期性更新，包括道路、水系、POI 等。第二类是传感器类数据（图中左边居中位置），

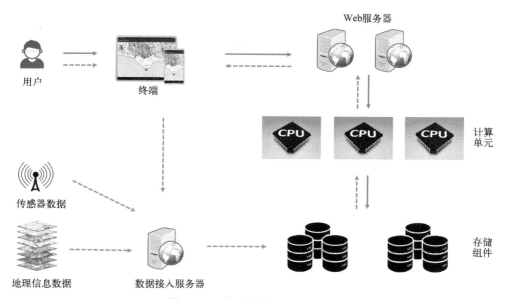

图 1-5 互联网地图产品数据流图

用来辅助系统算法进行分析决策，它们通常会准实时更新，周期一般在小时级或分钟级，包括城市交通信息、气象信息等。最后一类是用户产生的位置信息（图中左上角），是最鲜活的数据，它们会被实时更新到存储组件内。

现实中的系统流程要复杂很多，此处只做示意，省略了一些细节。仔细看数据流动的方向，以及请求推进的方向，似乎一个层次结构隐约可见。我们对上述流程图做一个简单的变形，得到图 1-6 左侧的层级结构，每一层代表一类技术。图中右侧的内容和变形流程图一一对应，是时空大数据系统最通用的架构图。在后面的章节，我们将详细介绍这个架构中涉及的核心理论与技术。

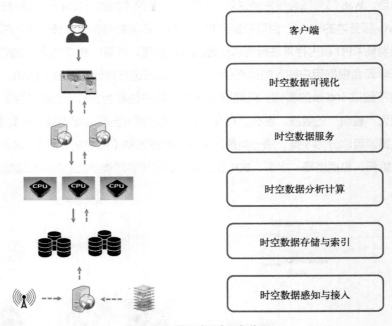

图 1-6　互联网地图产品架构图

最后，回到图 1-4 的能力拓扑图。基于对系统层级的划分，现在我们可以对每项技术进行分层，结合图例我们能更清晰地定位每项技术所处的层级（见图 1-7）。

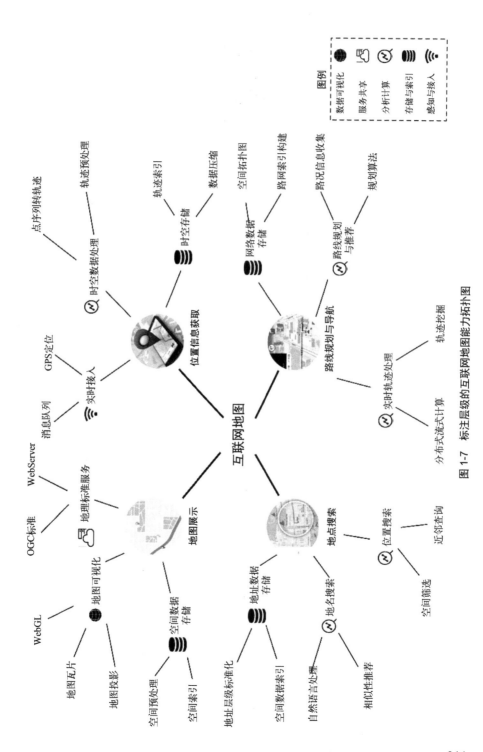

图 1-7 标注层级的互联网地图能力拓扑图

图例

数据可视化

服务共享

分析计算

存储与索引

感知与接入

第 **2** 章

时空数据基础知识

有研究表明，人类活动所产生的信息，有 80% 以上与地理空间位置有关 [1]。这刚好与第 1 章内容相印证，即时空数据的应用非常广泛，已经渗透到普通百姓的日常生活之中。本章首先会介绍常见的时空数据类型，然后介绍一些后续章节会涉及的基础知识，包括时空数据的分类、常用时空数据模型以及空间坐标系。

2.1 时空数据的产生

时空数据是同时具有空间维度和时间维度信息的数据，既可以由 GPS 设备、通信基站等进行直接采集，也可以通过人类行为和空间位置进行关联来产生，它记录了"人""事""物"的空间位置和时空变化过程，并表达了时空数据产生者的历史状态、当前状态和未来状态。基于上述定义，本文将时空数据分为 4 大类——基础地理数据、行业地理数据、交通类数据，以及生活类数据。

2.1.1 基础地理数据

基础地理数据是时空数据领域最常见的一类数据。顾名思义，它来自于地理信息领域。在行业内经常把它等价于 4D 数据，即 DLG、DOM、DEM 和 DRG。

- DLG（Digital Line Graphic，**数字线划地图**），是一类矢量地图数据。所谓矢量，是指通过三种基础几何结构点、线、面来表达空间位置的数据，比如土地（面）、河流（面）、道路（线）、居民地（点）等地理信息。矢量数据由于无损地保留了所有几何信息，因此可以用来做精细可视化和空间分析。它的获取方式主要有野外大地测量、摄影测量、室内软件的数字化等。

- DOM（Digital Orthophoto Map，**数字正射影像**），是对航空或航天遥感影像进行数字微分纠正和镶嵌，按一定图幅范围裁剪生成的栅格影像。因为是栅格数据，因此几何精度会比 DLG 要差一些，但是因为遥感传感器可以获取不同波段的电磁波，因此数据所携带的光谱信息会更丰富。

- DEM（Digital Elevation Model，**数字高程模型**），是一种用高程数值对地形曲面的数字化模拟或者是地形表面形态的数字化表示。它是一种栅格数据。每个栅格内有一个表示高程的数值。辅助一些可视化手段，它可以复现出真实地貌山峦起伏的效果，对地理分析非常有用，比如利用 DEM 做山体滑坡的模拟、洪水淹没的分析和推演等。

- DRG（Digital Raster Graphic，**数字栅格地图**），是现有纸质、胶片等地形图经扫描和几何纠正及色彩校正后，所形成的在内容、几何精度和色彩上与地形图保持一致的栅格数据集。这种数据已经逐渐被电子地图取代。

我们平时见得最多的地图中的每一片绿地、湖泊，每一条马路、河流，每一个商店、学校等，都是由点、线、面构成的，都来自 DLG 数据（见图 2-1）。如果我们留心观察，就会发现目前的在线地图产品还提供了视图切换功能。我们可以切换到卫星（全球）模式，此时地图内的地物从点、线、面变成了真实的"照片"。这些"照片"则由一幅幅的 DOM 拼接而成（见图 2-2）。

图 2-1 普通地图（DLG 数据）

图 2-2　卫星地图（DOM 数据）

2.1.2　行业地理数据

　　行业地理数据是带有行业属性的地理空间信息数据，它们的数据形式并未超出 4D 数据范畴，但是内部包含了一些地理相关领域的特征信息。因为地理学相关行业的范围非常广，本小节只列举几种常见的类型。

- **农业地理数据**，即农业领域的地理空间数据。其中，矢量数据包括农作物分布数据（面）、农田规划数据（面）等；栅格数据包括农作物长势影像分析图、农作物含水量影像分析图等。
- **环境地理数据**，即环境与生态行业的地理空间数据。其中，矢量数据包括土壤类型分布数据（面）、生态区域划分数据（面）等；栅格数据包括水体富营养化监测影像图、洪水灾害监测数据等。
- **气象地理数据**，即气象领域相关的地理空间数据。其中，矢量数据包括全国降水量分布数据（面）、全国气温分布数据（面）、气象监测站点分布数据（点）等；栅格数据包括卫星气象云图等。

2.1.3　交通类数据

　　交通类数据与前两类数据有明显的区别。因为相比于地理类数据主要由自然活动所形成，交通数据则是由于人的流动而产生的。而人的流动往往是短周期、高频率的活动，因此交通数据具有更强的时间特性，其时空特点也更加明显。

- **轨迹数据**，是由移动对象在运动过程中产生的一系列连续的位置点，包括位置点经纬度、位置点时间和位置点速度等。因此位置点的采集是获取轨迹数据的重点。通常坐标位置点由带有定位设备的终端采集产生，比如车载导航 GPS 设备、手机上的 GPS 芯片等。除此之外，手机通信基站、RFID 射频设备也可以采集位置点，但是相比 GPS，它们的精度较差，点的连续性也很低。轨迹数据应用非常广泛，比如地图导航、车辆行驶路线追踪等。轨迹数据也是时空大数据领域最常使用的一类数据。

- **路况数据**，本文特指道路的拥堵情况，一般有几个级别——通畅、缓行、拥堵，或者更细的分级。路况数据获取的来源也比较多，但是城市级别的数据主要有两类，一类是交通部门的数据，比如，利用在重点路段铺设的磁感线圈感应车流量，或者使用路口摄像头识别车速等；另一类是导航软件用户被动或主动上报的信息。这两类信息最终汇集融合之后，就得到了比较精准的路况数据。路况数据一方面可以方便百姓选择更通畅的交通线路；另一方面，还可以帮助交通部门更合理地调配资源、保障整个城市的畅通。

2.1.4 生活类数据

生活类数据，是指我们在日常生活中，使用移动设备或者电子产品时产生的时空数据。这类数据不易被察觉，但其数据量非常可观。此处列举几种常见类型。

- **登录位置数据**，我们在使用移动 App 登录时，系统通常会提示是否允许打开定位功能。如果允许，软件此时会获取我们的经纬度位置，并提供很多特定的功能。比如，社交软件可以推送附近的人，外卖软件可以推荐附近的餐厅，新闻软件会根据所在地区推送本地新闻等。

- **健康设备数据**，我们在使用电子手环或手表时，通常会打开 GPS 定位功能，记录自己运动的轨迹信息。根据这些信息，健康软件可以计算用户运动的步数和距离，从而提供一些健康监测数据。

- **手机信令数据**，我们在使用手机时，会连接移动运营商的信号基站。这些基站遍布城市各个区域。当有手机连接时，基站会获取手机号并记录对应的时间，再结合基站本身的坐标位置，就有了与某个用户有关的大致的时空数据。这种数据就是手机信令数据。通常信令数据的精度在 500 米到 1 千米左右。根据这些信息，运营商可以估算出每个区域用户的分布情况，利用这个分布数据可以反向优化基站的布设。

2.2　时空数据模型分类

上一节介绍了时空数据的类型和获取方式。为了在计算机内更好地处理和使用这些数据，需要将这些数据进行归类，将它们抽象为时空数据的模型。本节会简要介绍这些模型类别，说明它们的特点和适用场景，后面的章节我们会详细说明这些模型的具体实现，以及它们在存储和分析中的应用。

2.2.1　空间数据模型

空间数据模型，即一种只有空间维度信息的数据结构。从第 1 章内容可知，空间数据是时空数据的核心，也是我们学习后面各种时空技术的基础。空间模型主要分为 3 种结构，即矢量结构、栅格结构和网络结构。

1. 矢量结构

即通过点、线、面这些基础几何结构来表示空间实体的方式。特点是结构紧凑、冗余度非常低，而且不会随空间尺度的变化而失真（见图 2-3）。下面将基于矢量数据的参考标准 ISO-19125 来进行描述。

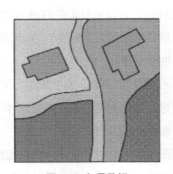

图 2-3　矢量数据

- **点**：通过 x 与 y 坐标（本书中坐标书写形式遵循图文一致原则）表示空间位置，本身没有长度和宽度，属于不可再分的空间实体，因此它是空间 0 维数据。通常用点来表示一个地物点、一条线或面的节点。比如图 2-4 中的几个点坐标分别为 x=116.409, y=39.928；x=116.412, y=39.932；x=116.418, y=39.930；x=116.419, y=39.926。国际上有一种通用的空间矢量数据的表达方式 WKT（Well-known text），它是开放地理空间联盟 OGC 定义的一种规范。此规范格式可以同时表示数据类型和数据本身。可以将图中的点数据改写为 WKT 格式，即 POINT(116.409 39.928)、POINT(116.412 39.932)、POINT(116.418 39.930) 和 POINT(116.419 39.926)。

x=116.412, y=39.932
○

x=116.418, y=39.930
○

x=116.409, y=39.928
○

x=116.419, y=39.926
○

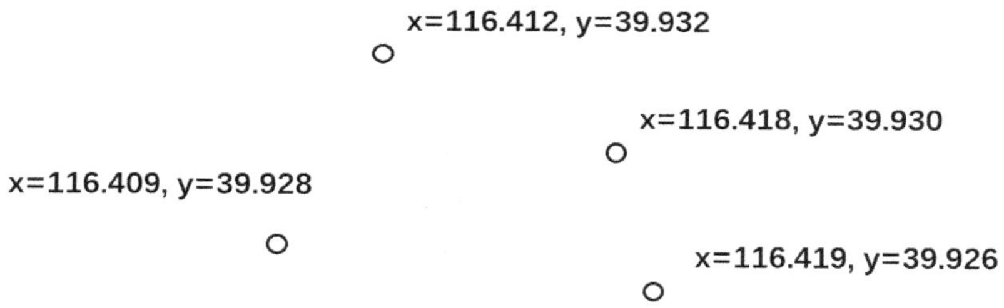

图 2-4　矢量点

- **线**：一系列有顺序的点连接在一起表示一条线。线是有长度、无宽度的空间实体，通常认为是空间 1 维数据。线可以表示一条有方向的路、河流或者面数据的边。如图 2-5 所示，有一个线数据，按点的顺序表示为 x=116.409, y=39.928 → x=116.412, y=39.932 → x=116.418, y=39.930 → x=116.419, y=39.926。用标准 WKT 可以写为 LINESTRING(116.409 39.928, 116.412 39.932, 116.418 39.930, 116.419 39.926)。

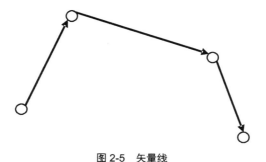

图 2-5　矢量线

- **面**：一系列有顺序的点连接在一起所围成的首尾闭合的多边形表示面。面也是由节点组合而成，并且首尾两个点完全相同。面是有长度、有宽度的空间实体，通常被认为是空间 2 维数据。面可以表示一个政区范围、一片绿地等。如图 2-6 所示的一个面数据，按点的顺序表示为 x=116.409, y=39.928 → x=116.412, y=39.932 → x=116.418, y=39.930 → x=116.419, y=39.926 → x=116.409, y=39.928。用标准 WKT 可以写为 POLYGON((116.409 39.928, 116.412 39.932, 116.418 39.930, 116.419 39.926, 116.409 39.928))。

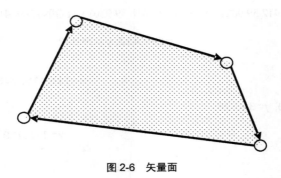

图 2-6　矢量面

还有一些更复杂的几何结构，比如多点、多线、多面等，其实也是基于上述 3 种基础几何结构扩展而来的。

2. 栅格结构

即将地理空间分割成有规律的网格，通常是按行和列组成的矩阵。每个网格称为一个像元或像素，其内部包含一个数据值，比如温度、高程等。像元的行列号表示了它的空间位置。图 2-7 对矢量结构和栅格结构做了对比。

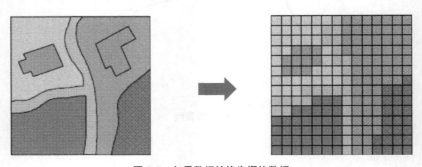

图 2-7　矢量数据转换为栅格数据

像元格子的大小表示了栅格数据的精度或分辨率。格子越小，相同空间范围内的格子数量就越多，呈现的细节就越清晰（见图 2-8）。

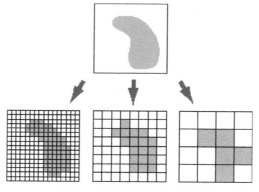

图 2-8　栅格数据分辨率对比

前面介绍过几种时空数据类型，比如 DOM 数据、DEM 数据。行业地理数据中的监测影像图、卫星云图等都属于栅格结构数据。这里我们把栅格数据的应用总结一下。

- **遥感影像图**，通过遥感手段获取的数据基本上都是栅格结构的数据。DOM（数字正射影像）就属于这一类。这一类图像可以在地图中作为底图使用，也可以用来做影像的分类分析、定量遥感分析等。

- **地表状态图**，即对地表状态的连续变化趋势进行表示的数据，也是栅格数据的重要应用方向。

- **专题分类图**，即一种地球表面上地物类型的分布图。如图 2-9 所示的土地分类图，用不同颜色表示了农田、草地、建筑用地等。这类栅格图常用来表达一种大尺度空间范围下，地物宏观的分布状态。

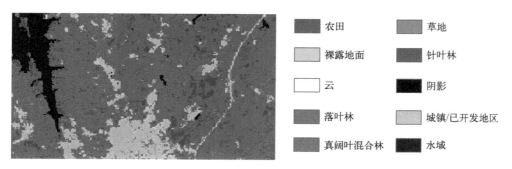

图 2-9　土地分类图

栅格数据的探测手段相对复杂，倾向于空间大尺度的应用场景，通常其更新频率较低，所以时间特性相对其他数据较弱。而且目前主流的时空大数据技术更多聚焦在基于矢量的时空数据模型，因此，本文后续章节会重点介绍矢量结构模型。

3. 网络结构

即利用图结构来组织空间实体的方式。与普通图略有不同，网络结构将节点和边换为矢量点和矢量边，点具有空间位置，线具有位置和长度。其他方面网络结构和图结构基本一致，都保持了节点和边的所有关系。网络结构应用广泛，这里列举其中的两种应用。

■ **路网数据**

最具代表性的网络结构数据就是路网数据，即由一个区域内的所有道路组成的网络结构，道路之间具有联通性，相连的道路具有相同的节点（见图 2-10）。路网数据有非常广泛的应用，除了常用的路径规划、可达区域分析，还有智能选址和运输优化等；除了基于道路本身的分析，轨迹相关的分析也离不开路网数据，比如由于 GPS 误差引起的偏移和噪音都可以基于路网数据进行纠正和清理。

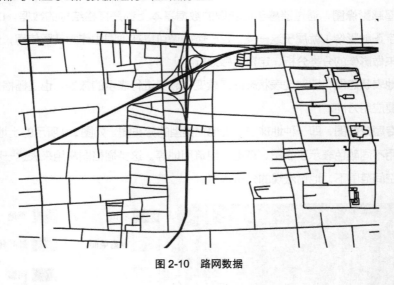

图 2-10　路网数据

■ **管网数据**

管网数据是另一类具有代表性的网络结构数据（见图 2-11，左侧为平面图，右侧为三维图）。可以将其应用于燃气管道、水管的管理和故障分析等。相关的算法包括管网连通性分析、上下游分析和爆管影响分析等。

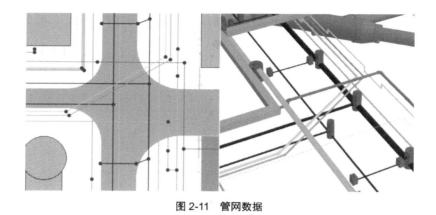

图 2-11　管网数据

2.2.2　时空模型

时空模型，即同时具有空间信息和时间信息的数据模型。其本质也是一种矢量结构，根据空间位置是否随时间变化，可以分为空间静态时间动态数据和时空动态数据。

1. 空间静态时间动态数据

空间不变，测量值随时间不断变化的数据。空间部分通过矢量结构进行表达，时间和测量值作为属性挂接在空间位置上。以城市气温监测站为例，监测站均匀分布于城市中，位置基本不变，可以用矢量点进行表示，如图 2-12 所示。

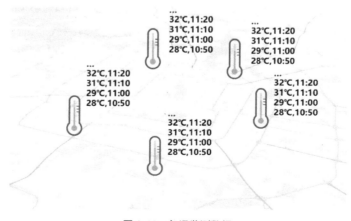

图 2-12　气温监测数据

通常用链表进行存储，位置不变，在矢量数据后面挂接读数和时间，如图 2-13 所示。

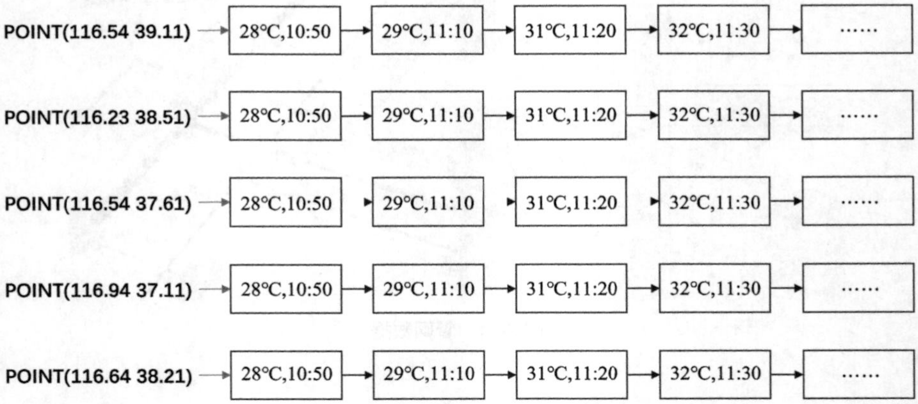

POINT(116.54 39.11)
28℃,10:50
29℃,11:10
31℃,11:20
32℃,11:30
……
POINT(116.23 38.51)
28℃,10:50
29℃,11:10
31℃,11:20
32℃,11:30
……
POINT(116.54 37.61)
28℃,10:50
29℃,11:10
31℃,11:20
32℃,11:30
……
POINT(116.94 37.11)
28℃,10:50
29℃,11:10
31℃,11:20
32℃,11:30
……
POINT(116.64 38.21)
28℃,10:50
29℃,11:10
31℃,11:20
32℃,11:30
……

图 2-13　空间静态时间动态数据模型

2. 时空动态数据

空间位置随时间的变化而不断变化的数据，即在任意时刻都有一个新的空间位置。最常见的有人或者车辆的轨迹数据，如图 2-14 所示。

POINT(116.4321 39.8975)
10:24:32
POINT(116.4333 39.8975)
10:28:11
POINT(116.4348 39.8969)
10:36:33
POINT(116.4348 39.8960)
10:49:12

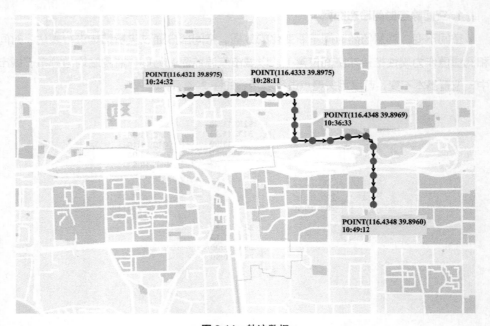

图 2-14　轨迹数据

通常用链表进行存储，以车牌号为 ID，在其后挂接每一个时刻的时间和位置点，如图 2-15 所示。

图 2-15 时空动态数据模型

2.3 坐标系统与投影

通过上一节的介绍，我们了解了现实世界时空数据在计算机内的表达方式。但是，到目前为止，我们仅仅记录了事物的时间和位置的数值，而这些数值需要一个标准才有意义。举个例子，假设现在有人说"室外温度为 32 度"，我们能否判断是热还是冷？显然不能，因为不清楚是华氏温度还是摄氏温度。同样，时间和空间位置也有类似的标准。其中，时间的标准比较统一，目前大家常用的都是世界标准时间 UTC 的表示方式。本节重点介绍空间位置的标准——空间坐标系统。不同坐标系下相同的坐标可能表示不同的位置，如图 2-16 所示。

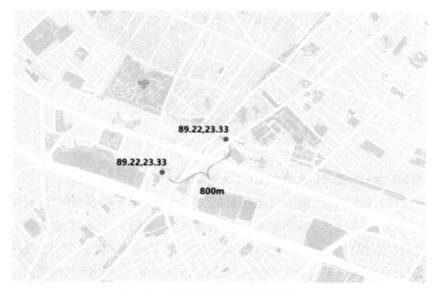

图 2-16 不同坐标系下坐标相同的两个点

2.3.1　地理坐标系

空间信息记录的是物体在地球上的相对位置，比如，天坛公园东门在地理上可以看作一个位置点，如果想要计算我现在距离天坛公园东门有多远，就需要知道在同一地球上自己的位置点坐标，然后利用公式计算距离。对此，大家会有几个疑问。难道有不止一个地球？如何确认我和东门是否在同一个地球上？下面我们分别解答。

首先，在数字世界内地球确实不止一个。前文所述的地球其实是指地球模型，即地球在数字世界的表达。首先需要说明的是，地球并非一个规则的球体，在万有引力的作用下，地球是一个表面凹凸不平的近椭球体，如图 2-17 所示。这种不规则球面是无法用数学公式表达的，因此无法作为测量的空间基准。为了用数学的方法表示它，经过千百年地理学家的研究，最终确定了一种名为地球椭球体的数学模型。下面我们通过对地球的三次形状逼近，来探索地理坐标系和地理坐标。

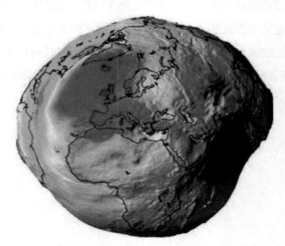

图 2-17　真实地球是不规则的椭球体

1. 地球形状一级逼近：大地水准面（大地体）

由于地球表面的 71% 由相互联结的海洋组成，尽管陆地上最高的珠峰有 8848.86 米，但陆地高出海洋的平均高度仅 800 米左右，是地球半径的万分之一，因此大家认为用海洋表面及其在全球陆地延伸的面最能代表地球的形状。假定海水处于"完全"静止状态，把海平面延伸到陆地内部，形成包围整个地球的连续表面，人们将此连续表面称为大地水准面，并将大地水准面包围的球体称为大地体。大地测量中的水准测量，就是依据大地水准面来得到地面点的高程的。大地水准面忽略了地面上的凹凸不平，但由于地球内物质分布的不均匀，大地水准面仍是起伏不平的，它虽然非常接近一个规则椭球体，但并不是完全规则的，没有办法用数学方法来表达，如图 2-18 所示。

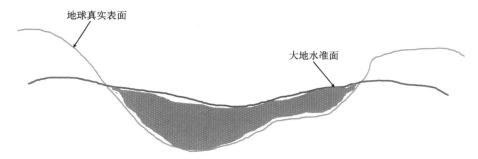

图 2-18 大地水准面示意图

2. 地球形状二级逼近：地球椭球体

为了便于测量和制图，我们还需要选用一个大小和形状与大地体极为近似的、可以用数学方法表达的椭球体来代替大地水准面。于是，人们假想了一个扁率极小的椭圆，将该椭圆绕它的短轴旋转所形成的规则椭球体称为地球椭球体（见图 2-19）。因此，一个地球椭球体可以通过椭球体的长半径和扁率来表示。有了这个数学模型之后，所有的地理空间测量和计算工作就有了基准。几百年来，各国科学家基于大地测量和重力测量的资料，求算出多个地球椭球体。比较有名的有克拉索夫斯基椭球体（我国目前最新的坐标系 GCS2000 出现之前最常用的椭球体）和 WGS84 椭球体（GPS 系统使用的椭球体）。

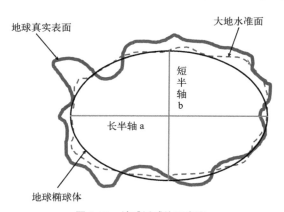

图 2-19 地球椭球体示意图

3. 地球形状三级逼近：大地基准面（参考椭球体）

由于地球表面凹凸不平，利用一个光滑的椭球体进行拟合必然会出现部分区域与真实地表贴合得更近，部分区域距离很远的情况。因此，同一个椭球体，由于不同地区关心的位置不同，需要最大限度地贴合自己的那一部分，因而会对椭球进行偏移和偏转，最终找到一个最贴合本地区的椭球面，我们将该椭球面称为大地基准面（又称参考椭球面），而这个偏移和偏转后的地球椭球体称之为参考椭球体，如图 2-20 所示。

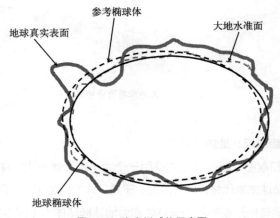

图 2-20　参考椭球体示意图

确定了大地基准面和参考椭球体，其实就确定了地球椭球体和它的方位，也就确定了一个基于椭球的坐标系，即地理坐标系。确定了坐标系，我们就可以定义坐标，即经度和纬度。

4. 地理坐标（经纬度）

在参考椭球面上连接南北两极，且垂直于赤道线的半圆弧线被称为经线或子午线。其中，把经过伦敦格林尼治天文台旧址的经线作为 0 度经线，并将其称为本初子午线。经度，是指沿赤道面从本初子午线向东或向西形成的度数。其中东边为东经，用 E 或正值表示；西边为西经，用 W 或负值表示。经度的范围为 ±180 度。纬度，是指从参考椭球面上某点与地球球心的连线和地球赤道面所形成的线面角度，赤道以北称为北纬，用 N 或正值表示；赤道以南称为南纬，用 S 或负值表示。纬度的范围为 ±90 度。参考椭球面上相同纬度的点连接后所形成的平行于赤道的圆，称之为纬线。参考椭球面上相同经度的点连接后所形成的垂直于赤道且和 0 度经线长度相同的半圆弧线，称之为经线。所有经纬线的组合就成了经纬度网格，如图 2-21 所示。

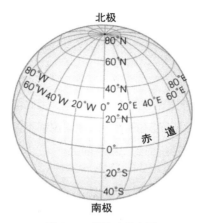

图 2-21　经纬度示意图

在实践过程中，拿到一批包含经纬度的数据之后，不要急着分析计算。第一步应该确定它们来自什么样的地理坐标系。如果坐标系不同，则需要转换到同一种坐标系下再进行分析。下面介绍几种常用的地理坐标系统。

2.3.2　常用地理坐标系

1. GCJ-02（国家测绘局坐标系）

GCJ-02 坐标系又名火星坐标系，是国测局独创的坐标体系，是对 WGS84 坐标加密而成的。在国内，必须至少使用 GCJ-02 坐标系，或者基于 GCJ-02 的加密坐标系。它是国内高德地图、腾讯地图等图商使用的坐标系统。

2. BD-09（百度坐标系）

顾名思义，由百度地图创造的坐标系统。它是在 GCJ-02 的基础上进一步加密得来的坐标系。

3. CGCS2000（2000 中国大地坐标系）

CGCS2000 是我国最新的坐标系统，也是一种全球性的坐标系统。我国自主研发的导航系统北斗就基于此坐标系。它的底层基于 CGCS2000 椭球体，该椭球体与 WGS84 椭球体非常接近，两个椭球体仅扁率有微小差异。因为这两个椭球体非常接近，在一些非高精度的工程项目中，CGCS2000 坐标系下的经纬度和 WGS84 下的经纬度几乎可视为相等。

2.3.3 投影坐标系

地球是一个两极稍扁，赤道略鼓的不规则球体。因此地球仪被认为是呈现地球的最佳方式。但是，无论是携带、查阅还是测距，地球仪都不像地图那么方便。因此，需要找到一种方法，把球面上的图形投射到二维平面上。

1. 地图投影

在球面和平面之间建立点与点的函数关系的数学方法和过程，就是地图投影（见图 2-22）。想象一下，有一个橙子，当我们从任何方向看它时，都无法看到它的所有面，为了同时能看到所有面的信息，我们必须把橘子剥皮、压平并拉长（见图 2-23）。因此，为了在地图上看到一个完整的而非四分五裂的地球，势必会导致一定的变形，要么是长度，要么是面积、角度等。因此，针对不同的应用场景，人们发明了不同的投影方法。

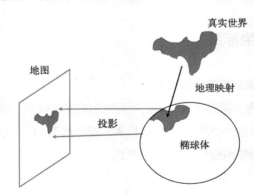

图 2-22　地图投影过程示意

图 2-23　将球面的橘子皮"压"到平面上

2. 投影方法

为了得到平面的地球，可以假设有一个光源，将光源放置在相对于地球仪的某个确定的点上，并将地球的特征投影到指定的表面上。这个被投影的表面是可展开的曲面，展开成平面后不会发生拉伸、撕裂或收缩。圆柱、圆锥和平面都属于可展开的曲面。根据投影曲面的不同，投影方法可分为 3 种（见图 2-24）。

- **圆柱投影**，以圆柱面作为投影面，使圆柱面与球面相切或相割，投影光源位于球体中心，将地球表面上的地物投影到圆柱面上，然后将圆柱面展开为平面。经线是彼此平行且等距分布的垂直线，并且其在接近极点时无限延伸。纬线是垂直于经线的水平直线，其长度与赤道相同，但其间距越靠近极点越大。
- **圆锥投影**，以圆锥面作为投影面，使圆锥面与球面相切或相割，投影光源位于球体中心，将地球表面上的地物投影到圆锥面上，然后将圆锥面展开为平面。
- **方位投影**，以平面作为投影面，使平面与球面相切或相割，投影光源位于距离投影面最远的球体极点上，将球面上的经纬线投影到平面上。

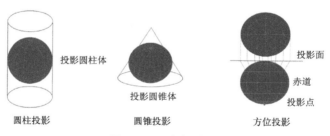

图 2-24 三种地图投影

3. 平面坐标

经过投影后，坐标系从球面坐标系变为了平面坐标系（笛卡尔坐标系），相应的坐标单位从度变为了米。经度和纬度变为了 x、y 坐标，表示含义变为了与坐标原点的距离。对于坐标原点的选取，不同投影坐标系有所差别，因此和地理坐标系内的经纬度类似，得到 x、y 坐标后需要确定它们来自哪种坐标系，否则无法直接进行比较。

2.3.4 常用投影坐标系

1. 墨卡托

墨卡托投影是一种等角圆柱投影，角度变形为零，离标准纬线越远长度和面积变形越大，到极点为无限大。该投影的最大特点是：它不仅保持了方向和相对位置的正确，而且能使等角航线表示为直线，只要在图上将航行起点与终点连成一条直线，该直线与经线间的夹角即航行方位角，保持这个角度航行即可达到终点，因此，对航海、航空具有重要的实际应用价值。但是这种投影有一个明显缺陷，即面的变形随着靠近两极地区而不断增大。例如，虽然格陵兰岛的大小只有南美洲的八分之一，但其在墨卡托投影中看上去比南美洲要大。

2. Web 墨卡托（Web Mercator）

Web 墨卡托是墨卡托投影的一个变体，它把地球椭球体模拟成了标准球体，从而让计算和应用变得非常简单，它广泛应用于主流的在线地图。当然，Web 墨卡托也继承了墨卡托投影的缺陷，远离赤道的高纬度地区变形越来越大。不过对于全球或全国性的地图系统来说，它的便利性要远大于它的不足，毕竟真正做工程测量的人不会在网络地图上去测量一个区域的面积。而且，我们普通用户在浏览地图时，通常会把地图放大到一个很小的地区级别，这时根本不用在乎纬度之间的面积差异了，此时墨卡托可以保证区域内的物体形状不变形且方位关系完全正确。

除了墨卡托投影外，还有很多其他的投影方式，比如阿尔伯斯投影、高斯克吕格投影等，此处不再展开介绍。最后，总结一下，地球模型建立的整个流程如图 2-25 所示。

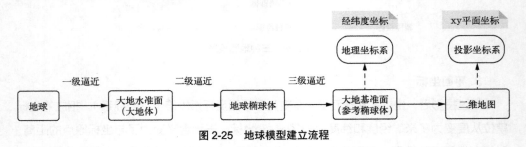

图 2-25　地球模型建立流程

第 **3** 章

数据感知与接入

世界每时每刻都在产生巨量的时空数据。如何捕获这些数据，怎样快速地将捕获的数据推送到存储系统，本章将为大家继续揭秘。

3.1 常用的感知手段

我们从前面两章了解到，时空数据无处不在，并且时刻都在产生。有更新周期比较长的地理相关数据，也有在不断变化的轨迹数据。上一章我们只是简单介绍了它们的获取方式，本节我们将对最常见的几类感知手段进行介绍。

3.1.1 全球定位系统

上一章介绍时空数据的种类时，提到过有几类数据强依赖我们耳熟能详的"GPS"，比如，交通轨迹类数据、生活类数据等。除此之外，一些其他类型的数据也可以利用GPS进行测量，比如，基础地理数据内的 DLG 数据，可以使用手持 GPS 设备进行野外收集。那么，什么是 GPS？它的定位原理是什么？

1. 定位原理

全球定位系统（GPS），是一种可以提供准确的地理位置和时间信息的导航系统，可向全球用户提供连续、实时、高精度的三维位置、三维速度和时间信息。我们来看它的定位原理是怎样的。假设有一天我们驾驶着一辆小车行驶在大街上，此时有一颗正在运行的 GPS 卫星正好在小车的上空，如图 3-1 所示，我们车上的 GPS 接收设备捕获了这颗卫星的信号，并建立了通信连接。那么，如何利用卫星得到汽车的经纬度？

图 3-1　行驶的车辆捕获一颗卫星的信号

此时，天空中的卫星内部携带了自身的一些重要信息，这些信息被称为星历，它包括卫星当前的坐标、高度、时间以及速度和方位等信息。星历会在接收器捕获卫星信号之后不断地传递给地面。此时，我们尝试利用已有的信息来解算地面的位置。假设刚才那颗卫星为 S_1，它的坐标为 X_1、Y_1，高度为 Z_1，时间为 T_1（发射星历的时间），而接收器的坐标为 X、Y，高度为 Z，时间为 T。那么，首先利用几何公式我们可以得到卫星到汽车的距离 $D_1 = \sqrt{(X-X_1)^2 + (Y-Y_1)^2 + (Z-Z_1)^2}$。其次，因为我们有卫星时间 T_1，并已知电磁波速度等于光速。此时还可以得到另一个距离公式 $D_1 = 3 \times 10^8 (T-T_1)$。最终得到一个方程 $3 \times 10^8 (T-T_1) = \sqrt{(X-X_1)^2 + (Y-Y_1)^2 + (Z-Z_1)^2}$，如图 3-2 所示。此时，我们有 4 个未知数 T、X、Y、Z，但是只有一个方程，因此为了解算汽车的位置，还需要另外 3 颗卫星的数据。

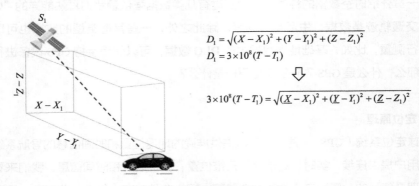

图 3-2　基于卫星数据建立方程

如图 3-3 所示,当 GPS 接收器捕获 4 颗卫星的信号之后,便可以算出最终的汽车位置。事实上,在真实应用过程中,接收器多数情况下能够捕获 4 颗以上卫星的信号。此时,可以就某一接收器按照卫星的星座分布将卫星分成若干组,每组 4 颗卫星,然后通过算法挑选出误差最小的一组来对接收器进行定位,从而提高精度。

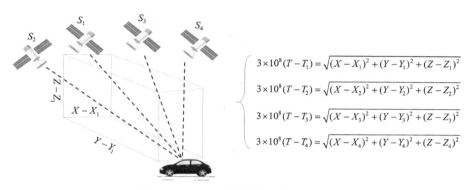

$$\begin{cases} 3 \times 10^8 (T-T_1) = \sqrt{(X-X_1)^2 + (Y-Y_1)^2 + (Z-Z_1)^2} \\ 3 \times 10^8 (T-T_2) = \sqrt{(X-X_2)^2 + (Y-Y_2)^2 + (Z-Z_2)^2} \\ 3 \times 10^8 (T-T_3) = \sqrt{(X-X_3)^2 + (Y-Y_3)^2 + (Z-Z_3)^2} \\ 3 \times 10^8 (T-T_4) = \sqrt{(X-X_4)^2 + (Y-Y_4)^2 + (Z-Z_4)^2} \end{cases}$$

图 3-3　由 4 颗卫星的信息组成的方程组

2. 误差问题

通过上面的讲解,我们发现卫星定位的原理其实很简单,通过几步计算就能得到坐标。理论上确实如此,但是现实中其实还有很多其他因素的干扰,导致定位的结果并非想象的那么准确。最重要的因素就是误差。误差的来源非常多,包括卫星运行轨道的误差、卫星时钟的误差以及大气对流层、电离层对信号传输的影响产生的误差。这些误差叠加导致 GPS 定位可能和实际有几十米的偏差,如图 3-4 所示。

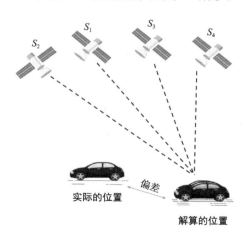

图 3-4　定位误差

为了消除这些误差，人们设计出了差分 GPS 定位技术。首先需要在地面建立了一些已知坐标的 GPS 基站（该基站也可以接收到 4 颗卫星的信号），根据前面讲到的方程组算出坐标值，然后与已知的坐标进行比较，得出坐标的偏差量，接着将偏差量或者实时测得的载波相位通过网络发送给汽车上的 GPS 接收器，汽车根据收到的信息进行修正，便可以消除误差带来的影响，如图 3-5 所示。

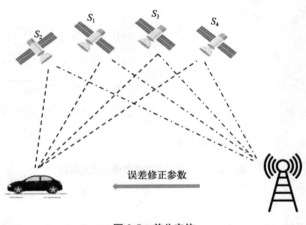

图 3-5　差分定位

虽然可以利用差分定位技术解决一些系统级的误差，但是有些误差却很难通过计算来消除。首先是环境导致的误差，比如，汽车进入隧道，或者在一些闹市区有楼群遮挡，这会导致一些高精度的分析应用的结果产生偏差。再有就是 SA（可用性选择政策）误差，它是为了限制非特许用户而设置的系统性误差。从经验上来说，普通民用 GPS 的误差可达 5 到 50 米。为此，在时空数据领域有一种专门的算法来解决 GPS 点与实际路线不匹配的问题，算法的名称为"地图匹配"（Map Match）。算法通常需要一份 GPS 行驶区域的路网数据，然后将一系列已知坐标和时间的 GPS 点通过计算绑定到最可能的道路上，最终复原出真实的行驶轨迹。

3. 主要产品

前面我们提到的"GPS"，其实泛指 GNSS（Global Navigation Satellite System，全球导航卫星系统）。目前全球最主要的 GNSS 系统有如下 4 种。

■ GPS

GPS（全称为 Global Positioning System，全球定位系统）由分布在 6 个不同轨道平面上的多达 32 颗的地球轨道卫星组成。卫星的确切数量随着旧卫星的退役和更换而变化。GPS 自 1978 年开始运行，并于 1994 年在全球范围内使用，是世界上使用率最高的卫星导航系统之一。

■ GLONASS

俄罗斯研制的 GLONASS 是一种天基卫星导航系统，提供民用无线电导航卫星服务，也被用于俄罗斯空天防御部队。自 1995 年投入使用以来，GLONASS 已覆盖全球并拥有 24 颗活跃卫星。

■ 伽利略卫星导航系统

伽利略卫星导航系统于 2016 年 12 月 15 日开始运行。该系统的接收器能够结合来自 GPS 卫星的信号，准确性大大提高。伽利略卫星导航系统由 24 颗现役卫星组成，最后一颗于 2021 年 12 月发射。

■ 北斗卫星导航系统

20 世纪后期，我国开始探索适合国情的卫星导航系统发展道路，逐步形成了"三步走"发展战略：2000 年年底，建成北斗一号系统，并开始提供服务；2012 年年底，建成北斗二号系统，向亚太地区提供服务；2020 年 6 月 23 日，北斗三号系统在最后一颗卫星发射成功后全面完成部署。

3.1.2 遥感探测

和 GNSS 类似，遥感探测通常也需要卫星的支持。与其不同的是，地面上的物体没有对应的接收器，甚至感受不到遥感探测器的存在。遥感，从字面上来看，可以简单理解为遥远的感知，泛指一切无接触的远距离探测，包括对电磁场、力场、机械波（声波、地震波）等的探测。更精准的定义是，应用探测仪器，不与探测目标相接触，从远处把目标的电磁波特性记录下来，继而通过分析，揭示出物体的特征性质及其变化的综合性探测技术。

电磁波是由同相振荡且互相垂直的电场与磁场在空间中衍生发射的振荡粒子波，具有波粒二象性。电磁波有三大属性，即振幅（强度）、频率（波长）和波形（频谱分布）。现实生活中有哪些电磁波呢？其实，电磁波无处不在。我们能看到这个五彩斑斓的世界，就是因为存在一种最重要的电磁波，即可见光。正因为物体能反射、散射这些光，所以物体才能被看到。这些光主要来自太阳，也有一部分来自其他发光体，如电灯、荧光体等。这部分能被我们看见的光就叫作"可见光"。其实,可见光在整个电磁波的大家庭里只占非常小的一部分。如图 3-6 所示,越往左,电磁波的频率越大,波长越小,中间彩色的部分就是可见光,将其放大之后出现了一条像彩虹一样的色带,这个彩色的条带就是可见光的光谱。还记得我们从小背诵的那个关于彩色的口诀吗?"红橙黄绿青蓝紫"就是在说这个光谱。现在知道为什么是这个顺序了吧,它其实是可见光的波长顺序。红光的波长最长,紫光的波长最短。那么可见光之外还有什么呢?从光谱中可以看到,往右走,也就是波长大于红光的,是红外线,也是我们生活中经常听到的名词。红外线的应用有很多,比如红外线测温仪、红外线夜视仪等,这些都是利用了红外线对于温度的敏感性。可见光的左侧,也就是波长更短的电磁波,离紫光最近的就是紫外线。紫外线可以用来杀菌消毒,但长时间照射会造成皮肤损伤。再往更远的区域看去,所有这些非可见的电磁波,都在我们生活中扮演了很重要的角色。

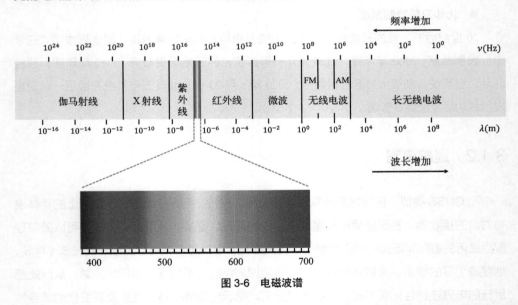

图 3-6 电磁波谱

那么,这些电磁波和遥感技术有什么关系呢?地球上所有物体都具有自己的电磁波特性,又叫光谱特性。具体来说,它们都具有不同的吸收、反射、辐射光谱的性能。对于同一光谱区,各种物体反映的情况不同,同一物体对不同光谱的反映也有明显差别。即使是同一物体,在不同的时间和地点,由于太阳光照射角度不同,它们反射和吸收的光谱也各不相同。最终,这些物体对于光的特性,都会被遥感传感器收集。通过叠加物体对不同波段的电磁反射特性,可以得到该物体的一条连续光谱曲线,如图 3-7 所示。根据曲线形状的不同，可以识别出不同的地物，或者某些地物的状态。

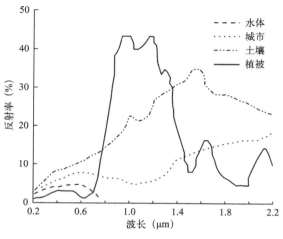

图 3-7   地物反射光谱曲线

遥感技术的一个特点是探测的范围大。航空飞机的飞行高度在 10 千米左右，陆地卫星的轨道高度可达 910 千米左右。一张陆地卫星图像覆盖的地面范围有 3 万多平方千米。遥感技术的另一个特点是探测的速度快、周期短。由于卫星围绕地球运转，因而能及时获取所经地区的各种自然现象的最新资料，以便更新原有资料，或根据新旧资料变化进行动态监测，这是人工实地测量和航空摄影测量所无法比拟的。

3.1.3   其他数据感知手段

1．大地测量

大地测量是为研究地球的形状及表面特性而进行的实际测量工作。各种测绘任务只有在大地测量基准的基础上，才能获得统一、协调、法定的坐标成果，才能获得正确的点位和海拔高度，以及点之间的空间关系和尺度。我们在第 2 章讲到的空间坐标系，里面涉及的地球椭球体及水准面的参数便来自大地测量。在我们的生活中，大到卫星、航天飞机、宇宙探测器等的发射、制导、跟踪、返回工作，小到外卖配送、出行导航等，都离不开大地测量的支撑和服务。

因为大地测量是其他测量工作的基础，所以其对数据精度以及地面的覆盖度要求非常高，基本都需要人工实地测量，特别是对一些山区、沙漠、雪地高原等的测量。正因为测绘人员日复一日的测量，才使得我们有非常便利、准确的电子地图可以使用，才衍生出了如此丰富的时空应用。

2. 手机信令

手机信令是手机用户与发射基站之间的通信数据。手机开机之后，只要连接了运营商的移动网络，信令数据就开始产生了。之后，当我们使用手机拨打接听电话、发送接收短信、浏览网页等时，手机都会和附近的基站发生通信关系。由于通信基站的位置是固定且已知的，基站的位置信息就反映了用户的位置，因此手机信令数据字段中始终带有时间和位置等信息。据了解，一个人口百万级的城市，一天可以产生约 5 亿条信令信息。这些信息是实时产生的，需要使用大数据手段才能对其进行分析。

信令数据可以应用在很多领域。例如，对于区域人口评估，可根据时间周期，比如9:00 到 18:00，分析出人们的工作地分布；根据剩余时间的活动区域，可以分析出人们可能的居住区域。信令数据和 GPS 数据有较大的不同，首先它的空间精度比较低，因为运营商的基站相隔比较远，市区内一般为 300 米到 500 米，农村和一些偏远地区可以达到数千米。因此，信令数据的定位误差非常大。另外，信令数据的时间精度也比较低，一般收集的间隔在 30 分钟到 1 小时。因此，信令数据的使用和轨迹数据有很大的差异。

3. 其他 IOT 设备

还有一些硬件设备因其自身含有位置信息，也可以作为时空数据的来源。

■ 空气监测站

空气监测站均匀分布于城市内部，它们一般有固定的位置，而且在不停地产生空气指标的读数，因此这些读数天然具有位置信息和时间戳。

■ 交通摄像头

城市内部主要交通路口都有大量的交通摄像头。这些设备都有固定的编号和唯一对应的路口，因此也具备了空间位置信息，摄像头拍摄的图像也具有了时空的属性。

■ POS 机

我们购物付款时使用的 POS 机，内部都有一个 GPS 芯片，而且 POS 机对应的商家地址也有备份。因此我们在进行付款时，都会附有时间和地点的信息。

3.2 时空数据接入常用技术

时空数据被传感器感知后，有些情况下会回传给统一的接收站。接收站设有专门的数据接收服务器，可以存放数据。这种模式的例子有：卫星遥感、手机信令、IOT 设备感知等。有些情况下，地面的感知设备收集了所有数据，将其保存在硬件之内，后期在线下将其导入服务器或者在线传输给服务器，这种模式的例子有：GPS 测量、大地测量等。这些收集数据的服务器并非数据的终点，要更好地利用它们，还需要将这些数据接入时空数据系统内，这又要经历至少一轮传输。由此可见，时空数据从产生到进入时空数据系统的过程比较复杂。

本节针对数据进入时空数据管理系统的"最后一公里"问题做一个简短的讨论和总结。这里，我们把时空数据接入系统的方式分为 4 种类型。

3.2.1 小数据量 Web 接口传输

目前，系统之间最重要的通信方式就是 Web 接口传输。在很多场景内，Web 接口都是最简单且值得信赖的通信方式。这种方式的应用场景非常多，比如手机导航软件与服务器之间的信息传递。导航软件利用手机内置的 GPS（或者北斗）接收芯片，不断获取用户的位置信息，以实现用户的实时定位。此时，手机软件内会运行预设的处理算法，保障实时路线的调度和导航。此外，导航软件作为客户端也会不断地向后台的服务器推送这些信息，服务器接到数据后，会将其存储到系统中。拿到数据后，系统可以基于所有用户的位置信息进行实时分析，比如路况计算和预测，然后将结果再分发给手机端。除此之外，系统之间也可以利用接口进行数据传输。比如，服务端的系统 GeoServer 发布的地图服务，可以在客户端软件 QGIS 内展示（这类服务会在第 7 章详细介绍）。

接口传输的特点是快，通常适用于小数据量的即时通信。一般的 HTTP 接口都设有超时时间，如果是查询接口，通常不会超过 5 秒，时间太长可能会导致页面等待，影响用户体验。如果有频繁的通信且实时性要求非常高，HTTP 协议就显得有些笨重。比如，在一个数据中心的大屏上实时展示上千辆车的位置，如果用 HTTP 来实现，需要客户端每隔几秒进行轮询，获取所有车辆的位置，这种方式不但每次传输的数据量很大，而且每次都要建立 HTTP 连接，性能会有损失。更重要的是，请求的间隔很大会导致车辆行驶卡顿。这时，往往需要另一种接口，即 WebSocket，它是一种全双工的通信方式，客户端和服务器一旦建立连接就可以随时互相发送信息，而且数据都以帧序列的形式传输，整体性能有明显的提升。如果使用了 WebSocket，大屏客户端就不需要轮询，只需要等待服务器推送数据即可，实时性得到了保障。所以，具体使用哪种接口形式还需要根据具体需求而定。HTTP 接口和 WebSocket 接口的对比如图 3-8 所示。

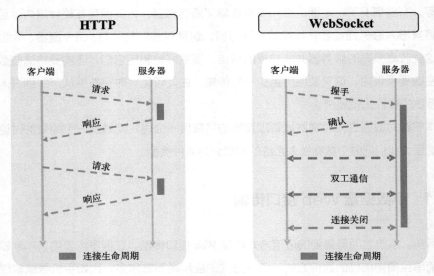

图 3-8　HTTP 接口和 WebSocket 接口对比

3.2.2　本地数据文件上传

除了接口传输，还有一种数据接入形式很常见，即用户本地文件上传。无论是桌面系统还是 Web 端的 SaaS 系统，一般都会开放这种传输方式。因为很多场景内的地理空间数据量并不大，而且更新频率也不快，所以经常用文件格式来存储这些数据。这样存储的好处是共享和使用都很方便。表 3-1 是常用的一些时空数据的文件格式。

表 3-1　常见的文件格式

描　　述	文件格式	说　　明
ESRI 图形文件	.SHP、.DBF、.SHX	shapefile 是 ESRI 的地理空间文件类型。它由多个文件组成，其中 3 个是最常用的。.SHP 是几何图形文件，.SHX 是索引文件，.DBF 是属性文件。此外，它还可能包含其他文件，其中 .PRJ 是投影信息文件，.XML 是文件元数据，.SBN 用于优化查询的空间索引，.SBX 用于优化加载时间

（续）

描　述	文件格式	说　明
地理 JavaScript 对象表示法（GeoJSON）	.GEOJSON/.JSON	GeoJSON 格式主要用于网络地理信息传输。GeoJSON 将坐标存储为 JSON 形式的文本，里面包含矢量点、线和多边形以及表格信息
地理标记语言（GML）	.GML	GML 是由 OGC 定义的用于表达地理特征的 XML 语法，是一种基于网络的地理事物的交换格式。它的优势是可以集成所有形式的地理信息，既包括"矢量"数据也包括"栅格"和"传感器"数据
Google Keyhole 标记语言（KML/KMZ）	.KML/.KMZ	KML 也是一种 XML 语法，由谷歌开发，主要用于在二维地图和三维地图浏览器中表达地理信息和可视化
GPS 交换格式（GPX）	.GPX	GPX 用于表示从 GPS 接收器捕获的位置点、轨迹、路线等信息。它也是一种 XML 语法格式
MapInfo TAB	.TAB、.DAT、.ID、.MAP、.IND	MapInfo TAB 文件是 MapInfo 软件的专有格式。与 shapefile 类似，它需要一组文件来表示地理信息和属性。.TAB 文件是链接相关 ID、DAT、MAP 和 IND 文件的 ASCII 格式。.DAT 文件用于存放地理对象的属性信息。.ID 文件是将图形对象链接到数据库信息的索引文件。.MAP 文件是存储地理信息的地图对象。.IND 文件是表格数据的索引文件
OpenStreetMap OSM XML	.OSM	OSM 文件是 OpenStreetMap 的原生文件，是一种基于 XML 语法的文件格式
GeoTIFF	.TIF/.TIFF	GeoTIFF 是一种包含地理信息的图像格式，目前已成为 GIS 和遥感应用的行业图像标准文件

文件上传之后，服务端或者桌面软件会接收到一个文件流，系统通过特定的解码方式对其进行解码。既可以边解码边在内存中进行处理，也可以创建一个写入流将文件内容写入磁盘或数据库。

3.2.3　服务器间的离线同步

在现实中的很多场景中，客户累积的大量数据可能存储在数据库中，也可能保存在分布式的文件系统内。为了使用一个新的时空数据系统，需要将这些数据导入该系统管理的服务器，而且有时这个操作需要周期性地执行，比如以 T+1 的方式，如每天凌晨 2 点从某台服务器上拉取数据等。在这种情况下，我们无法使用 Web 接口的形式，因为速度太慢，而且需要重新开发服务；也无法使用文件上传的形式，因为这些文件很大且难以解析。通常，我们需要特殊的中间件来完成这种大批量的数据同步。数据同步技术有很多，这里介绍常见的 3 种。

- **Sqoop**

Sqoop 是 Apache 开源的一款在 Hadoop 和关系数据库服务器之间传输数据的工具，主要用于在 Hadoop 与关系数据库之间进行数据转移，可以将关系数据库中的数据导入 Hadoop 组件中（如 HDFS、HBase 和 Hive 等）中，也可以将 Hadoop 的数据导出到关系数据库中。Sqoop 底层基于 Hadoop 的 map-reduce 实现，每次导入任务都会生成一个 map-reduce 作业，因此其可以利用分布式的优势，导入效率比较高，支持的数据量也很大。它支持两种同步模式：全量导入和增量导入。

- **DataX**

DataX 是一款"阿里"开源的离线数据同步工具，支持各种异构数据源之间高效的数据同步。其中，关系数据库包括 MySQL、Oracle、SQL Server、PostgreSQL、DRDS、达梦，NoSQL 包括 TableStore(OTS)、Hive、HDFS、HBase、MongoDB，文件系统包括 TxtFile、FTP、HDFS 等。DataX 非分布式架构，因此对于超大数据量的处理性能略差，但是对于中小数据量的数据，同步效率非常高。

- **Spark**

Spark 是一个基于内存的分布式计算引擎，本身不具备数据同步的能力，但是用户基于它的接口可以扩展各种数据接口。它的优势是支持海量的数据计算，用户可以自定义处理逻辑，在数据同步的同时还可以进行清理和筛选。

3.2.4　实时数据流式接入

前面讲的场景大都是离线数据同步，或者即时同步场景。在时空大数据应用中，越来越多的数据是实时产生的，需要系统实时接入，实时分析，实时展示。针对这种需求，我们通常采用消息队列或者流式计算的形式进行同步。

1. Kafka

Kafka 是目前最流行的分布式消息系统，它基于生产者、消费者模式提供服务。生产者端实时产生数据实时写入 Kafka，消费者只需要订阅对应的 Topic 即可实时获取数据，形成一个实时的数据流。Kafka 的特点是高吞吐量、低延时，特别适合时空大数据的场景。

城市中大量的终端传感器不断地产生数据，这些数据被汇集到 Kafka 服务器，然后被分发给其他的时空数据系统进行实时分析。

Kafka 存储的消息来自任意多个生产者（Producer）的进程。数据可以被分配到不同的主题（Topic）下的多个分区（Partition）。每个 Topic 可以认为是一个消息队列，存储了一类数据，比如出租车 GPS Topic、共享单车 GPS Topic 等。消费者（Consumer）可以订阅多个 Topic，并监听生产者发来的消息。Kafka 可以运行在一台或多台服务器组成的集群上，因此它有非常强的可扩展性。Kafka 的架构如图 3-9 所示。

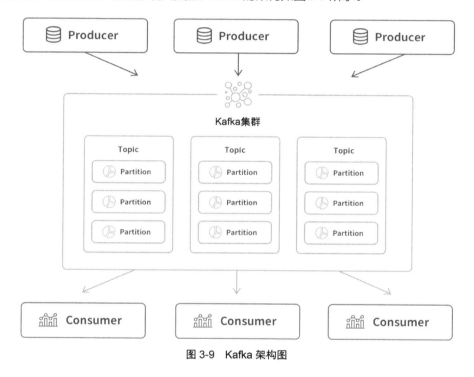

图 3-9　Kafka 架构图

2. Flink

Flink 是一款基于内存的批流一体的计算平台，它和 Kafka 的相似点在于，都支持流式处理模式，都是分布式架构。但相比 Kafka，它更关注消息处理，功能更加强大，适应的场景更加丰富。简单来讲，Flink 将所有任务都归为流式计算，离线批处理任务是有界的流，实时处理任务是无界流。Flink 有几个独特的优势，其一是支持有状态（Stateful）计算，它让我们在处理时间靠后的数据时，还可以方便地访问更早数据的状态。这在轨迹的流式处理中有非常重要的作用，因为轨迹点的误差修正需要利用前面一些点的空间位置信息。另一个优势是，其灵活的窗口（Window）函数允许我们对一定时间范围内的数据进行聚合，实现"微批处理"。这样很多批处理的算法就能很好地融入流式处理的算法中。除此之外，Flink 还支持 SQL 语法。基于 Flink-SQL，用户可以自定义非常多的复杂处理逻辑。Flink 的架构如图 3-10 所示。

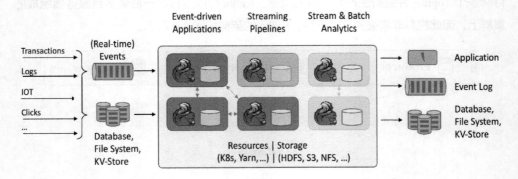

图 3-10　Flink 架构图

第 **4** 章

数据存储与索引

时空数据管理的第一步就是存储。为了将感知和接入的数据存储在磁盘中，我们需要选择合适的存储介质，定义正确的数据结构，构建高效的时空索引。

时空数据本质上由时间属性和空间属性组成。时间数据的存储比较简单，因为时间是一维的数据。空间数据的存储则相对复杂，首先，要为点、线、面等空间数据建立模型，描述其几何特征；其次，由于空间数据是二维的，需要使用二维的空间索引来组织空间数据，从而优化空间查询效率；最后，在了解空间数据模型和空间索引算法的基础上，需要将其应用到具体的存储系统中，以便在存储系统中支持空间数据的存储、空间索引的构建和空间查询。

本章将按照空间数据模型、时空数据索引算法、时空数据存储技术和时空数据访问规范的行文结构介绍时空数据存储的相关技术。

4.1　空间数据模型

第 2 章介绍了空间数据模型和时空数据模型，本节我们将根据 OGC 标准来详细介绍空间数据的定义、空间数据的特性和空间数据的拓扑关系。空间数据用点、线、面等几何对象表示，因此又将空间数据称为"几何对象"或者"空间对象"。

4.1.1　空间数据定义

OGC 对空间数据的类型给出了明确的定义。OGC 定义了抽象的空间类型 Geometry，将其用于表示任意的空间数据。OGC 为 Geometry 定义了一套标准的行为（例如计算面积），这些行为用于对空间数据进行转换和分析。另外，OGC 定义了多种具象的空间类型，此如 Point（点）、LineString（线）、Polygon（面）等。这些具象的空间类型是 Geometry 的子类型，继承了 Geometry 的行为并根据各自的特点进行了实现，例如对于计算面积的行为，Point 和 LineString 不执行任何计算逻辑，而是直接返回 0，因为点和线没有面积，而 Polygon 则会执行计算逻辑并返回得到的面积值。

再复杂的空间数据都可以由有限个 Point（点）、LineString（线）、Polygon（面）对象来表示。OGC 将 Point、LineString、Polygon 称为原子空间类型（Atomic Type），而与之对应的是集合空间类型（Collection Type）。集合空间类型有 MultiPoint（多点）、MultiLineString（多线）、MultiPolygon（多面）、GeometryCollection（空间集合）。Multi 开头的集合类型用于表示多个相同原子类型的空间数据，而 GeometryCollection 用于表示多个类型不尽相同的空间数据。各种类型的空间数据的示例如图 4-1 所示。下面对空间类型分别进行介绍。

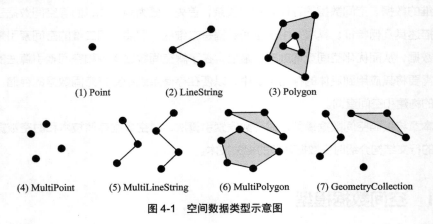

图 4-1　空间数据类型示意图

- Point：代表空间中的一个点。
- LineString：代表空间中的一条线。OGC 定义的 LineString 是一条折线，由两个以上的空间点按照特定顺序连接而成。如果一条线的起始点和结尾点相同，则称这条线是闭合的（Closed）。OGC 定义闭合的线为 LinearRing（环），LinearRing 是 LineString 的一种特殊类型。
- Polygon：代表空间中的一个面。面可以形象地解释为一个大的空间范围内，抠掉几个小的空间范围后剩下的区域。空间范围可以用环（LinearRing）包围形成的区域来表示，OGC 将 Polygon 最外层的大环称为 Shell（外壳），内部的小环称为 Hole（孔），一个 Polygon 有且仅有一个 Shell，Hole 的数量没有限制，Shell 和 Hole 的空间类型都是 LinearRing。图 4-1（3）是由一个 Shell 和一个 Hole 表示的面对象。

- MultiPoint：代表空间中的多个点。这里可能会有疑惑，既然 MultiPoint 表示多个点，那为什么不用原子类型 Point，而要定义 MultiPoint 类型呢？其实，空间数据大都有其现实意义，比如路灯的位置可以用 Point 来表示，而一条街上所有路灯的位置 Point 则表示不了，要用 MultiPoint 来表示，其他 Multi 开头的集合空间类型同理。

- MultiLineString：代表空间中的多条线。例如，一条道路用 LineString 表示，从出发地到目的地的行驶路线由多条道路组成，那么线路就可以用 MultiLineString 表示。

- MultiPolygon：代表空间中的多个面。例如，一个湿地公园内的一个湖泊用 Polygon 类型表示，而公园内的所有湖泊就可以用 MultiPolygon 表示。

- GeometryCollection：代表多个类型不同的空间对象的集合。假如要描述一个公园的空间实体，则需要用到多种空间类型：公园入口（Point）、公园内的道路（MultiLineString）、公园所在的空间范围（Polygon）等。

OGC 定义了空的空间对象（Empty Geometry），用于表示没有坐标点的空间数据，类似字符串类型 String 中的空字符串，上述任意的空间数据类型都有对应的空的空间对象。

当我们用空间数据描述现实中的事物时，要根据具体的场景和业务需求来选择适当的空间类型。在满足业务需求的前提下，尽量使用单一数据类型：Point、LineString、Poylgon、MultiPoint、MultiLineString、MultiPolygon，尽量避免使用 GeometryCollection 类型，这是因为在空间数据分析和存储时，可以根据单一数据类型的特点进行有针对性的优化，从而实现更高的性能，多种类型糅杂在一起的 GeometryCollection 类型则无法实现这些优化。

经过对各种空间数据类型的了解，我们知道点是描述一切空间数据的基础。OGC 用空间坐标系中的坐标（Coordinate）来表示空间中的点。Point 类型包含一个坐标，LineString 包含至少 2 个坐标，LineRing 包含至少 3 个坐标。对于坐标 Coordinate，OGC 定义了 4 个属性：X、Y、Z 和 M。在空间地理坐标系中，X 表示经度、Y 表示纬度、

Z 表示高程（相对于参考椭球体球面的高度）、M 用来存储坐标点的测量值（Measure），其中 X 和 Y 值是必须的，Z 和 M 是可选的，M 代表的含义和使用场景有关。通过对这 4 个属性的组合，可以有 4 种坐标类型：XY、XYZ、XYM、XYZM。

从上面对空间数据类型的定义可知，任意空间数据都能找到与之对应的空间数据类型，空间数据由坐标来表示。基于这些定义，OGC 定义了两类空间数据的标准格式，分别被称为 WKT（Well-Known Text）和 WKB（Well-Known Binary）。

WKT 是文本格式，可读性高，用于在不同的软件系统之间交换空间数据，以及空间数据在文本文件中的存储。WKT 由 3 部分组成：数据类型、坐标类型、坐标序列，各部分之间用空格分隔。WKT 中的数据类型用大写字母表示。因为 4 种坐标类型都含有 XY，所以 WKT 省略了 XY 坐标类型，并将 XYZ、XYM、XYZM 类型分别简化成 Z、M、ZM。假设一个点的 X=1，Y=2，Z=3，M=4，则这个点在不同坐标类型下的 WKT 格式如下所示。

```
POINT EMPTY
POINT (1 2)
POINT Z (1 2 3)
POINT M (1 2 4)
POINT ZM (1 2 3 4)
```

我们观察到，POINT 类型的 WKT 中，对于没有坐标的空对象，没有坐标类型且用 EMPTY 表示坐标序列（其他类型空对象的 WKT 同理）。若不是空对象，则坐标序列是用括号括起来的，坐标的 X、Y、Z、M 值之间用空格分隔。对于 LINESTRING、POLYGON 这种不止一个坐标的空间数据，其 WKT 的坐标序列是如何表示的呢？为了方便讲述，我们以坐标类型 XY 为例，对 LINESTRING 和 POLYGON 的坐标序列进行介绍。

如下所示，LINESTRING 的坐标序列由一对括号括起来，多个坐标之间用逗号分隔。POLYGON 的坐标序列由 Shell 和 Hole 的坐标序列组成，Shell 和 Hole 的坐标序列和 LINESTRING 的坐标序列的格式一样，只是首尾坐标相同。如下所示，POLYGON 用一对最外层的括号将 Shell 和 Hole 的坐标序列括起来，括号里面的第一个坐标序列表示 Shell，后面的一个坐标序列表示 Hole，Hole 可以有零或多个，坐标序列之间用逗号分隔。

```
LINESTRING (0 0,1 1,1 2)
POLYGON ((0 0,4 0,4 4,0 4,0 0),(1 1, 2 1, 2 2, 1 2,1 1))
```

从 POLYGON 的坐标序列可以看出，复杂的坐标序列是由简单的坐标序列组合而来的，坐标序列之间用逗号分隔，并用最外层的括号括起来。根据这个特点，我们很容易想到 MULTIPOINT、MULTILINESTRING、MULTIPOLYGON 的 WKT 格式。如下所示，将多个原子类型的坐标序列进行组合，得到集合类型的 WKT 坐标序列。

```
MULTIPOINT ((0 0),(1 2))
MULTILINESTRING ((0 0,1 1,1 2),(2 3,3 2,5 4))
MULTIPOLYGON (((0 0,4 0,4 4,0 4,0 0),(1 1,2 1,2 2,1 2,1 1)), ((-1 -1,-1 -2,-2 -2,-2 -1,-1 -1)))
```

GEOMETRYCOLLECTION 的 WKT 类型较为特殊，因为该集合类型中包含的空间数据的类型不尽相同，所以在坐标序列中，要带上每个空间数据的类型信息，如下所示。

```
GEOMETRYCOLLECTION (POINT (2 3), LINESTRING (2 3,3 4))
```

WKB 是二进制格式。在数据库领域，空间数据通常以二进制的 WKB 格式存储。图 4-2 给出了空间数据的 WKB 编码格式。一个方框代表一个字节（Byte），空间数据被编码到字节数组中，具体分为以下 4 个部分。

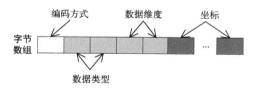

图 4-2　WKB 字节数组中各字节的含义

- 编码方式（第 1 字节）：编码方式有大端编码和小端编码（计算机领域的术语），用于指定字节在整个字节数组中的组织顺序。
- 空间数据类型（第 2 至 3 字节）：用于保存空间数据类型 Point、LineString、Polygon 等，WKB 对每种空间数据类型做了编码，用不同的数字表示不同的空间数据类型，第 2 至 3 字节存储了空间数据类型的编码。
- 数据维度（第 4 至 5 字节）：记录了坐标中是否含有 Z 值和 M 值，即记录了数据的坐标类型。没有 Z 和 M 时，坐标类型是 XY（2 维）；只有 Z 或只有 M 时，坐标类型是 XYZ 或 XYM（3 维）；Z 和 M 都有时，坐标类型是 XYZM（4 维）。坐标类型决定了进行坐标编码和解码时是否考虑 Z 和 M 的值。

- 坐标编码（第 6 字节至结尾）：坐标编码保存了组成一个空间数据的所有坐标。正如 WKT 中不同空间类型的坐标序列之间存在差异一样，WKB 中的坐标编码的规则也和空间数据类型相关，此处不再展开介绍不同空间类型的坐标编码规则。

除了 OGC 定义的 WKT 和 WKB 格式外，还有一种常用的标准空间数据交换格式 GeoJSON。GeoJSON 用 JSON 格式表示空间数据，以方便用 JavaScript 脚本语言处理空间数据。在 WebGIS 领域，GeoJSON 作为空间数据在前后端的标准交换格式，在目前流行的可视化组件中被广泛使用。GeoJSON 格式的细节此处不再赘述。

4.1.2 空间数据特性

OGC 将空间数据所具有的特性归纳为简单性（Simple）和合法性（Valid），并对每种空间类型给出了其简单性与合法性的约束条件。下面将介绍这两类特性及其现实意义。

1. 简单性

空间数据的分析算法（几何计算）都是基于最简单的空间数据来实现的。通常，复杂的空间数据被视为多个简单（Simple）空间数据的组合，算法会对每个简单空间数据进行计算，并将计算结果进行合并，成为复杂空间数据的计算结果。例如计算 Polygon 的面积，可以先计算 Shell 的面积和 Hole 的面积，然后用 Shell 的面积减去 Hole 的面积便得到 Polygon 的面积，而 Shell 和 Hole 的面积计算的算法是完全一样的。由此可见，空间数据简单性约束是实现空间分析算法的基础。

下面是 OGC 对不同空间数据类型的简单性的约束。

- Point：一个 Point 是简单的空间数据。
- MultiPoint：若一个 MultiPoint 中所有点（Point）的坐标各不相同，则这个 MultiPoint 是简单的空间数据。
- LineString：若一个 LineString 没有两次及以上通过除端点以外的同一个点，则这个 LineString 是简单的空间数据，即简单 LineString 不允许自相交。如图 4-3 所示，(1) 是简单 LineString，因为不存在相交情况；(2) 也是简单 LineString，因为虽然存在一个交点，但是该交点为端点；(3) 是非简单 LineString，因为其存在一个交点，且该交点不为端点；(4) 也是非简单 LineString，因为其存在两个交点，且其中一个不为端点。

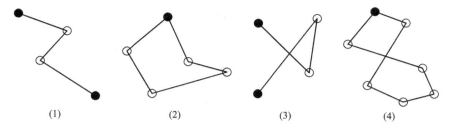

图 4-3　LineString 的简单性示意图（实心圆表示端点，空心圆表示中间点）

- MultiLineString：若一个 MultiLineString 中所有 LineString 均是 Simple 的，且任意两个 LineString 之间只允许在端点处相交，则称该 MultiLineString 是简单的。如图 4-4 所示，(1) 和 (2) 是简单的，对于 (1) 来说，两个 LineString 均是简单的，且不存在相交情况；对于 (2) 来说，两个 LineString 虽然存在一个交点，但是该交点为两个 LineString 的端点；(3) 是非简单的，因为两个 LineString 存在一个交点，且该交点不为端点。

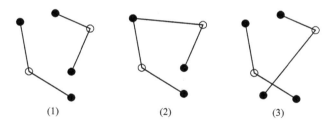

图 4-4　MultiLineString 的简单性示意图（实心圆表示端点，空心圆表示中间点）

- Polygon：若组成一个 Polygon 的 Shell 和 Hole 的 LinearRing 满足 LineString 的简单性约束，则称该 Polygon 是简单的。
- MultiPolygon：若一个 MultiPolygon 中的所有 Polygon 满足简单性约束，则称该 MultiPolygon 是简单的。

2. 合法性

空间数据用来表示现实中实体的空间位置，比如一个 Polygon，其 Shell 在空间上一定是包含其 Hole 的，如果不满足这一约束条件，则该 Polygon 毫无现实意义，OGC 将这种判断空间数据是否合理的规则称为合法性验证。

对于点（Point、MultiPoint）和线（LineString、MultiLineString）来说，简单性约束

足以使其具备现实意义，所以 OGC 只对 Polygon 和 MultiPolygon 这种表示空间面的类型给出了合法性约束，且要求满足合法性约束的空间数据必须满足简单性约束。

Polygon 的合法性约束如下：1）Polygon 的边界，包括外部边界 Shell 和内部边界 Hole，均满足简单性约束；2）边界本身不允许交叉；3）边界之间允许有接触点，但不能有重叠的线段；4）外部边界 Shell 包含内部边界 Hole；5）内部是简单连接的，即边界不能以将 Polygon 分割为多个部分的方式接触。

如图 4-5 所示，(1) 为合法的，因为满足上述所有约束条件；(2) 也是合法的，因为虽然其 Hole 与 Shell 在右下角存在一个交点，但是该交点并不在直线上；(3) 是非法的，因为其内部并不是简单连接的，其 Hole 将内部分为了上下两个空间，不满足约束 5；(4) 是非法的，因为其 Hole 与 Shell 存在重叠的线段，不满足约束 3；(5) 是非法的，因为其 Shell 并不是满足简单性约束，即不满足约束 1；(6) 也是非法的，因为其外部边界 Shell 并不包含内部边界 Hole，不满足约束 4。

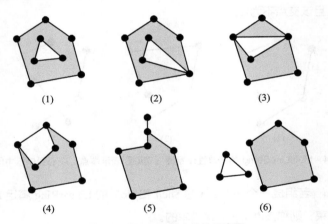

图 4-5　Polygon 的合法性示意图

MultiPolygon 的合法性约束如下：1）其包含的所有 Polygon 均是合法的；2）其包含的 Polygon 之间不能出现覆盖的情况，即其边界不能相交；3）其包含的 Polygon 之间仅允许存在接触点。

如图 4-6 所示，深色和浅色分别表示两个合法的 Polygon。则 (1) 是合法的 MultiPolygon，因为其满足上述所有约束条件；(2) 是非法的，因为上下两个 Polygon 以线的方式进行接触，图中以较粗的实线标出，不满足约束 3；(3) 也是非法的，因为上下两个 Polygon 存在覆盖的情况，不满足约束 2。

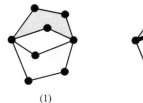

(1)　　　　　　　　　(2)　　　　　　　　　(3)

图 4-6　MultiPolygon 的合法性示意图

4.1.3　空间拓扑关系

空间拓扑关系表达了物体之间的空间位置关系，是空间分析的核心概念。OGC 命名了多种空间拓扑关系，比如空间相交（Intersects）、空间包含（Contains）、空间重叠（Overlap）等，并提出了九交模型来定义这些空间拓扑关系。

1. 认识空间拓扑关系

我们知道整数有大小之分，即给定任意两个整数 A 和 B，则 A 和 B 有如下 3 种关系：A 大于 B、A 等于 B、A 小于 B，整数的大小比较就是一种关系。同理，不同的空间对象因为有着不同的空间位置，也就产生了不同的空间拓扑关系。如图 4-7 所示，给定两个空间对象 A 和 B，若从左到右水平移动 A，则 A 和 B 之间便产生了 4 种拓扑关系，即相离、相切、相交和包含。

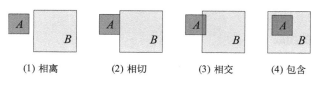

(1) 相离　　　　　(2) 相切　　　　　(3) 相交　　　　　(4) 包含

图 4-7　4 种空间拓扑关系

可以初步认为，边界和内部均没有重叠的就是"相离"，仅边界重叠但内部没有重叠的就是"相切"，边界和内部均有重叠就是"相交"，边界没有重叠但内部完全重叠就是"包含"。这个判断逻辑有一个突出的特点，即在描述拓扑关系的时候，区分了空间对象的"边界"和"内部"，并且利用"边界"和"内部"的重叠情况来表达不同的拓扑关系。

2. 量化空间拓扑关系

上述拓扑关系的判断逻辑对于图 4-7 所示的空间对象确实适用，但是不具有普适性。如图 4-8 所示，(1)、(2)、(3) 都是边界重叠，满足"相切"的判断逻辑，但是 (1) 中重叠部分是一条线，(2) 中重叠部分是一个点，(3) 中重叠部分虽然也是一个点，但这个点和空间对象 *A* 是同一个点，这种情况是否也满足"相交"的拓扑关系呢？

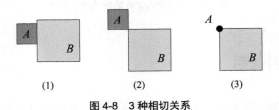

(1)　　　　　　　(2)　　　　　　　(3)

图 4-8　3 种相切关系

由此可见，上述的判断逻辑是粗糙的、不严谨且不具普适性的。为了设计一种能够适用任何空间类型的、统一的拓扑关系判断逻辑，OGC 提出了九交模型，用来表达任意两个空间对象之间的拓扑关系。

在介绍九交模型之前，我们先了解其依赖的一些基础概念。

■ **空间数据的维度**

OGC 将原子空间数据类型中的 Point、LineString、Polygon 的空间维度分别定义为 0 维、1 维和 2 维。集合类型 MultiPoint、MultiLineString、MultiPolygon 的维度与对应的原子类型的维度一致，分别为 0 维、1 维和 2 维。集合类型 GeometryCollection 的维度是所包含空间数据维度的最大值，例如一个包含 Point、LineString 对象的 GeometryCollection 的维度是 $\max(0,1) = 1$ 维。

■ **空间数据的组成**

我们知道，将空间数据分为"边界"和"内部"是判断空间拓扑关系的一种方式，OGC 正是基于此概念来设计九交模型的，只不过除了"边界"和"内部"之外，OGC 还给出了"外部"的概念。对于一个空间对象，除了"边界"和"内部"之外的其余空间都称为该对象的"外部"。如图 4-9 所示，(1) 中灰色小矩形表示几何对象 *A*，白色大矩形表示整个空间，那么几何对象 *A* 明显将空间划分成了三个部分，(2) 中的浅灰色部分表示"内部"、白色矩形框表示"边界"、深灰色部分表示"外部"。

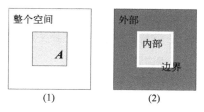

图 4-9　Polygon 的内部、边界和外部

空间面对象的内部、外部和边界的概念已经清楚了，那点和线对象的内部、外部和边界又是怎样的呢？其实，OGC 是基于空间维度来定义内部（Interior）、外部（Exterior）和边界（Boundary）的概念的，如图 4-10 所示。

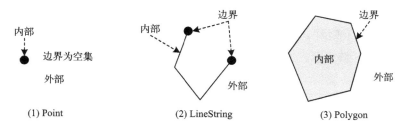

图 4-10　不同维度空间对象的内部、边界和外部

边界的定义：一个空间对象的边界指的是比其低一个维度的空间数据集合。

对于 0 维的 Point，没有比 0 更低的维度，故定义 Point 的边界是空集；对于 1 维的 LineString，比其低一个维度是 0 维，0 维对应的是 Point，故定义 LineString 的边界为线的两个端点组成的 Point 集合；对于 2 维的 Polygon，比其低一个维度是 1 维，而 1 维对应的是 LineString，定义 Polygon 的边界为由外部环和内部环组成的 LinearRing 的集合，前面讲过，LinearRing 是 LineString 的特例，因此其维度是 1。

内部的定义：一个空间对象的内部指的是属于该空间对象但不在边界上的 Point 集合。

对于 Point，内部就是其本身；对于 LineString，其内部是除两个端点外的所有位于 LineString 上的点的集合；对于 Polygon，其内部是除外部环和内部环外的所有位于该 Polygon 内的点的集合，即 Polygon 内部的平面区域。这里的点集合是一个无限集，位于 LineString 上和位于 Polygon 内的点的数量是无限多的、不可枚举的，不要和组成 LineString 和 Polygon 的坐标混淆。

外部的定义：一个空间对象的外部指的是除其边界和内部以外的空间上的所有区域，即不在边界和内部上的所有 Point 的集合，它是一个二维的非闭合的平面。

集合类型的空间数据可以转换成多个原子类型的空间数据的集合，其空间拓扑关系的判断也等价于两个集合的原子空间对象之间的拓扑关系判断。因此，此处只定义了原子类型的空间对象的内部、外部和边界。

3. 九交模型

对于两个原子类型的空间对象 a 和 b，九交模型通过对边界、内部和外部进行两两比较，得到 9 个（3×3）结果，9 个结果的不同组合代表了 a 和 b 之间不同的拓扑关系，九交模型因此而得名。

用字母 I、B 和 E 分别表示空间对象的内部、边界和外部，用 $I(a)$、$B(a)$、$E(a)$ 分别表示空间对象 a 的内部、边界和外部，用 $I(b)$、$B(b)$、$E(b)$ 分别表示空间对象 b 的内部、边界和外部，用 $\cap$ 表示两个空间数据的交集，用 dim 表示空间数据的维度，则九交模型用表 4-1 所示的矩阵表示。

表 4-1　九交模型矩阵

$\dim(I(a) \cap I(b))$	$\dim(I(a) \cap B(b))$	$\dim(I(a) \cap E(b))$
$\dim(B(a) \cap I(b))$	$\dim(B(a) \cap B(b))$	$\dim(B(a) \cap E(b))$
$\dim(E(a) \cap I(b))$	$\dim(E(a) \cap B(b))$	$\dim(E(a) \cap E(b))$

a 和 b 的交集也是一个空间对象，交集的维度 dim 有 4 个可能的取值 0、1、2 和 F，其中 0 表示点集合、1 表示线集合、2 表示面集合、F 表示空集（即 a 和 b 不相交）。假设 a 和 b 都是空间面对象，a 和 b 的交集用空间对象 s 表示，a 和 b 不同的位置关系对应的 s 的维度如图 4-11 所示，即九交模型矩阵中每个元素的可能取值为 0、1、2 和 F。

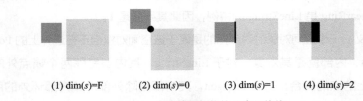

(1) dim(s)=F　　(2) dim(s)=0　　(3) dim(s)=1　　(4) dim(s)=2

图 4-11　九交模型矩阵的 4 个可能值

图 4-12 是九交模型矩阵的一个实例。左边的面对象为 a，右边的面对象为 b，黑色部分表示 a 和 b 的内部、边界和外部两两相交的部分，图中也给出了相交部分的维度，即九交模型矩阵中每个元素的值，下面进行简单说明。

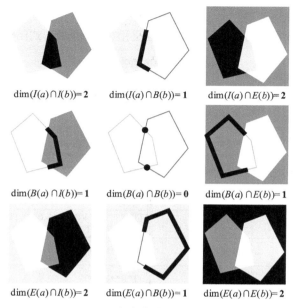

图 4-12 九交模型可视化示意图

因为 $I(a)$ 和 $I(b)$ 相交为面，所以 dim($I(a) \cap I(b)$)=2；因为 $I(a)$ 和 $B(b)$ 相交为线，所以 dim($I(a) \cap B(b)$)=1；因为 $I(a)$ 和 $E(b)$ 相交为面，所以 dim($I(a) \cap E(b)$)=2；同理根据其余各部分的相交结果维度得到对应的九交模型数值，这里不再赘述。

有了九交模型之后，我们就能准确地表达图 4-8 中 3 种"相切"的拓扑关系的差异：对于（1），dim($B(A) \cap B(B)$)=1；对于（2），dim($B(A) \cap B(B)$)=0；对于（3），dim($B(A) \cap B(B)$)=F，且 dim($I(A) \cap B(B)$)=0。

为了用九交模型矩阵的不同取值来表达不同的拓扑关系，OGC 将二维矩阵的九个值按照从上到下从左到右的方式组织成一维数组 [dim($I(a) \cap I(b)$), dim($I(a) \cap B(b)$), dim($I(a) \cap E(b)$), dim($B(a) \cap I(b)$), dim($B(a) \cap B(b)$), dim($B(a) \cap E(b)$), dim($E(a) \cap I(b)$), dim($E(a) \cap B(b)$), dim($E(a) \cap E(b)$)]。上面讲到，dim 函数的可能取值为 0、1、2、F，此外，用 * 表示 0、1、2、F 中的任意一个值，用 T 表示 0、1、2 中的任意一个值，则有 T 与 F 互斥。将空间对象 a 和 b 的维度用三个字母来表示，即 P（Point 首字母）表示 0 维、L（LineString 首字母）表示 1 维、A（Area 首字母）表示 2 维，例如 P/L 表示 a 是 0 维 b 是 1 维。

九交模型可以表达空间对象之间的任意拓扑关系，但是直接使用形式化的表达方式比较晦涩，因此 OGC 对一些常用的空间拓扑关系进行了命名，称其为被命名的空间拓扑关系。表 4-2 给出了每种拓扑关系的名称、含义和九交模型的形式化表示。

表 4-2　OGC 命名的空间拓扑关系

名称	含义	九交模型表达式
Disjoint(a,b)	a和b没有交集	[FF*FF****]
Intersects(a,b)	a和b存在交集	[TF*FF****], [FT*FF****] [FF*TF****], [FF*FT****]
Touches(a,b)	a和b的边界有交集	[FT*******], [F**T*****], [F***T****]
Overlaps(a,b)	a和b存在重叠	[T*T***T**](P/P,A/A), [1*T***T**](A/A)
Crosses(a,b)	a穿过b	[T*T******](P/L,P/A,L/A), [T*****T**] (L/P,L/A,A/L), [0********](L/L)
Contains(a,b)	a包含b	[T*****FF*]
Within(a,b)	a在b之内	[T*F**F***]

4. 九交模型的应用

为了加深读者对九交模型的理解，下面介绍一个实际应用的案例——寻找码头。如图 4-13 所示，假设有一个湖泊（Lake）和若干码头（Dock），不同的码头与湖泊有着不同的空间拓扑关系，若某码头的一端与湖泊的边界接触，另一端位于湖泊的内部，且码头完全被湖泊包含，则称该码头为合法码头，否则为非法码头。试问，如何快速查出所有合法码头？

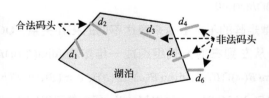

图 4-13　寻找码头问题示意图

若人工判断，则很容易可以识别出 d_1 和 d_2 为合法码头，其余为非法码头。因为图中仅展示了 6 个码头，我们尚可人工处理，但若有成千上万个码头需要判断，则不可能逐个人工处理，此时就必须基于九交模型对合法码头与湖泊的关系进行量化，然后进行自动化处理。

基于九交模型的规则，首先，我们计算码头和湖泊的内部、边界和外部，如图4-14所示，下方浅灰色表示湖泊，上方深灰色表示码头，因为码头的几何形状为线（LineString），故码头的内部、边界和外部分别为线、点和面，又因为湖泊的几何形状为面（Polygon），故湖泊的内部、边界和外部分别为面、线和面。

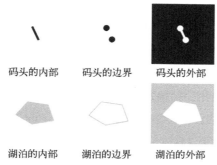

图 4-14　码头和湖泊的内部、边界和外部

简单思考一下可知，合法码头应具有如下条件：第一，合法码头一端与湖泊边界相交于一点，而码头的两个端点是码头的边界，该条件可转换为"码头的边界与湖泊的边界相交，且相交结果为点"，即 $\dim(B(dock) \cap B(lake))=0$；第二，合法码头另一端与湖泊内部相交于一点，该条件可转换为"码头的边界与湖泊的内部相交，且相交结果为点"，即 $\dim(B(dock) \cap I(lake))=0$；第三，除两个端点外，合法码头完全被湖泊包含，该条件可转换为"码头的内部与湖泊的内部相交，且相交结果为线"，$\dim(I(dock) \cap I(lake))=1$，同时，因为合法码头完全被湖泊包含，所以该条件还隐含了"码头的内部与湖泊的外部没有相交"的信息，即 $\dim(I(dock) \cap E(lake))=F$。综上，一个合法码头与湖泊的九交模型矩阵应如图4-15所示。

		内部	边界	外部
合法码头	内部	1	F	F
	边界	0	0	F
	外部	2	1	2

湖泊

图 4-15　合法码头与湖泊的九交模型矩阵示意图

现在我们知道了合法码头与湖泊的九交模型矩阵，接下来仅需先计算每个码头与湖泊的九交模型矩阵，再从中挑选即可。下面我们以图 4-13 中的码头 d_1 为例，介绍码头与湖泊的九交模型矩阵的计算过程（码头和湖泊的内部、边界和外部见图 4-14）。

如图 4-16 所示，浅灰色表示湖泊，深灰色表示码头，该图给出了九交模型矩阵的计算过程，也就是要计算码头和湖泊各个部分的相交情况：1）码头的内部与湖泊的内部，相交结果为线，而线是一维几何，故 dim(I(dock)∩I(lake))=1；2）码头的内部与湖泊的边界，这里注意码头的内部是不包含两个端点的，故二者没有相交，即 dim(I(dock)∩B(lake))=F；3）码头的内部与湖泊的外部，二者没有相交，即 dim(I(dock)∩E(lake))=F；4）码头的边界与湖泊的内部，二者相交结果为点，而点是零维几何，故 dim(B(dock)∩I(lake))=0；5）码头的边界与湖泊的边界，二者相交结果为点，故 dim(B(dock)∩B(lake))=0；6）码头的边界与湖泊的外部，这里注意湖泊的外部是不包含湖泊边界的，故二者没有相交，即 dim(B(dock)∩E(lake))=F；7）码头的外部与湖泊的内部，二者相交为面，而面是二维几何，故 dim(E(dock)∩I(lake))=2；8）码头的外部与湖泊的边界，二者相交为线，而线是一维几何，故 dim(E(dock)∩B(lake))=1；9）码头的外部与湖泊的外部，二者相交为面，而面是二维几何，故 dim(E(dock)∩E(lake))=2。综上，码头 d_1 与湖泊的空间拓扑关系即可表示为九交模型矩阵：1FF 00F 212。

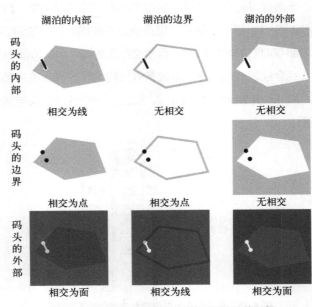

图 4-16　码头 d_1 与湖泊的九交模型矩阵计算过程

同理，分别计算其余 5 个码头 d_2 至 d_6 与湖泊的九交模型矩阵，结果如图 4-17 所示，计算过程这里不再赘述。

1	F	F
0	0	F
2	1	2

(1) d_1

1	F	F
0	0	F
2	1	2

(2) d_2

1	F	F
0	F	F
2	1	2

(3) d_3

F	F	1
F	F	0
2	1	2

(4) d_4

1	0	1
0	F	0
2	1	2

(5) d_5

F	F	1
F	0	0
2	1	2

(6) d_6

图 4-17 各码头与湖泊的九交模型矩阵计算结果

至此，我们已经通过计算得到了所有码头与湖泊的九交模型矩阵（图 4-17），并且知道合法码头的矩阵数据（图 4-15），所以接下来仅需逐个对比所有矩阵即可。例如由图 4-17 可知，仅有码头 d_1 和码头 d_2 的九交模型矩阵与合法码头的矩阵相同，则"寻找码头"问题的最终结果为，码头 d_1 和 d_2 为合法码头，其余码头为非法码头。

可以看到，基于九交模型，如此复杂的寻找码头问题，便可转为简单的矩阵匹配问题，既准确又精炼，这便是九交模型的巧妙和魅力。

4.2 时空数据索引算法

要对海量时空数据进行管理，就必然离不开对时空数据索引的构建。在传统的时空数据管理领域中，已存在一些空间索引解决方案，但大数据背景下的时空数据索引问题，仍是一个较新的领域。目前也有一些优秀的索引方式，例如基于空间填充曲线构建静态稀疏索引，可用于解决海量时空数据管理的难题。

本节将重点围绕时空索引进行介绍，首先说明空间索引的重要性，然后对传统的树状空间索引进行概述，最后引入基于空间填充曲线的时空索引方案。

4.2.1 为什么需要空间索引

1. 为什么需要索引

在正式介绍时空索引的相关技术前，让我们先思考一个实际的问题：现在你准备外出吃饭，那么如何查询附近 100 米内的餐馆？已知你当前位置的经度 lng 和纬度 lat，每个餐馆也都有其经纬度，数据库中共计 10 万个餐馆。简单思考后，可得到以下 3 个方法。

■ **暴力遍历**

该方法的思路很直接，即计算当前位置与所有餐馆的距离，并保留距离小于 100 米的餐馆。值得注意的是，不同经纬度坐标之间的距离计算较为复杂，该方法的时间复杂度为：10 万 × 球面距离公式的复杂度。

■ **矩形过滤**

该方法主要分为如下 3 个步骤：1）根据经纬度和长度米的单位换算（经度或纬度每隔 0.001 度，距离相差约 100 米），便可得到当前位置附近 100 米内的餐馆的经纬度范围 (lng_{min}, lng_{max}) 和 (lat_{min}, lat_{max})，进而可以形成一个以当前位置为中心点的矩形框，如图 4-18(a) 所示；2）因为不在矩形框内的餐馆与当前位置的距离一定大于 100 米，故可先基于矩形框进行过滤，规则为若餐馆位于矩形框内则保留，否则丢弃，这样过滤后便可得到 n 个餐馆，其中 n 远远小于 10 万；3）又因为矩形框内的餐馆与当前位置的距离也有可能大于 100 米，故还需使用球面距离公式计算真实距离，如图 4-18(b) 所示，最终保留距离小于 100 米的餐馆即可。

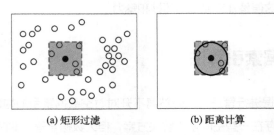

(a) 矩形过滤　　　　　　　　(b) 距离计算

图 4-18　基于矩形过滤方法查询附近餐馆

该方法的时间复杂度为：10 万 × 矩形过滤函数的复杂度 $+n×$ 球面距离公式的复杂度，其中 $n \ll 10$ 万。值得注意的是，判断一个点是否在矩形框内很简单，仅需进行两次浮点数判断，即 $lng_{min} < lng < lng_{max}$ 且 $lat_{min} < lat < lat_{max}$。

■ **对纬度建立 B-Tree 索引**

方法二的耗时原因在于执行了遍历操作。为了不进行遍历，我们可对纬度建立 B-Tree 索引，如此便得到了方法三。该方法主要分为如下 3 个步骤：1）通过 B-Tree 索引快速找到指定纬度范围内的餐馆，如图 4-19(a) 所示，可得到 m 个餐馆，其中 $m \ll 10$ 万；2）在第一步过滤得到的 m 个餐馆中，查找指定经度范围内的餐馆，如图 4-19(b) 所示，可得到 n 个餐馆，其中 n<m ；3）在第二步过滤得到的 n 个餐馆中，使用球面距离公式计算餐馆与当前位置的真实距离，如图 4-19(c) 所示，最终保留距离小于 100 米的餐馆即可。

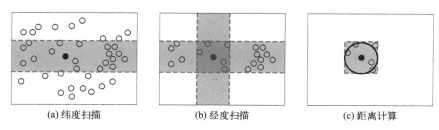

(a) 纬度扫描　　　　　　　(b) 经度扫描　　　　　　　(c) 距离计算

图 4-19　基于纬度 B-Tree 索引查询附近餐馆

该方法的时间复杂度为：log(10 万)×B-Tree 索引的复杂度 +m× 矩形过滤函数的复杂度 +n× 球面距离公式的复杂度。

经实验测试，假设方法三的执行耗时为 1 秒，则方法二的执行耗时约为 30 秒，方法一的执行耗时约为 400 秒。

2. 为什么需要空间索引

至此，有读者可能会想：方法三的效果很好，B-Tree 也可用来索引空间数据。但是，B-Tree 真的能够索引空间数据吗？我们可以从以下 3 个角度思考。

第一，B-Tree 是一维索引，只能对经度或纬度进行索引，与期望不符。我们期待的是，快速找出落在某一空间范围内的餐馆，而不是快速找出落在某一经度或纬度范围内的餐馆，例如，我们只想查询北京市的餐馆，但是 B-Tree 索引不仅找出了北京市的餐馆，还找出了与北京市同一纬度的天津市、大同市的餐馆，这显然不符合要求。

第二，当数据是多维时，如三维 (lng,lat,time)，B-Tree 如何索引？有读者可能会想，B-Tree 其实可以对多个字段进行索引，但这就需要指定优先级，形成一个组合字段，而二维的空间数据或三维的时空数据在各个维度方向上是不存在优先级的，不能说纬度比经度重要，也不能说经度比时间重要。

第三，当空间数据不是点，而是线（道路、地铁、河流等）或面（行政区划边界、建筑物等）时，B-Tree 如何索引？对于线或面来说，它是由一系列首尾相连的经纬度坐标点组成的，一个线或面可能包含成百上千个坐标点，此时 B-Tree 如何索引，这些都是问题。

3. 空间索引的分类

根据上面的介绍，传统的索引（如 B-Tree）并不能很好地支持空间数据的索引需求，这里我们开始介绍空间索引，并简单地对空间索引进行分类。

传统索引使用树和哈希这两类最基本的数据结构，空间索引虽然更为复杂，但仍基于这两种数据结构，因此可以将空间索引划分为两大类：1）树状索引，如 Quad-Tree、KD-Tree 和 R-Tree 等；2）哈希索引，如网格索引 GeoHash 等。

4.2.2　基于树状结构的空间索引

传统的空间索引原理大多为对整体空间进行分割，不断递归划分为具有分层结构的树状独立子区域，然后将空间数据映射至最小不可分空间区域中进行存储。查询某几何对象时，仅需从上到下按层遍历，查找该层中包含该对象的区域，然后不断递归查询其子节点，最终搜索至叶子节点，遍历其中的元素即可。本小节将重点介绍几种经典的空间索引方法，即 Quad-Tree、KD-Tree 和 R-Tree。

1. Quad-Tree

Quad-Tree，中文名为四叉树，是二叉查找树在二维空间上的变体，也可理解为一种对空间进行划分的数据结构，即首先将原始空间等分成 4 个相等的子空间，然后对每个子空间再次 4 等分，如此递归，直至达到指定的递归深度才停止切分。四叉树索引的原理就是将地理空间递归划分为不同层次的树状结构，并将数据存储在叶子节点。由于其结构简单，且当空间数据分布较为均匀时，拥有比较高的插入和查询效率，因此是常用的空间索引方法之一。

四叉树可分为满四叉树和非满四叉树。对于满四叉树，每个节点都有四个子节点，它有着固定的深度，数据全都存储在最底层的子节点中。但是，当数据分布不均匀时，会发现很多子节点都是空的，并没有起到存储数据的作用，进而造成了存储空间的大量浪费。如图 4-20(1) 所示，每个小网格都代表一个叶子节点，但是数据却集中在网格 20、21、22 和 23 中，其余网格均没有存储任何数据，十分浪费存储空间。

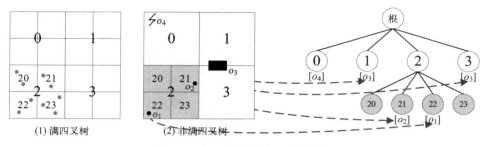

图 4-20 满四叉树和非满四叉树示意图

非满四叉树解决了这个问题。它为每个节点添加了一个容量（Capacity）属性。四叉树在初始时只有一个根节点。在插入数据时，如果一个节点内的数据量大于节点对应的容量，就再将节点进行分裂，如此便可保证每个节点内都存储了数据，避免了内存空间的浪费。

如图 4-20(2) 所示，不妨假设最大深度为 2，且每个叶子节点的最大数据容量为 1，则：1）至多递归划分空间 2 次，每次划分的子空间的编码长度等于其所在的层数；2）第一次划分子空间，得到节点 0、节点 1、节点 2 和节点 3，其中节点 2 的数据个数为 2 需再次进行划分，其余节点数据个数均为 1 无需再次划分；3）第二次划分子空间，仅需对节点 2 进行划分，得到节点 20、节点 21、节点 22 和节点 23，此时所有节点的数据个数均小于或等于最大数据容量，无需进行再次划分；4）所有数据均存储在叶子节点中，例如空间对象 o_4 存储在叶子节点 0 中，空间对象 o_2 存储在叶子节点 21 中等；5）若某空间对象与多个子空间相交，则将其复制进行冗余存储，如空间对象 o_3 在两个叶子节点中均有存储。

查询四叉树时，只要找到了空间对象对应的节点，该节点下的所有空间对象就都会是其近邻对象，且叶子节点容量越小，对应每个叶子节点内的空间对象个数也就越少，也就意味着查询的精度越高。

2. KD-Tree

KD-Tree，全名为 K-Dimensional Tree。其原理也比较简单，用一句话概括就是，递归选择一个维度将空间二分。如图 4-21 所示，从 X 和 Y 两个维度不断地对数据进行划分，选择其中一个维度将空间按数据量二分，直至子空间中只存在单个数据，最终形成一棵二分查找树。查询时就可根据节点的值不断向下寻找。

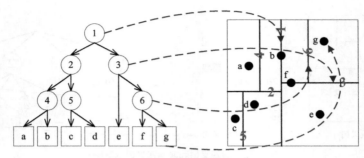

图 4-21　KD-Tree 构建示意图

　　如图 4-21 所示，其空间划分步骤主要如下：第一次划分，选择 X 轴，即以点 b 的 X 值为临界值将整体的点集等分为左右两部分，即集合 {a,b,c,d} 和集合 {e,f,g}，值得说明的是，这里的"等分"不是严格意义上的数量相等，而是数量相差不大于 1，因为对于一个包含奇数个元素的集合而言，是无法划分为完全相等的两个子集的；第二次划分针对左边点集 {a,b,c,d}，选择 Y 轴，将其等分为上下两部分，即集合 {a,b} 和集合 {c,d}；第三次划分，基于广度优先的思想，再针对右边点集 {e,f,g}，同样选择 Y 轴，将其分为上下两部分，即集合 {f,g} 和集合 {e}；第四次划分，针对左上角的点集 {a,b}，选择 X 轴，将其等分为 {a} 和 {b} 两个集合，此时发现每个集合仅包含一个点，无法再划分，则将 {a} 和 {b} 所处的子空间作为叶子节点；第五次划分，基于广度优先的思想，针对右下角的点集 {c,d}，选择 X 轴，将其等分为 {c} 和 {d} 两个单元素集合，发现其无法继续划分，则达到了叶子节点的要求；第六次划分，针对右上角的点集 {f,g}，选择 X 轴，将其等分为 {f} 和 {g} 两个集合。由于每个子空间至多包含一个点，故无需再进行划分。至此，KD-Tree 构建完成，共生成 7 个子空间，每个子空间包含一个点。

　　KD-Tree 的查询过程也较为简单，即给定一个查询范围框，从顶到下依次判断划分的子空间是否与其相交，若不相交则忽略，否则继续向下查询更细粒度的子空间，直至叶子节点。如图 4-22 所示，左侧阴影部分表示查询范围框（下面简称查询框）。首先判断其与空间 2 和空间 3 的关系，发现查询框与空间 3 相交，与空间 2 不相交；然后继续判断空间 3 的子空间 e 和子空间 6，发现与二者均相交，其中空间 e 为叶子节点，其包含的点 e 与查询框相交；最后判断空间 6 的子空间 f 和子空间 g，发现它们为叶子节点，且空间 f 包含的点 f 与查询框不相交，空间 g 包含的点 g 与查询框相交，因已遍历到叶子节点，无法继续向下判断，故停止查询流程，最终得到与查询框相交的空间点对象集合 {e,g}。值得注意的是，左侧的子树空间并未参与查询范围框的关系判断，而是直接过滤了，进而大大缩短了查询耗时，这也是 KD-Tree 的优势之一。

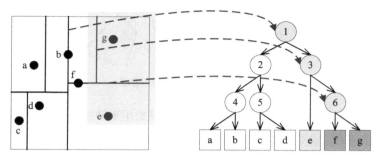

图 4-22　KD-Tree 查询示意图

3. R-Tree

在空间数据存储和查询领域，R-Tree 是应用最为广泛的空间索引技术，由 Guttman 在 1984 年于 SIGMOD 会议上提出 [2]，用以支持高维空间数据存储和快速查询。原理上，R-Tree 主要借鉴了 B-Tree 的思想，也可以看成是 B-Tree 的二维版，即对数据进行分割以达到对数级的访问时间复杂度，因此我们先了解一下 B-Tree 的相关知识。

B-Tree 是一棵自平衡树，现将一维数据按属性值映射至一维坐标系上，然后将一维直线坐标系划分为若干线段，如图 4-23 所示。当需查询某点时，仅需找到该点所在的线段即可。其中，"平衡"二字主要体现在划分时要尽量使得各个线段内包含的点数相等，即保证负载均衡，以防数据倾斜问题。综上，B-Tree 的原理可用六个字形容，"先过滤，后提纯"，即先找到解所在的大空间，再逐步缩小搜索空间，最后通过在一个最小不可分的空间中遍历来得到解。

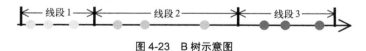

图 4-23　B 树示意图

如图 4-23 所示，一个典型的 B-Tree 搜索如下，先根据点的属性值确定该点所在的线段，然后遍历该线段中所有的点，最后得到解。

和 B-Tree 一样，R-Tree 采用了空间分割的原理，但不同于 B-Tree 的线段分割，R-Tree 定义了一种名为最小边界矩形（Minimal Bounding Rectangle，MBR）的数据结构来完成对空间的有效分割。值得一提的是，R-Tree 名称中的 R 指的便是矩形 Rectangle 的首字母。如图 4-24 所示，图中阴影部分即为所包含的空间对象的最小边界矩形。从图 4-24 可以看到，最小边界矩形的本质就是其代表的空间对象的最小 X 值、最小 Y 值、最大 X 值和最大 Y 值所围成的矩形方框。

图 4-24　最小边界矩形示意图

R-Tree 的构建方法也比较简单，从叶子节点开始用矩形将元素框住，节点越往上，框住的空间就越大，以此完成对空间的划分，如图 4-25 所示。

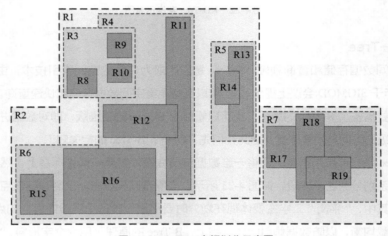

图 4-25　R-Tree 空间划分示意图

图 4-25 是在二维场景下 R-Tree 的一个简单示例，图中颜色最深的实线方框 R8 至 R19 表示的是一个个空间对象的最小边界矩形 MBR，即叶子节点；然后节点向上聚合，得到中间节点 R3 至 R7，图中使用颜色中等的虚线方框表示，每个中间节点都包含了若干代表 MBR 的叶子节点，如 R3 包含 R8、R9 和 R10 三个叶子节点等；最后节点再次向上聚合，形成最上层节点 R1 和 R2，图中使用颜色最浅的虚线方框表示，至此便形成了一棵层级树，如图 4-26 所示。值得注意的是，图中存在一些空框的情况，如 R6 和 R7 所在的节点有 3 个框，而最后一个框并没有数据。这是因为，为了提高索引查询效率，一般会限制树的层数不能太少，若层数太少则会降低索引性能；而 R-Tree 的层数是通过节点可包含的最大记录数量 M（即图中所示数据框）进行调节的，R-Tree 规定每个节点至多包含 M 个记录，图中所展示的 R-Tree 的节点包含最大记录数量 M 为 3，为凸显出该特性，便出现空框的情况。

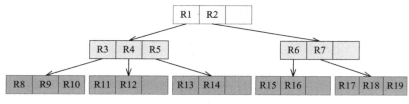

图 4-26　R-Tree 构建示意图

R-Tree 的查询流程与其构建流程正好相反，即从上到下依次判断查询范围位于哪个 MBR 内，直至找到叶子节点。

4.2.3　基于填充曲线的时空索引

数据库中的数据最终是要落回至物理存储设备中的，而现有的存储设备，例如磁盘，大多为一维存储设备，即通过磁盘的物理地址访问存储在某物理空间的数据记录。然而，空间数据大多是多维的，例如点线面都是二维数据，而带有时间信息的点线面更是三维数据。因此，要将多维数据映射至一维以便进行物理存储，同时也要尽量保持数据在多维时的邻近关系。于是，多维空间中相邻相似的数据在映射为一维后仍为一维直线上邻近的点，便成了一个亟待解决的问题。

让我们先思考一个问题，是否存在一根无限长的线，能穿过任意维度空间里的所有点？答案是存在，这条线就是空间填充曲线（Space Filling Curve，SFC）。从数学的角度来说，空间填充曲线可看成是一种 N 维空间数据到一维空间的映射函数，即将高维空间数据降至一维。

总体来说，引入空间填充曲线的目的是将高维数据降至一维，但是一条好的空间填充曲线应具有以下两个性质：1）填充，这是对空间填充曲线最基本的要求，只有可以填充满整个空间的曲线才能覆盖空间中所有的点，进而完成对高维空间的降维操作；2）稳定，这里的稳定是指数据邻近关系的稳定，具体来说是曲线在降维后，应尽量保持数据在高维时的邻近关系，例如二维空间中相近的两个点，降至一维后其编码也应是邻近的。因为空间填充曲线最终的目的是为了在一维物理存储设备上构建索引，所以需要将"相似"的数据尽量存储在物理位置相近的地方，即其一维编码也应相似。

本小节将首先介绍一种常见的空间填充曲线即 Z 曲线，接着介绍 Z 曲线的一种广泛应用即 GeoHash 编码，然后对其余几种常见的空间填充曲线进行概述，然后将填充曲线由空间扩展至时空即由二维扩展至三维，再接着介绍面向非点空间对象的 XZ 曲线编码方案，最后介绍基于填充曲线的时空索引思想及技术。

1. Z 曲线

Z-Ordering 空间填充曲线（以下简称 Z 曲线）由 IBM 公司的 Guy Macdonald Morton 于 1996 年提出，因其算法简单且性能优越，现已广泛用于空间编码和索引等各个领域。本小节将对其进行简单介绍。

Z 曲线的构建方法简单，主要步骤如下：对于一阶 Z 曲线，生成方法是将正方形空间四等分，从其中一个正方形的中心点开始，按"Z"字型依次穿过其余正方形中心点，如图 4-27 所示，填充曲线依次穿越子空间"0""1""2"和"3"；对于二阶 Z 曲线，生成方法是对之前每个小正方形再次进行四等分，然后每四个小正方形再生成一阶 Z 曲线，最后把四个一阶 Z 曲线首尾相连即可；对于三阶 Z 曲线，生成方法与二阶类似，先生成二阶曲线，再将 4 个二阶曲线首尾相连即可；N 阶的 Z 曲线，生成方法也是递归的，即先生成 N-1 阶的 Z 曲线，然后把 4 个 N-1 阶的 Z 曲线首尾相连。如图 4-27 所示，从左到右分别表示一阶、二阶和三阶的 Z 曲线，其中黑色圆点表示首尾连接位置。

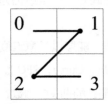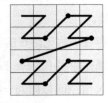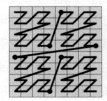

图 4-27　Z 曲线示意图

可能读者会有这样的疑惑：Z 曲线是如何"填满"整个空间的呢？其实，当 N 阶 Z 曲线的 N 趋于无限大，"Z"形状就会足够密，也就能填满整个空间了。但实际应用中并不需要这么高的精度。在实际应用中，往往指定一个最大深度（也称为最高分辨率）作为 Z 曲线的阶数，然后使用其最小网格代表其中所有的点。虽然这样做会损失一定的精度，但往往是够用的。

了解了 Z 曲线填充空间的过程，下面介绍 Z 曲线是如何将空间中的任意一点映射成一个单独的值的。一种自然的方式便是按 Z 曲线的走线，依次对最小网格赋予从 0 开始的整数，例如一阶 Z 曲线的编码为 0 至 3，二阶 Z 曲线为 0 至 15，三阶为 0 至 63。这种方式简单却行之有效，因为相邻的网格编码后的整数大多也相邻，即稳定性较好。

2. Z 曲线与 GeoHash 编码

事实上，目前使用广泛的地理编码 GeoHash 便是基于 Z 曲线的，只是将编码方式改为了经纬度的二进制表示。下面将简单介绍 GeoHash。

Z 曲线最典型的应用就是 GeoHash。GeoHash 是一种地理编码格式。其基本原理是，将地球表面理解为一个二维平面，将平面递归分解成更小的子块，然后基于 Z 曲线连接这些子块，并将每个子块编码为一个字符串。该字符串代表的就是一个以经纬度划分的矩形区域，其内的所有点均可使用该字符串进行表示。

事实上，GeoHash 是一种分级的数据结构，理论上只要空间划分得足够细，就能提供任意精度的分辨级别，但实际应用中往往不需要太高的精度，故 GeoHash 通常被分为 12 级。该级别代表的是编码后字符串的长度，级别越高，空间划分越细，地理精度越高。

GeoHash 的编码方式，主要分为如下 3 步。

■ 经纬度的二进制编码

GeoHash 的级数与经纬度二进制位数是一一对应的关系，例如级数为 1 时，经度是 3 位二进制位，而纬度是 2 位二进制位，因此指定 GeoHash 的级数后，便可得到经度和纬度的二进制位数，该位数决定经纬度数值的二进制编码精度。经纬度的编码思路也很简单，就是按照"左区间标注为 0，右区间标注为 1"的原则，使点以二分法的形式不断落入相应的区间中，越分越细直至指定位数。举个例子，纬度的范围是 [−90°, 90°]，划分其左区间为 [−90°, 0°] 和右区间为 (0°, 90°]，则针对纬度 12.34°，判断 12.34° 在右区间 (0°, 90°] 范围内，故标注为"1"，此时编码位数为 1；接着，针对上述右区间 (0°, 90°]，再次划分其左区间为 (0°, 45°] 和右区间为 (45°, 90°]，再次判断 12.34° 在左区间 (0°, 45°] 范围内，故再标注为"10"，此时编码位数为 2；以此类推，直至编码位数达到精度要求。

■ 经纬度的组合编码

按上述规则对经纬度按指定位数进行编码后，下一步就是对二者的编码进行组合。GeoHash 组合经纬度编码的方法也很简单，只需遵循"奇数位放纬度，偶数位放经度"的原则即可。注意这里的偶数位是从 0 开始计数的。例如，假定 GeoHash 级数为 1，且经度二进制编码为"001"，纬度编码为"10"，则组合编码为"01001"。再次强调，组合编码的首位是经度编码的首位，因为计算机中习惯从 0 开始计数，而 0 是偶数。读到这里，读者一定会好奇，"奇数位放纬度，偶数位放经度"这个规则是怎么产生的呢？这个规则具体产生了什么作用呢？当然，这个规则不是凭空想象的，其依据就是 Z 曲线。如图 4-28 所示，将经纬度的二进制编码组合后，按 Z 曲线的走线，可以发现这个组合编码是逐一递增的，转换为十进制，就是从 0 到 15 逐渐增大，正好覆盖所有网格。

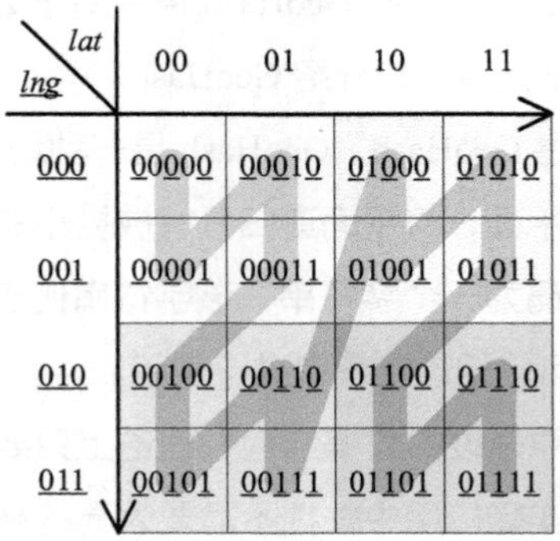

图 4-28　GeoHash 编码与 Z 曲线的关系示意图

■ **二进制组合编码转为字符串**

得到点的经纬度二进制组合编码后，最后一步就是将其转为字符串。GeoHash 将组合编码转为字符串的规则如下：先将二进制编码按 5 位一组进行分组，然后基于 Base32 将每组分别映射为单个字符，最后将字符按顺序拼接即可。之所以是 5 位，因为 5 位最大可以表示 $2^5 - 1 = 31$，再加上 0 最多可以表示 32 个数字，正好对应 Base32 的 32 个编码，如表 4-3 所示。例如，针对上述组合编码"01001"，因为位数为 5，故分为 1 组，转为十进制数字 9，查找 Base32 对照表，得到字符"9"，故该点在 GeoHash 级数为 1 的字符串最终表示为"9"。

表 4-3　Base32 编码对照表

十进制数值	0	1	2	3	4	5	6	7
Base32 编码	0	1	2	3	4	5	6	7

十进制数值	8	9	10	11	12	13	14	15
Base32 编码	8	9	b	c	d	e	f	g

十进制数值	16	17	18	19	20	21	22	23
Base32 编码	h	j	k	m	n	p	q	r

十进制数值	24	25	26	27	28	29	30	31
Base32 编码	s	t	u	v	w	x	y	z

回头看一下，就可以发现，不论 GeoHash 的级数是多少，经纬度位数之和永远是 5 的倍数，例如级数为 3 时 8+7=15，级数为 9 时 23+22=45。事实上，这个规律也是基于 Base32 编码的，因为需要保证组合编码正好可以被 5 整除。现在 GeoHash 还有 Base64 编码，即按 6 位一组进行分组，这里就不过多赘述，感兴趣的读者可以自行学习。

若两点的 GeoHash 字符串的前缀相同的位数越多，代表其位置越接近，反之则不然。但是，对于位置相近的点，其 GeoHash 值不一定相似，因为 Z 曲线只能保证局部有序性，而在每个 "Z" 字母的拐角，都可能出现顺序的突变。如图 4-27 所示，黑点是首尾连接的位置，也是产生突变的地方。这也是 Z 曲线和 GeoHash 的缺陷之一。

3. 其他空间填充曲线

希尔伯特曲线（Hilbert Space Filling Curve）是德国数学家 David Hilbert 于 1891 年提出的，是一种具有良好性能的空间填充曲线。

希尔伯特曲线的构建方法如下：一阶的希尔伯特曲线，生成方法是将正方形空间四等分，从其中一个正方形的中心点开始，依次穿过其余正方形空间。如图 4-29 所示，填充曲线依次穿越子空间 0、1、2 和 3；二阶的希尔伯特曲线，生成方法是对之前每个小正方形再次进行四等分，然后每四个小正方形先生成一阶希尔伯特曲线，注意位于首位的曲线需按顺时针方向旋转 90 度，位于末尾的曲线需按逆时针方向旋转 90 度，最后把 4 个一阶希尔伯特曲线首尾相连即可；三阶的希尔伯特曲线，生成方法与二阶类似，先生成二阶曲线，再将 4 个二阶曲线首尾相连即可，注意位于首尾位置的曲线的旋转操作；N 阶的希尔伯特曲线，生成方法也是递归的，即先生成 N-1 阶的希尔伯特曲线，然后把 4 个 N-1 阶的希尔伯特曲线首尾相连。如图 4-29 所示，从左到右分别表示一阶、二阶和三阶的希尔伯特曲线，其中黑色圆点表示首尾连接的位置。

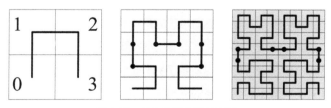

图 4-29 希尔伯特曲线示意图

希尔伯特曲线的编码方式与 Z 曲线类似，即由上到下逐层编码，最后按曲线走向展开即可，笔者这里就不过多赘述。

值得注意的是，我们观察图 4-27 和图 4-29，会发现希尔伯特曲线的突变性比 Z 曲线要缓解很多，因此希尔伯特曲线具有更好的稳定性，即更能在降维后保证数据在高维时的邻近关系不变。

■ XZ 曲线（面向非点几何的空间编码方案）

空间数据除了点之外，还有大量的非点数据类型，例如线和面。非点数据类型通常具有长度和面积等属性，因此并不能被一对经纬度坐标所表示。Z 曲线和希尔伯特曲线只能针对点进行编码，最终得到的编码精度取决于指定的最高分辨率，同时因为点是没有大小的，其分辨率理论上可以是无限大，故空间填充曲线均可对点进行编码索引。然而，一个非点的空间对象可能与多个最小网格相交，因此 Z 曲线和希尔伯特曲线并不能用唯一的编码值对其进行表示。

为了能够利用空间填充曲线来表示非点空间对象，有两种简单的方法。

第一种方法是使用所有与非点空间对象相交的最小网格编码表示该非点空间对象，然后将其复制多次并存储至每个编码下。如图 4-30 (1) 所示，空间对象 o_1 与最小网格"20""22"和"23"均相交，则在这三个子空间下各自复制一份空间对象。但很明显，这种方法会带来额外的存储开销，并且查询时也需要进行去重操作，故效率并不高。

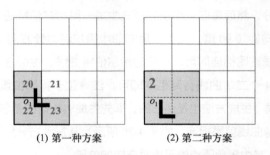

(1) 第一种方案　　　(2) 第二种方案

图 4-30　基于 Z 曲线的非点空间对象的两种解决方案

第二种方法是使用包含该非点空间对象的最小网格的编码表示。如图 4-30 (2) 所示，包含空间对象 o_1 的最小网格是网格"2"。该方法相对于第一种的优势是，仅需单个编码即可表示非点空间对象，但同时这也暴露了另外的问题：一是每个元素的编码长度可能不一，这主要取决于其最小包含网格的分辨率，而编码长度不一导致索引时不能将其看成数字，只能将其看成长度不一的字符串并按字典顺序进行比较，这样索引效率会大大降低；二是非点元素的表示效果不理想，任何与网格中轴平行线相交的元素都会使用该网格空间的编码对其进行表示。若该元素很大则这似乎是合理的，但是当该元素是小元素时，这样的近似误差太大。如图中阴影部分虚线即为中轴平行线，o_1 仅与其纵向中轴平行线相交，且仅与两个小网格相交，但却需使用其占用空间两倍的网格"2"进行表示，进而导致表达误差增加。反映到索引性能上，越多短编码的非点空间对象，意味着越多元素没有被编码很好地近似，索引效率也就越低。

为解决非点空间对象的降维编码问题，同时尽量避免以上两种简单方法所暴露的问题，Christian Bohm 在 1999 年提出了一种新的空间编码方式 [3]，称为 XZ 曲线（正式名为 eXtended Z-Ordering Space Filling Curve）。顾名思义，XZ 曲线基于 Z 曲线，但提出了一个扩大元素的概念，即固定 Z 曲线每个子空间的左下角，然后将其长和宽均扩大一倍，得到了一个更大的索引空间，称之为扩大元素（Enlarged Element）。如图 4-31 所示，子空间"22"被扩大到空间"2"所覆盖的区域，子空间"121"被扩大到"103""112""121"和"130"这四个空间组成的区域。最后，XZ 曲线利用恰好能够完全包含非点空间对象的扩大元素来表示该非点空间对象，例如图 4-31 (1) 中的空间对象 o_1 被空间"22"的扩大元素表示，空间对象 o_2 被空间"121"的扩大元素表示。

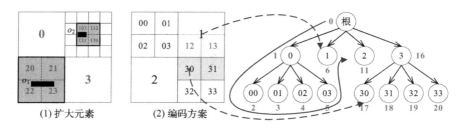

图 4-31　XZ 曲线的扩大元素和编码方案示意图

由于 XZ 曲线使用不同分辨率的索引空间表示空间对象，因此其索引空间数量不止最大分辨率的网格数量。事实上，分辨率每增加一次，Z 曲线的每个空间都会分裂出 4 个新的子空间，而每个子空间又可以扩展为 XZ 曲线的扩大元素，从而产生新的子空间。因此，XZ 曲线拥有不同分辨率的索引空间，其能表示的索引空间数量等于不同分辨率下的索引空间数量之和。

编码时，XZ 曲线会使用整数来表示索引空间，并尽量满足空间相近的索引空间具有相近的整数值。XZ 曲线的索引空间数值化是一个深度优先遍历的过程。如图 4-31 (2) 所示，设空间分辨率为 2，先从第 0 层开始将整个空间编码为整数"0"，然后按深度优先的顺序访问子空间，如先将第 1 层序号为"0"的子空间编码为整数"1"，再将子空间"00"编码为 2，当所有"0"开头的空间编码结束后，回退至上一层，继续编码空间"1"，以此类推。值得注意的是，编码的空间指的并不是 Z 曲线下的子空间，而是该子空间的扩大元素，例如编码为"17"的空间实际上表示 Z 曲线下"12""13""30"和"31"四个空间联合组成的区域。

XZ 曲线的数据插入过程，与 Z 曲线类似，即对空间对象的编码过程。大致步骤为，先通过 MBR 等方式预计算得到该空间对象所处的层级，以确保索引空间能装下，之后根据层级信息不断四分空间，得到该层级内空间对象左下角点所在的 Z 曲线编码，最后该 Z 曲线编码进行 XZ 曲线的扩大操作，计算得到其编码值即可。

XZ 曲线的查询过程思路也与 Z 曲线近似，即针对查询框，从上到下逐级检查 XZ 索引空间中的每个元素，若某元素被查询框包含则将其加入结果集，若其与查询框相离则直接过滤该元素，若其与查询框相交则分裂该元素得到其子索引空间后继续重复上述判断，直至元素无法被分裂，即达到最大空间分辨率。总体上符合"先过滤，后提纯"的思路。

■ 时空填充曲线

时空，相对于空间的二维信息，增加了一个时间的维度。时空填充曲线，即对带有时间信息的空间数据进行降维，其本质与空间填充曲线无异，因为时间本身就可以看作一个特殊的空间维度，故时空填充曲线就是对三维空间数据进行降维。对此，上述介绍的 Z 曲线等空间填充曲线，理论上均可支持无限维度的数据降维，自然也是常用的时空填充曲线。

图 4-32 (1) 展示的是基于 Z 曲线的三维时空填充曲线示意图，其过程与二维空间填充曲线的构建过程类似，只是将二维的正方形变为了三维的立方体，曲线依次穿越立方体的中心点，然后首尾相连即可。同理可得基于希尔伯特曲线的时空填充曲线，如图 4-32 (2) 所示。

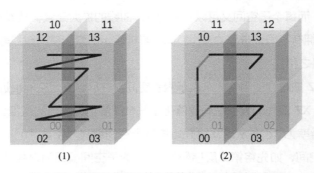

图 4-32　基于 Z 曲线和希尔伯特曲线的时空填充曲线

■　**基于填充曲线的时空索引技术**

基于上述空间填充曲线或时空填充曲线，便可面向时空数据创建索引，以加快其查询速度，故基于填充曲线的时空索引大致可分为以下两个步骤，即存储和查询，如图 4-33 所示。

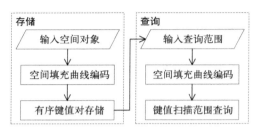

图 4-33　基于填充曲线的键值存储和查询方案

针对每一条时空数据，首先选择适用的空间填充曲线进行编码，例如点数据选择 Z 曲线、线或面数据选择 XZ 曲线等，然后以编码结果为键，以时空数据为值，将键和值存储至对应的键值数据库中即可。如此便可保证空间相近的时空数据，其键值也是相似的，进而被存储至相邻的物理介质中，便于后续的查询优化。

输入查询范围，一般是一个查询框，首先按与存储时的相同编码方案进行编码，并计算其最大最小编码值，然后根据编码的极值生成键值扫描范围，在键值数据库中进行查询即可。因为上一步的存储中已将空间相近的数据存储至相邻的存储区域，故查询时可直接定位查询框内的所有数据，而查询框外的数据可直接过滤，无需参与查询，进而大大提高了查询效率，减少了查询耗时。

如图 4-34 所示，共有 7 个空间对象 o_1 至 o_7，其类型均为点，故采用 Z 曲线的空间编码方案，对应生成键值对 (z_1,o_1)、(z_3,o_2)、(z_4,o_3)、(z_{61},o_4)、(z_{62},o_5)、(z_{63},o_6) 和 (z_{64},o_7)，依次按键的大小顺序有序存储至数据库中。对于查询范围，图中使用深色方框表示。在查询时，先基于 Z 曲线计算得到其最小编码值 z_1 和最大编码值 z_4，进而生成查询框对应的键的扫描范围 $[z_1,z_4]$，然后在数据库中仅扫描该范围内的值即可得到查询框包含的点集，即 o_1、o_2 和 o_3。值得注意的是，对象 o_4 至 o_7 并没有参与查询流程，事实上这些点也并不在查询框范围内，便直接被过滤了，如此就体现了基于空间填充曲线高效的剪枝效率。

目前，有很多优秀的产品已经实现了上述的时空数据索引方案，其中的佼佼者便是 GeoMesa。京东城市的时空数据引擎团队 JUST 也基于 GeoMesa 实现了自研的非点空间数据索引 XZPlus 和时空索引 XZ2T[4]，感兴趣的同学可以阅读论文了解详情。

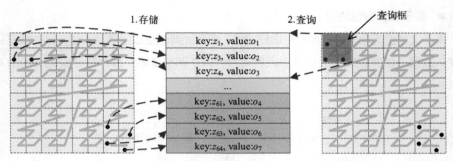

图 4-34　基于 Z 曲线的点数据键值存储和查询示意图

4.3　时空数据存储技术

上文介绍了时空数据的模型和索引算法，本节我们将结合前面的内容介绍时空数据的存储技术。随着软硬件技术的发展，以及数据体量的持续增大，存储技术也经历了从文件系统到关系数据库，再到分布式数据库的发展过程，各类存储技术对时间类型都提供了原生支持，而对于空间类型并没有很好地支持，因此，需要对文件系统、关系数据库和分布式数据库进行扩展来支持空间数据的存储。本节我们会重点介绍通用的扩展准则和 3 个经典的时空数据存储技术：ShapeFile、PostGIS 和 GeoMesa。

4.3.1　时空存储概述

时空数据由时间属性、空间属性和其他属性组成，比如车辆产生的 GPS 点，包含了时间属性（time）、空间位置属性（location）和车牌号（carId）。由于各类存储技术对时间属性都提供了原生的支持，所以通常将时间属性和其他属性归为一类，而对空间属性进行特殊地扩展。下面，我们从空间数据的编码、空间索引的存储、空间数据的查询这三个维度出发，介绍在一个存储系统上扩展空间数据管理能力的 3 个方面。

1. 空间数据编码

空间数据可以用 WKT 或者 GeoJSON 的文本格式表示，也可以用 WKB 的二进制格式表示。二进制格式占用的存储空间远小于文本格式，所以 WKB 成为了存储系统中空间数据的通用编码格式。在绝大多数存储系统中，空间数据是以 WKB 的二进制格式存储的。

2. 空间索引存储

空间索引用于优化空间查询（即基于空间属性的查询），如空间范围查询、空间 k 最近邻查询等。存储系统要支持高效的空间查询操作，就要对空间数据构建空间索引，并对空间索引进行存储管理。在空间查询时，存储系统根据空间索引确定满足查询条件的空间数据的存储位置，然后根据位置信息读取结果，从而加快查询效率。

3. 空间数据查询

存储系统通常都会提供标准的 API 或者查询语言（Query Language），用来表达用户的查询条件，如何对 API 或者查询语言进行扩展以支持空间查询条件，这也是存储系统在扩展时需要考虑的问题。

上述 3 个方面概括了在一个存储系统中扩展空间数据的管理能力的核心问题。下面将分别介绍基于文件系统的 ShapeFile 文件、基于关系数据库 PostgreSQL 的 PostGIS 插件，以及基于分布式 Key-Value 数据库的中间件 GeoMesa，深入了解这些时空数据存储组件如何在已有的存储系统之上扩展上述 3 个方面的能力。

4.3.2 文件存储

ShapeFile 是 ESRI 公司设计的用于支持空间数据存储的文件格式。ShapeFile 主要由 3 个子文件组成，比如一份 GPS 数据，可以用 gps.shp、gps.dbf 和 gps.shx 文件进行存储，3 个子文件名称必须相同，但后缀不同。ShapeFile 将记录的空间数据存储在 shp（Shape）文件中，例如 GPS 数据的 location 字段。空间数据在 shp 文件中的编码格式如图 4-35 所示。头部保存了空间数据编号以及数据占用的存储空间大小（单位为字节），数据部分记录了空间数据的类型编码和空间坐标点序列。类型编码是 ShapeFile 对空间数据类型的一种数字编码。对于非点的空间数据类型来说，坐标点的数量是不固定的，所以图 4-35 中的数据长度是不固定的，需要记录在头部，以方便定位空间数据在整个二进制文件 shp 中的位置。另外，整个 shp 文件有一个 100 字节大小的文件头，用于记录文件的编码信息和数据的全局信息，比如最大 / 最小 X、Y、Z、M 值等。

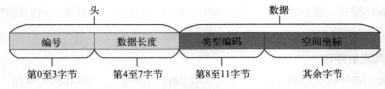

图 4-35 ShapeFile 中的空间记录编码格式

ShapeFile 支持的空间数据类型、每种类型对应的类型编码，以及不同类型的空间坐标的存储细节不是本文讨论的重点，此处不再赘述。

ShapleFile 将记录的非空间数据存储在 dbf（dBase File）文件中，例如 GPS 数据的 time 和 carId 字段。该文件是单机版数据库系统 dBase 的表文件，也就是说，ShapeFile 将非空间数据存储成了 dBase 数据库中的一张表。利用 dBase 的结构化查询语句（SQL），可以基于非空间数据执行查询操作，比如 select * from gps where time > '2023-01-01 00:00:00' and carId=' 京 A66666'。ShapeFile 将空间数据和非空间数据的关联关系存储在 shx(Shape Index) 文件中，shx 文件称为索引文件。shx 文件中的一条记录是固定的 8 字节，该文件中的第 i 条记录保存了 dbf 表中第 i 行记录对应的空间数据在 shp 文件中的位置：第 0 至 3 字节表示起始地址，第 4 至 7 字节表示数据长度。如图 4-36 所示，当基于 carId 和 time 查询出 dbf 中的第 2 条记录后，可以根据 shx 文件中的第 2 条记录迅速定位到空间记录在 shp 文件中的位置：从第 16 个字节处开始，长度为 16 个字节。

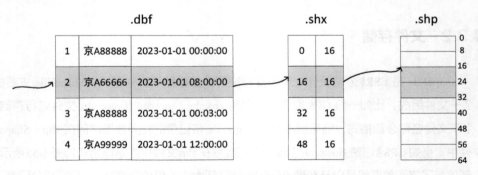

图 4-36 ShapeFile 子文件的关联关系

上面我们对 ShapeFile 的 3 个子文件的内容和彼此的关联关系做了介绍。除此之外，ShapeFile 还定义了一些用于保存元数据的子文件，比如记录字符编码的 cpg 子文件、记录空间坐标系的 prj 子文件。当这些子文件缺失时，ShapeFile 会使用默认的字符编码和坐标系。

ShapeFile 的设计规则也为其带来了一些先天性的缺陷。比如，dBase 数据库支持的数据类型非常有限，要求字段总数不能超过 255 个且字段名不能超过 10 字符。shx 的一条记录用第 0 至 3 字节共 4 个字节（4 × 8 = 32 位）保存空间记录在 shp 文件中的起始位置（即在第几个字节处），最多能表示 2^{32} 个字节，这也就限制了 ShapeFile 存储的上限。

ShapeFile 作为空间数据的文件存储格式，对空间数据的编码和存储做了详细的设计，但起初并未支持空间索引和空间查询。虽然后期 ESRI 设计并实现了 ShapeFile 的空间索引子文件，以支持空间查询的功能，但这并未被所有 GIS 软件所兼容。更重要的是，随着数据库技术的崛起，空间索引和空间查询功能的实现有了更优的选择，ShapeFile 则作为一种标准的空间数据编码格式，更多地用于不同 GIS 软件系统之间的数据交换与共享。

4.3.3　关系型存储

空间数据作为一个小众的数据类型，并没有得到 Oracle、MySQL 和 PostgreSQL 等主流关系数据库的原生支持。用于存储空间数据的 MySQL Spatial、Oracle Spatial 和 PostGIS 等是基于 Oracle、MySQL 和 PostgreSQL 扩展而来的。

PostgreSQL 作为当前最受欢迎的开源关系数据库管理系统之一，其在数据的存储和索引方面做了高度的抽象。无论是一维的数据和一维索引，还是二维甚至多维的空间数据和空间索引，都可以基于该抽象层来实现，无需关注数据和索引在底层文件系统中存储的技术细节，这使得 PostgreSQL 具有很强的可扩展性。基于这种抽象，PostGIS 以插件化的方式扩展了 PostgreSQL 对空间数据类型和空间索引的支持。本节将对 PostGIS 进行重点介绍。

当为一个 PostgreSQL 数据库添加了 PostGIS 插件后，该数据库就能支持空间数据类型、空间索引和空间查询操作。添加 PostGIS 插件的 SQL 语句如下。

```
CREATE EXTENSION postgis;
```

1. 空间数据类型的定义

PostGIS 对 OGC 定义的空间数据类型提供了完整的支持。以空间点为例，根据坐标类型的不同，PostGIS 的点数据类型有 4 种：POINT、POINTZ、POINTM 和 POINTZM，分别用来存储坐标类型为 XY、XYZ、XYM 和 XYZM 的空间点。

以加油站数据为例，我们可以在空间数据库中创建一张加油站表，建表语句如下。其中，POINT 表示 position 列中存储的是空间点且只有经纬度（XY）；4326 是数据的空间坐标系 ID(SRID)；geography 是空间数据类型的父类型，与之对应的还有 geometry 父类型。geography 父类型代表三维球面坐标系，geometry 父类型代表二维平面坐标系。

```
CREATE TABLE gas_station(
        id serial PRIMARY KEY,
        name varchar(100),
        position geography(POINT,4326)
);
```

当空间数据的 X 和 Y 值分别表示地球的经纬度时，我们称这类空间数据为地理数据。地球是个椭球体，经纬度是球面坐标系上的坐标值，因此地理数据推荐使用 geography 父类型来存储。如果空间数据的坐标是平面直角坐标系中的坐标，就用 geometry 类型来存储。

表 4-4 对比了 geometry 和 geography 类型的不同。由于使用的坐标系不同，所以两种类型的距离和面积计算策略也不同。对于距离计算函数 ST_Distance(geom1:Geometry, geom2:Geometry)，由于 geom1 和 geom2 是 geometry 类型，故得到平面直角坐标系中的欧氏距离（无单位）；如果 geom1 和 geom2 是 geography 类型，则得到球面坐标系中的曲线距离（单位是米）。对于面积计算函数 ST_Area(geom:Geometry)，由于 geom 是 geometry 类型，故得到平面直角坐标系中的平面面积（无单位）；如果 geom 是 geography 类型，则得到球面坐标系中的曲面面积（单位是平方米）。平面坐标系中的计算复杂度远低于球面坐标系中的计算，所以对 geometry 类型的空间数据的计算效率更高。

表 4-4　PostGIS 的不同空间父类型的对比

父类型	geometry	geography
坐标系	平面直角坐标系	球面坐标系

（续）

父类型	geometry	geography
适用场景	平面直角坐标系中的空间数据	仅用于地理数据
距离	欧式距离（单位：无）	弧线距离（单位：米）
面积	平面面积（单位：无）	曲面面积（单位：平方米）
计算性能	计算简单，效率高	计算复杂，效率低

2. 空间数据的存储与展示

空间数据在数据库中是以 WKB 格式存储的。WKB 是二进制数据，在查询时 PostGIS 会返回十六进制的 WKB 数据，如下所示。

```
SELECT position FROM gas_station LIMIT 1;
  position
 --------------------------------------------------
 0101000020040000000000000000000000000000000000000000
```

显然，十六进制的 WKB 数据可读性很差，空间数据在展示时更多的是使用 WKT 格式。PostGIS 提供了 ST_AsText 函数，用来将空间数据转换成 WKT 格式的字符串，如下所示。

```
SELECT ST_AsText(position) AS position FROM gas_station LIMIT 1;
  position
 --------------------------------------------------
 POINT(112.2 23.6)
```

假设一个空间点数据的 X=1、Y=2、Z=3、M=4，则不同坐标类型对应的 OGC 的 WKT 格式如表 4-5 的第 2 列所示。PostGIS 对 OGC 的 WKT 做了进一步简化，并在 WKT 中添加了空间参考坐标系 SRID（可省略）。PostGIS 将这种简化坐标类型并包含 SRID 的 WKT 称为 EWKT(Extended Well-Known Text)，EWKT 如表 4-5 的第 3、4 列所示。

表 4-5　WKT 和 EWKT 对比

坐标类型	OGC 的 WKT	PostGIS 的 EWKT	PostGIS 的 EWKT(带 SRID)
XY	POINT (1 2)	POINT (1 2)	SRID=4326;POINT (1 2)
XYZ	POINT Z (1 2 3)	POINT (1 2 3)	SRID=4326;POINT (1 2 3)
XYM	POINT M (1 2 4)	POINTM (1 2 4)	SRID=4326;POINTM (1 2 4)
XYZM	POINT ZM (1 2 3 4)	POINT (1 2 3 4)	SRID=4326;POINT (1 2 3 4)

WKT 和 EWKT 都是空间数据的文本表示形式，对于一个空间数据，既可以使用 ST_AsText 函数得到 WKT 格式的字符串表示，也可以使用 ST_AsEWKT 函数得到 EWKT 格式的字符串表示，如下所示。

```
SELECT ST_AsText(ST_GeomFromText('POINT ZM (1 2 3 4)')) AS geom;
  geom
  ----------------------------------------------------
  POINT ZM (1 2 3 4)
SELECT ST_AsEWKT(ST_GeomFromText('POINT ZM (1 2 3 4)')) AS geom;
  geom
  ----------------------------------------------------
  POINT(1 2 3 4)
```

在上述 SELECT 语句中，我们使用了 ST_GeomFromText 将一个 WKT 字符串转换成一个空间数据，与其功能相同的另一个函数是 ST_GeomFromEWKT，这两个函数的入参既可以是 WKT 字符串，又可以是 EWKT 字符串。

PostGIS 在创建空间数据表时，对空间参考坐标系做了明确规定，例如 geography (POINT, 4326) 中的 4326 表示空间坐标系为 WGS84 坐标系。在向表中插入记录时，空间数据必须携带坐标系，当携带的坐标系与建表时指定的坐标系不同时，插入操作会失败。对于加油站表，插入语句如下所示，空间数据用带 SRID 的 EWKT 格式表示。

```
INSERT INTO gas_station ( id, name, position )
  VALUES ( 1, 'station1', ST_GeomFromEWKT('SRID=4326;POINT (116.4 32.7)'))
```

3. 创建空间索引

数据库通过给数据构建索引来提供高效的查询能力。在关系数据库管理系统中，最常使用的是树状索引。4.2 节介绍的 R-Tree、Quad-Tree、KD-Tree 都是树状索引，树的每个节点对应一个空间范围，空间数据保存在树的节点上（叶子或非叶子节点）。

图 4-37 所示的是在内存中，为空间点数据构建的一棵简单的 Quad-Tree 索引树，树的节点和空间点数据都存储在内存中，节点与节点之间（实线）以及节点与数据之间（虚线）的连接通过内存地址的引用来表示。然而，在关系数据库中，数据和索引都是存储在文件系统（磁盘）中的，这就需要将图 4-37 中的节点（用矩形表示）、数据（用圆形表示）及其之间的连接（用线表示）保存在文件系统中。

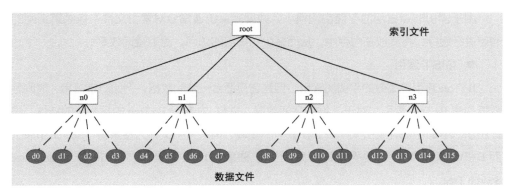

图 4-37 空间索引树被划分成索引文件和数据文件

存储是自底向上的。首先，对圆形表示的数据进行存储，并得到每条数据在磁盘中的地址，地址对应图中的虚线；然后，存储叶子节点，包含的信息有叶子节点中所有数据的 MBR，以及数据在磁盘中的地址；最后，自底向上递归地存储索引树上的非叶子节点，包含的信息有各个子节点的空间范围，以及子结节在磁盘中的地址。索引节点占用的存储空间很小，数据占用的存储空间非常大，关系数据库将索引和数据分开存储，分别得到索引文件和数据文件，如图 4-37 所示。

空间查询是自顶向下的。如图 4-38 所示，当用 q 表示的查询范围执行空间查询操作时，首先从索引文件中读取 root 节点的信息，得到 n0、n1、n2、n3 子节点的空间范围及其在索引文件中的地址，然后判断出 q 与 n0 在空间上相交；接着，从索引文件中读取 n0 节点的信息，得到 d0、d1、d2、d3 点数据的 MBR 及其在数据文件中的位置，判断出 q 只与 d1 的 MBR 空间相交，所以只需要从数据文件中读取 d1 作为目标数据便可返回，而不会读取图中其他浅色表示的点数据。

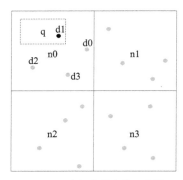

图 4-38 空间范围查询示意图

由于索引节点占用的存储空间很小，数据库系统通常会对索引文件中被频繁访问的节点进行缓存，将其放在内存中，从而减少对磁盘的访问，提高查询效率。

■ GiST 索引

B+Tree 索引是高效的平衡树索引，但是它只适合一维的数据，例如对字符串、时间等数据构建 B+Tree 索引；对于二维的空间数据，文献 [2] 参照 B+Tree 的平衡树的特性，设计出了二维的平衡树索引 R-Tree。在数据库领域，树形索引又称为搜索树（Search Tree），而 B+Tree 和 R-Tree 这类平衡的搜索树又被抽象为广义搜索树 [5]（GiST，Generalized Search Tree）。

基于 GiST 的抽象特征，PostgreSQL 实现了 GiST 索引文件的存储、查询以及修改等复杂的磁盘 I/O 操作，B+Tree 索引和 R-Tree 索引便是在 GiST 上扩展出来的。当在 PostgreSQL 中给一维数据创建 GiST 索引时，所创建的就是 B+Tree 索引；对一个空间字段创建 GiST 索引时，创建的就是 R-Tree 索引。为空间字段创建索引的语法如下。

```
SQL 语法:
CREATE INDEX [indexname] ON [tablename] USING GIST ( [geometryfield] );
创建示例:
CREATE INDEX spatial_index ON gas_station USING GIST(position);
```

■ SP-GiST 索引

在数据库领域，将 Quad-Tree 和 KD-Tree 这类递归地划分空间范围而形成的索引树抽象为基于空间划分的广义搜索树 [6]（SP-GiST，Space Partitioned Generalized Search Tree）。

基于 SP-GiST 的抽象特征，PostgreSQL 实现了 SP-GiST 索引文件的存储、查询以及修改的磁盘 I/O 操作。Quad-Tree 和 KD-Tree 索引便是 PostGIS 在 SP-GiST 上扩展出来的。当对一个空间字段创建 SP-GiST 索引时，默认创建的是 Quad-Tree 索引。若要创建 KD-Tree 索引，则需要明确指定，语法如下。

```
SQL 语法:
CREATE INDEX [indexname] ON [tablename] USING SPGIST ([geometryfield]);

创建 Quad-Tree 索引: SPGIST 索引默认是 Quad-Tree
CREATE INDEX spatial_index ON gas_station USING SPGIST (position);

创建 KD-Tree 索引: SPGIST 索引用 kd_point_ops 来指定使用 KD-Tree
CREATE INDEX spatial_index ON gas_station USING SPGIST (position kd_point_ops);
```

■ BRIN 索引

基于数据块的索引（BRIN，Block Range Index）是 PostgreSQL 实现的基于数据块（Block）的索引，PostGIS 对 BRIN 进行了扩展。当为空间字段创建 BRIN 索引时，首先将所有空间数据映射到 Z 曲线上，如图 4-39 所示。然后将空间数据根据 Z 曲线编号进行排序，并将其存储到数据文件中。数据文件中的数据是分块（Block）存储的，BRIN 索引将连续的多个数据块分成一组（Block Range），并用能包含 Block Range 内所有空间数据的最小边界矩形 MBR 表示该 Block Range 中数据的空间范围。最后，对所有的 Block Range 的空间范围构建空间索引。

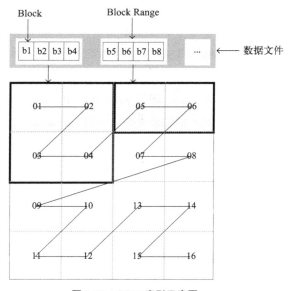

图 4-39　BRIN 索引示意图

当执行空间查询操作时，首先查询空间索引，明确目标数据对应的 Block Range，然后从数据文件中读取对应的数据分块（Block），并对分块内的数据进行二次过滤，从而得到满足空间查询条件的最终结果。

为空间字段创建 BRIN 索引的语法和示例如下所示。

SQL 语法：
```
CREATE INDEX [indexname] ON [tablename] USING BRIN ([geometryfield]);
```

创建索引：
```
CREATE INDEX spatial_index ON gas_station USING BRIN (position);
```

以上分别介绍了 PostGIS 实现的 3 种空间索引。GiST 的平衡树特性可以支持非常高的查询效率，但是平衡性的维护成本也较高，当数据量很大时，数据的新增和删除效率会下降。这时，可以使用 SP-GiST。SP-GiST 虽然不是平衡树，查询效率略逊色于 GiST，但是对数据新增和删除效率影响不大。对于 BRIN 索引，只有当空间数据按照 Z 曲线排序后再存储，才能保证 Block Range 之间的空间范围不会出现大面积重叠，对于空间查询才有优化作用，因此 BRIN 索引只适用于数量大且不再变化的空间数据。

4. 执行空间查询

PostgreSQL 用 SQL 语句来进行查询，PostGIS 通过扩展 SQL 语句中的函数，使得 SQL 语句也能表达空间查询。空间查询可以分为空间拓扑查询和空间测量查询。空间拓扑函数有 ST_Contains、ST_Intersects、ST_Crosses 等，与空间拓扑关系相对应；空间测量函数有 ST_Area、ST_Length、ST_Distance 等，用于测量面积、长度和距离等。

下面以加油站表 gas_station 为例，演示不同的空间查询是如何使用空间函数的。需要注意的是，查询条件中的空间对象和表中的空间列（position）要在空间坐标系和父空间类型上保持一致。

```
# 空间等值查询
SELECT * FROM gas_staion WHERE position = 'SRID=312; POINT (116.428 32.745)'::geography;

# 空间范围查询
SELECT * FROM gas_staion WHERE ST_Within(position, 'SRID=312; POLYGON ((116.425 32.728,
116.425 32.773, 116.473 32.773, 116.473 32.728, 116.425 32.728))'::geography);

# 空间距离查询（与当前位置距离小于 100 米的加油站）
SELECT * FROM gas_staion WHERE ST_DWithin(position, 'SRID=4326; POINT(116.412 32.762)'
::geography, 100);

# 空间 k 最近邻查询（与当前位置最近的 2 个加油站）
SELECT * FROM gas_staion ORDER BY ST_Distance(position, 'SRID=4326; POINT(116.412 32.762)'
::geography) LIMIT 2;
```

以上展示了几个常用的空间函数和用于空间查询的 SQL 语句，更多的函数和功能读者可以参考 PostGIS 官网。对于空间查询，还有以下两个地方需要注意。

ST_DWithin(position, 'SRID=4326; POINT(116.412 32.762)'::geography, 100) 和 ST_Distance (position, 'SRID=4326; POINT(116.412 32.762)'::geography) <= 100 虽然在功能上是等价

的，但是 PostGIS 对这两个函数的查询优化策略不同，ST_Dwithin 会先根据当前位置 SRID=4326; POINT(116.412 32.762) 和距离 100 米计算出一个空间范围，然后用空间范围对 gas_station 表做空间范围查询。而 ST_Distance 会对 gas_station 表中的所有数据与当前位置SRID=4326; POINT(116.412 32.762)做距离计算，然后保留距离值小于 100 米的数据。显然，ST_Dwithin 的效率更高，是专门用来做空间距离查询的函数。

PostGIS 的 k 最近邻查询（kNN）是通过 ORDER BY 排序语法、ST_Distance 距离计算函数和 Limit 相结合的方式来表达的。当 SQL 语法满足这个表达方式时，就会触发 kNN 的 SQL 优化规则，PostGIS 会根据空间索引来查询与当前位置"SRID=4326; POINT(116.412 32.762)"最近的 k 个加油站，而不是像 SQL 语句表层意思那样，计算出所有加油站与当前位置的距离并从小到大排序最后保留前 k 个。另外，因为只有 R-Tree 索引才能优化 kNN 查询，所以如果业务上需要用到 kNN 查询，则要对空间字段创建 GiST 空间索引。

4.3.4　分布式存储

在时空大数据时代，关系数据库因为在扩展性方面存在不足，难以提供海量时空数据的存储管理。蓬勃发展的分布式数据库技术重点解决了传统数据库扩展性差的问题，它基于分布式集群实现了高扩展、高可用和高并发的大数据存储和管理能力。

1. 分布式存储框架

如图 4-40 所示，分布式数据库通常会将一张表划分成多个数据片。一个数据片包含一定数量的记录。为了避免机器故障引发的数据丢失和系统不可用，将数据片进行复制，并将数据片及其副本存储在多台机器，实现数据的可靠存储和系统的高可用。当表中数据量增大时，会划分出更多的数据片，将这些数据片分散地存储在集群的各台机器上。

因为分布式数据库的集群规模可以动态扩展，所以存储容量也是可以动态扩展的，从而保证了高扩展性。客户端对数据的读写操作都会映射到数据所在的数据片上。因为数据片是分散地存储在集群中的，所以读写请求会分散到集群的各台机器上，避免了单点压力，实现了高并发读写。

分布式数据库存储模型中，一条记录可以抽象成 Key（键）和 Value（值），Key 用来检索数据，而 Value 用来存储数据，Key 是数据分片的依据。分片策略主要分为两类：

基于排序的分片策略和基于 Hash 的分片策略。

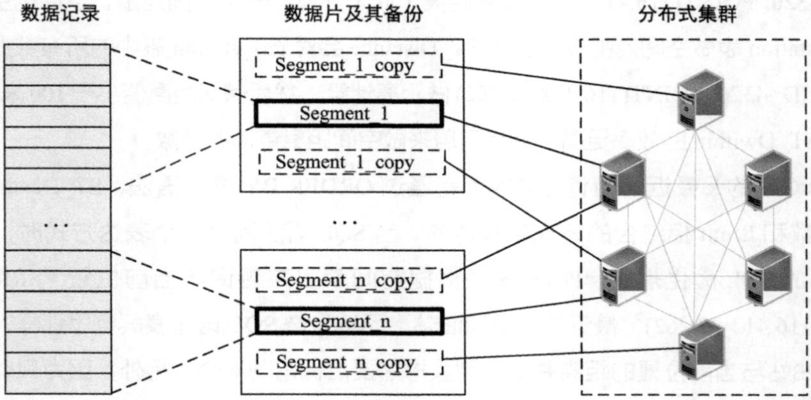

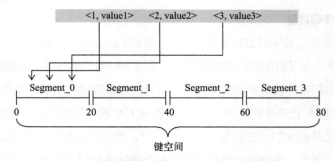

图 4-40　分布式存储示意图

■ **基于排序的分片策略**

　　将所有记录按照 Key 进行排序，一个数据分片负责存储 Key 值相近的一批记录。如图 4-41 所示，Key 值连续的三条记录都被存储到分片 Segment_0 中。该策略对于范围扫描（Scan）的查询非常友好，只需要确定查询范围所对应的分片，进行顺序读取即可。但是，基于排序的分片策略会引发数据热点问题，假如 Key 相近的记录在同一时间写入或者读出，则读写请求都会发生在一个数据片上，导致数据片所在的机器负载过重，而其他机器处于空闲状态。

图 4-41　基于排序的分片策略示意图

■ **基于 Hash 的分片策略**

　　给定 Hash 函数，计算 Key 的 Hash 值，然后根据 Hash 值将记录均匀地分散到各个数据片中，如图 4-42 所示。该策略很好地解决了排序分片策略中的数据热点问题，提高了并发访问能力和集群稳定性，但也失去了范围扫描的优势，适用于高并发的随机读写（Get/Put）。当根据 Key 查询记录时，先利用 Hash 函数计算 Key 的 Hash 值，进而定位记录所在的数据片，然后进行读取。

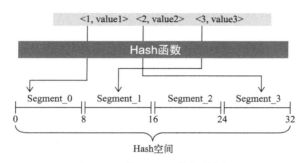

图 4-42 基于 Hash 的分片策略

空间范围查询和时空范围查询是时空大数据的主要查询场景。范围查询意味着需要对数据表进行范围扫描（Scan）。在分布式数据库中，HBase、Accumulo 都使用了 Google BigTable[7] 的设计理念：采用基于排序的分片策略，有利于执行范围扫描操作；使用 Key-Value 的存储模型，即记录以键和值的形式存储在数据库中，Key 用来从数据库中检索数据，Value 用来存放数据。

2. GeoMesa

GeoMesa 作为一个高效的、遵循 OGC 规范的分布式时空数据管理组件，基于 Key-Value 存储模型和 Z 曲线（Z 空间填充曲线）索引，可以在任意 Key-Value 分布式数据库上实现时空大数据管理能力。围绕数据管理能力，GeoMesa 还提供了时空大数据接入、时空大数据分析能力，形成了一套完整的时空大数据管理的生态，图 4-43 是 GeoMesa 官网提供的 GeoMesa 相关组件栈。接下来，我们将从以下 3 个方面对 GeoMesa 进行介绍。

图 4-43 GeoMesa 相关组件栈

■ GeoMesa 的索引技术

索引是基于 Key 值来构建的，Key 的取值范围被称为索引空间。索引的本质就是将索引空间进行划分，生成多个子空间，然后将数据根据 Key 值映射到对应的子空间中。子空间的编号就是数据的索引号。在查询数据时，确定查询条件对应的子空间，检索出子空间内的数据，忽略其他子空间中的无效数据，从而提高查询的效率。

索引可以分为数据自适应索引和非数据自适应索引。如图 4-44 所示，是以员工年龄为 Key 构建的自适应和非自适应索引，假设绝大多数员工的年龄在 20 到 40 岁之间。

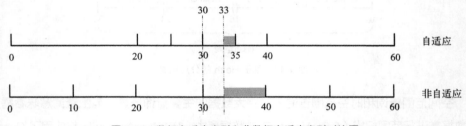

图 4-44　数据自适应索引和非数据自适应索引对比图

自适应索引的子空间的划分随着数据的插入和删除而动态变化。该索引的优点在于，在数据分布密集的地方子空间划分粒度细，在分布稀疏的地方子空间划分粒度粗，使得每个子空间中的数据量比较均衡，保证通用性的同时提供稳定的过滤性能；而其缺点在于，子空间的范围随着数据的分布情况而动态变化，也就是说子空间的范围是不可预知的，因此需要对动态变化的子空间的范围（即索引）进行存储和维护，维护索引的成本会随着数据量的增大而增大。

非自适应索引的子空间划分是固定的，不随数据的分布而变化，一般都是将索引空间进行 n 等分来实现。该索引的优点在于，子空间的范围在数据存入之前就已经确定，可以通过计算得到，不需要进行存储和维护，没有索引的维护成本；缺点在于，当数据分布不均匀的时候，大量的数据会落在同一个子空间里面，过滤效果大大下降，过滤性能不稳定。该类索引适用于已知索引空间的范围并且数据在索引空间内分布比较均匀的场景，且需要人为设置子空间的大小，通用性不高。

图 4-44 中，因为绝大多数员工年龄在 20~40 岁，自适应索引会在该范围内划分出更多的子空间，而非自适应索引则使用预先设置好的等分的子空间。当需要查询 30~33 岁之间的员工时，自适应索引的子空间范围更小，所以查询出来的无效数据（图中阴影部分）更少，而非自适应索引查询出来的无效数据更多，查询效率很低。在 0~20 岁和

40~60 岁的年龄段，虽然自适应索引划分粒度比非自适应索引的粗，但是由于数据量非常有限，查询效率比较稳定。

4.2 节中介绍的 R-Tree、Quad-Tree 等树结构的索引都属于数据自适应索引，而 Z 和 XZ 索引则属于非数据自适应索引。那么，作为海量时空数据的索引工具，GeoMesa 使用的是哪类索引，有什么现实性的考量呢？

在大数据场景中，数据量非常庞大。如果使用自适应索引，则会产生非常庞大的索引文件，索引的存储将是一个非常大的挑战；此外，在数据写入和删除时，都会触发索引结构的变化，对庞大的索引数据的维护又是一大挑战。所以，自适应索引并不适用于大数据场景，而适用于关系数据库这类单机的小数据量场景，如 PostGIS 扩展的 GiST 和 SP-GiST 索引。

GeoMesa 使用的正是 Z 和 XZ 这两种非自适应索引。非自适应索引是一个逻辑概念，子空间可以根据配置的参数计算得到，避免了索引文件的存储和维护问题，大大提高了数据写入和删除的效率。对于可能出现的数据分布不均匀导致查询效率下降的问题，可以通过细化子空间的方式来解决，也就是将索引空间划分成尽可能多的子空间，即使在数据分布密集的地方，落在每个子空间内的数据也是有限的。子空间的划分粒度可以作为参数，根据实际的数据特点进行配置。

GeoMesa 的时空索引如表 4-6 所示，从两个方面进行区分，共有 4 种组合，对应 4 种索引。

表 4-6　GeoMesa 的 4 种索引

	空间索引（2 维）	时空索引（3 维）
点类型（没有范围）	Z2	Z3
非点类型（有范围）	XZ2	XZ3

Z2 索引是对空间点构建的空间索引，XZ2 索引是对线和面等非点数据构建的空间索引，空间索引用于优化空间范围查询。Z3 和 XZ3 索引是对 Z2 和 XZ2 索引在时间维度上的扩展，是时间 + 空间的复合索引。时空索引用于优化时空范围查询。由于时空索引将时间作为 Key 的前缀，因此也可以用于时间范围查询。

Z2 和 XZ2 索引的设计原理请参考 4.2 节中的 Z 和 XZ 索引，此处不再赘述。下面我们以最简单的 Z2 索引为例，介绍 GeoMesa 是如何利用空间索引来优化空间范围查询的。

如图 4-45(a) 所示，将整个空间范围划分成 4 个子空间，编号为 01~04。对空间点数据计算其所在的子空间时，子空间编号就是数据的索引号。将索引号与点数据的 FID（Feature ID）拼接形成 Key-Value 存储模型里面的 Key。数据在底层数据库中以 Key 的字典顺序进行存储。在执行空间查询时，首先计算出与查询范围（图中实线矩形）相交的子空间，根据子空间编号生成扫描范围 01~02，然后用该范围在底层数据库中执行前缀扫描，得到 01 和 02 两个子空间中的点数据，最后将得到的数据与查询范围做 Intersects 运算，得到查询范围内的数据。

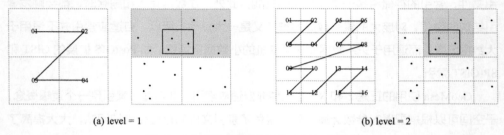

(a) level = 1　　　　　　　　　　　　　　　(b) level = 2

图 4-45　不同粒度空间索引的过滤效果示意图

通过扫描得到的数据是一个中间结果，需要在内存中根据空间属性与查询范围做进一步计算才能得到最终的结果。扫描出来的不符合查询条件的数据称为无效数据，无效数据越多，查询性能越低，因为它浪费了 IO 和 CPU 资源。细化子空间是减少无效数据的一个重要手段。如图 4-45(b) 所示，将整个空间范围划分成 16 个子空间，编号为 01~16，同样的查询范围，与其相交的子空间是 02、04~05、07，对应的空间范围（图中阴影部分）更小了，无效数据也从原来的 6 条变成了 1 条，提高了查询效率。

虽然子空间的细化可以减少无效数据，提高查询效率，但也不是划分得越细越好。我们可以看到，对于同样的查询范围，其中 (a) 中会生成一个扫描范围 01~02，而图 4-45(b) 中会生成 3 个扫描范围 02、04~05、07，可见划分越细生成的扫描范围越多。如果继续细分，会生成更多的扫描范围，但对无效数据的减少已经没有太多的优化空间了，这时过多的扫描范围反而会使查询性能下降，因为在底层的 Key-Value 数据库中，扫描范围越多查询性能越低。在 GeoMesa 中，子空间的划分层级是一个可配置参数，默认值是 12，即将全球空间范围划分成 4^{12} 个子空间。

■ GeoMesa 的数据写入

在 GeoMesa 中，表是一个逻辑概念，一张 GeoMesa 逻辑表对应 Key-Value 分布式数据库中的一张或多张物理表，一张物理表对应一种索引方式，即不同物理表中的 Key

值不同，Value 值相同。GeoMesa 创建表时，需要指定要创建的索引，然后在底层 Key-Value 数据库中创建与不同索引相对应的物理表。

在写入数据时，GeoMesa 首先会对数据创建对应的索引，并将索引保存在 Key 中，例如对加油站的 position 字段创建 Z2 空间索引。然后将整条记录序列化成二进制格式，保存在 Value 中，最后将 Key 和 Value 组成 Key-Value 键值对，调用底层数据库的写入接口，将 Key-Value 写入对应的物理表。

空间索引其实是一个子空间的编号，不同的空间数据可能位于同一个子空间内，即拥有相同的空间索引，而 Key-Value 数据库中通常是以 Key 作为数据的唯一标识，如果 Key 中只保存了空间索引，就有可能因为 Key 相同而出现数据覆盖，导致数据丢失。为了避免这一问题，GeoMesa 会为每条记录分配一个唯一的 ID，并将 ID 作为后缀保存在 Key 中，例如空间索引表的 Key 值等于空间索引 +ID。这样既能保证 Key 的唯一性，又不会影响基于 Key 的前缀扫描（Scan）。同理，其他索引表中的 Key 也会以 ID 作为后缀来避免数据覆盖。

■ **GeoMesa 的数据查询**

在查询数据时，GeoMesa 会根据查询条件和索引，生成扫描范围（Scan），然后调用底层数据库的查询接口，将目标 Key-Value 键值对查询出来，然后将 Value 进行反序列化，得到目标数据。由于 GeoMesa 创建的空间索引和时空索引都是基于空间数据的最小边界矩形 MBR，所以根据 Key 值查询到的结果只是一个粗略的结果集，因此需要根据查询条件对反序列化后的数据进行二次过滤，才能得到满足查询条件的最终数据集。

在大多数查询场景中，查询条件并不是单一的空间查询、时空查询或者属性查询，而是多种查询条件的组合，比如空间查询 + 属性查询。对于组合查询条件，应该选择哪个索引对应的物理表作为主查询表是一个有待评估的问题，一种选择称为一个查询计划（QueryPlan），如果组合查询条件中，每个条件都有物理的索引表与之对应，则存在多个查询计划。比如空间查询 + 属性查询，既存在空间索引表，又存在属性索引表时，则存在两个查询计划。

一个查询计划与一张物理索引表相对应，查询计划会将组合查询条件进行拆分，与物理表的索引字段相关的叫作主查询条件，主查询条件用于生成基于 Key 的扫描范围（Scan），可以在磁盘 IO 层面过滤掉无效数据；其他查询条件称为次查询条件，用于对扫描出来的数据在内存中做二次过滤。如果一个查询计划的主查询条件扫描到内存中的数据越少，该查询计划就越好。若要在多个查询计划中选择一个最优的，则需要使用数据在索引空间内的分布信息来粗略评估主查询条件扫描出来的数据量。这些分布信息都是在数据写入时预先统计好的。

图 4-46 展示了 GeoMesa 的一个完整的查询流程。首先，根据组合查询条件 Filter 和索引表生成多个查询计划；然后结合数据在索引空间内的分布信息，对查询计划进行评估并选择一个相对最优的查询计划；最后，根据最优查询计划的主查询条件生成扫描范围（Scan），并用扫描范围对 Key-Value 数据库中存储的数据进行扫描，将扫描到的 Key-Value 数据反序列化。另外，在返回之前还需要根据次查询条件在内存中做二次过滤，二次过滤可以发生在 Key-Value 数据库服务器端，也可以发生在调用端（客户端）。比如，以 HBase 作为底层的 Key-Value 数据库时，可以通过向 HBase 注册协处理器的方式，在数据库的内存中做二次过滤。

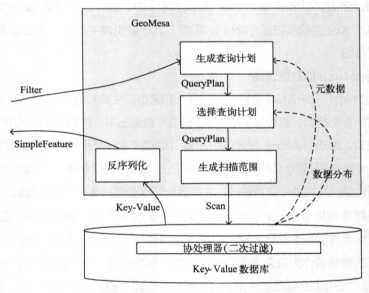

图 4-46　GeoMesa 的数据查询流程

在图 4-46 中，GeoMesa 的查询条件用 Filter 表示，数据用 SimpleFeature 表示，读写的总入口用 GeoMesaDataStore 表示，这些概念都是 OGC 对空间数据访问的规范化定义，这部分内容将在 4.4 节介绍。

以上是 GeoMesa 单机查询流程，所有的查询结果会汇聚到同一台机器上。然而，对 GeoMesa 中的海量时空数据进行分析时，通常需要使用分布式内存计算框架 Spark。Spark 用弹性分布式数据集（RDD，Resilient Distributed Datasets）表示整个数据集。RDD 由多个相互独立的 Partition 组成，一个 Partition 包含多条记录，Partion 分布在集群的各个节点上。因此，在做分布式计算时需要将 GeoMesa 的查询结果组成一个 RDD，分散在集群的多台机器上，方便 Spark 基于查询结果做分析计算。

GeoMesa 的分布式查询流程如图 4-47 所示。GeoMesa 根据 Filter 的过滤条件，生成查询 Key-Value 数据库的扫描范围（Scan）。如果一个 Scan 跨越了多个数据分片（Segment），则将 Scan 拆分成多个，保证一个 Scan 的扫描范围只位于一个 Segment 中，然后用每个 Scan 去并行地查询 Key-Value 数据库，一个 Scan 的查询结果组成一个 Partition，所有 Partition 组成了 RDD。这种 Segment 和 Partition 位于同一台机器的策略称为数据本地化，数据本地化能够避免机器之间的数据传输，保证数据的存储和计算都位于同一台机器上，避免了从分布式存储到分布式计算的数据跨机器传输过程。

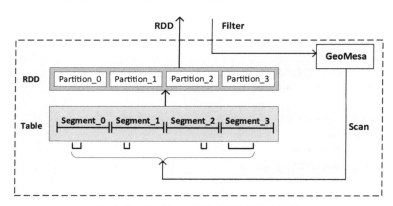

图 4-47 GeoMesa 的分布式数据查询流程

4.4 时空数据访问规范

在 4.3 节中，我们介绍了不同时期的时空数据存储技术，从文件存储到关系数据库存储，再到分布式数据库存储。尽管不同存储技术的内部细节各不相同，但是一个存储系统提供的总体功能是一致的，比如定义数据集的结构（字段名和字段类型）、写入数据并构建索引、利用索引查询数据等。

为了统一不同存储系统中数据的访问模式，OGC 对时空数据的表示以及时空数据的读写方式给出了相应的规范，我们称其为时空数据的访问规范。GeoTools 作为一个开源的 Java 项目，对 OGC 中的数据访问规范做了全面的实现，并在工业界得到广泛的应用。

访问规范解耦了业务层与存储系统之间的关系，业务层基于访问规范开发业务逻辑，而无需关注具体使用哪种存储技术。一个存储系统若想支持 OGC 的访问规范，只需适配 GeoTools 中的相关接口即可。

下面，我们将结合 GeoTools 来介绍 OGC 的时空数据访问规范。

4.4.1 数据规范

1. 元数据规范

时空数据的描述信息称为元数据，例如，加油站数据具有站点 ID（id）、站点名称（name）、站点位置（position）属性。OGC 定义了简单要素类型（Simple Feature Type），用于表示元数据，在 GeoTools 中用 Java 类 SimpleFeatureType 表示。下面展示了如何创建加油站数据的 SimpleFeatureType。

```java
// 创建 SimpleFeatureType 的构造器
SimpleFeatureTypeBuilder b = new SimpleFeatureTypeBuilder();

// 指定 SimpleFeatureType 的名称
b.setName("gas-station");
// 指定空间属性所在的空间坐标系
b.setCRS(DefaultGeographicCRS.WGS84);

// 按顺序添加属性，包括名称和类型
b.add("id", Long.class);
b.add("name", String.class);
b.add("position", Point.class);

// 构建 SimpleFeatureType
SimpleFeatureType type = b.buildFeatureType();
```

2. 数据规范

时空数据是受元数据检查和约束的。例如，一条加油站数据的属性个数，以及每个属性对应的数据类型都要和元数据中定义的一致。此外，空间属性的坐标系也要和元数据中指定的相同。OGC 定义了简单要素（SimpleFeature）来表示一条时空数据，在 GeoTools 中用 Java 类 SimpleFeature 表示。下面展示如何利用 SimpleFeatureType 创建加油站数据的 SimpleFeature。

```
// 空间对象工厂，用来统一设置所生产的空间对象的精度和空间坐标系
GeometryFactory geomFactory = new GeometryFactory(new PrecisionModel(),
DefaultGeographicCRS.WGS84);

// 创建 SimpleFeature 构造器，创建 SimpleFeature 时会根据 type 进行字段校验
SimpleFeatureBuilder f = new SimpleFeatureBuilder(type);

// 按顺序添加 SimpleFeature 的每个属性
f.add(1L);
f.add("station1");
f.add(geomFactory.createPoint(new Coordinate(116.428, 32.745)));

// 指定 SimpleFeature 的唯一 ID 并创建 SimpleFeature
SimpleFeature feature = f.buildFeature("fid1");
```

我们看到在调用 buildFeature 方法时，需要指定 SimpleFeature 的唯一编号，称为要素编号（Feature ID），是全局唯一的字符串。具有相同 SimpleFeatureType 的多个 SimpleFeature 可以组成集合 SimpleFeatureCollection，称为时空数据集。

3. 查询规范

SimpleFeatureType 定义了时空数据的规范，SimpleFeature 保存了符合规范的时空数据。如果要从数据集 SimpleFeatureCollection 中查询我们想要的 SimpleFeature，便需要用到 OGC 定义的通用查询语言（CQL，Common Query Language）。

CQL 和关系数据库中 SQL 语句的 where 子句的功能类似，都是表达过滤条件。CQL 的独特之处在于能表达空间过滤条件。使用 GeoTools 提供的 CQL 的编译器，可以将 CQL 语句编译成便于计算机识别的 Filter（过滤器）对象。Filter 可以判断 SimpleFeature 是否满足条件，从而实现数据的过滤效果，示例如下。

```
Filter filter = CQL.toFilter( "name like 'station%'" ); // CQL 编译
Boolean meet = filter.evaluate( feature );   // 判断 Feature 是否满足条件
```

CQL 支持丰富的空间过滤条件，表 4-7 给出了 3 个常用的空间过滤的 CQL 语法。表中，Expression 可以是 SimpleFeatureType 中的空间字段名，例如加油站数据的 position；也可以是一个用 WKT 格式表示的空间数据。例如，加油站数据的空间范围查询可以用 CQL 表达如下：WITHIN(position, POLYGON ((116.425 32.728, 116.425 32.773, 116.473 32.773, 116.473 32.728, 116.425 32.728)))。

表 4-7　CQL 空间过滤表达式举例

语　　法	说　　明
INTERSECTS(Expression, Expression)	Intersects 判断
CONTAINS(Expression, Expression)	Contains 判断
WITHIN(Expression, Expression)	Within 判断

4.4.2　读写规范

时空数据的读写规范是将 SimplyeFeatureCollection 表示的时空数据集写入底层存储系统，然后用 Filter 表达过滤条件，来读取存储系统中满足条件的时空数据。

为了实现统一的读写方式，OGC 定义了数据存储（Data Store）的概念。GeoTools 中用 Java 类 DataStore 表示数据存储。DataStore 是一个抽象概念，它表示存储系统中一个独立的存储空间：比如一个 ShapeFile、一个 PostGIS 数据库、HBase 中的一个 Catalog（目录）。DataStore 定义了创建元数据、写入数据、查询数据、删除数据的抽象方法，不同的存储系统只需要继承 DataStore，并且根据各个存储系统的特点，在抽象方法中实现对应的功能即可，如图 4-48 所示。

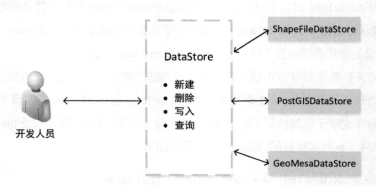

图 4-48　时空数据存储模型示意图

1. DataStore 的用法

下面我们以 ShapeFile 中存储的加油站数据为例，介绍 DataStore 的使用方法。

■ 根据给定参数创建 DataStore

DataStoreFinder 会根据不同的参数找到对应的 DataStore 实现类，这里根据 .shp 文件后缀找到 ShapeFileDataStore，它是 DataStore 的子类。

```
File file = new File("gas_station.shp");
Map params = new HashMap();
params.put("url", file.toURL());
DataStore dataStore = DataStoreFinder.getDataStore(params);
```

■ 在 DataStore 中新建元数据并写入数据

ShapeFile 中存储了加油站数据的元数据 SimpleFeatureType，以及满足元数据约束的加油站数据 SimpleFeatureCollection。

```
// type 是上文中创建的加油站的元数据，名称是 gas-station
dataStore.createSchema(type);
// 根据 type 名称获取对应的数据源对象，进行数据写入
SimpleFeatureSource featureSource= dataStore.getFeatureSource("gas-station");
if( featureSource instanceof SimpleFeatureStore ){
    SimpleFeatureStore featureStore = (SimpleFeatureStore) featureSource;
    // 绑定事务
    Transaction session = new DefaultTransaction("Adding");
    featureStore.setTransaction( session );
    // 写入
    featureStore.addFeatures( featureCollection );
    // 提交事务
    session.commit();
}
```

SimpleFeatureStore 是 SimpleFeatureSource 的子类，SimpleFeatureSource 表示只读数据源，而 SimpleFeatureStore 表示可读可写数据源。另外，数据的写入是原子操作，所以用事务进行管理，事务的提交会触发数据的最终写入，若底层存储技术支持事务，则当有数据写入失败时会回滚整个事务。

■ 使用 DataStore 查询数据

SimpleFeatureSource 提供了数据查询接口，可以传入查询条件 Filter，返回满足条件的数据。下面是加油站数据空间范围查询的示例。

```
SimpleFeatureSource featureSource = dataStore.getFeatureSource("gas-station");
// 构造过滤条件
Filter filter = CQL.toFilter("WITHIN(position, POLYGON ((116.425 32.728, 116.425 32.773,
116.473 32.773, 116.473 32.728, 116.425 32.728)))");
// 空间范围查询
List<SimpleFeature> features = featureSource.getFeatures(filter);
```

总之，DataStore 是时空数据存储模型的核心概念，是对存储系统的抽象。DataStore 用 createSchema 和 removeSchema 方法来申请和注销存储空间，并提供 SimpleFeatureStore 和 SimpleFeatureSource 进行数据的写入和查询。

2. DataStore 的实现

DataStore 提供的接口是统一的，但是不同存储系统对 DataStore 接口的实现逻辑各不相同。ShapeFileDataStore 在写入和查询 SimpleFeature 的接口中，需要同时操作 shp、dbf 和 shx 文件，以实现空间数据和非空间数据的分离存储，并依照 ShapeFile 对空间数据的编码规则，对空间数据进行编码和解码。

PostGIS 和 GeoMesa 既有相似之处，又存在很大不同。相似之处在于都是基于 C/S 模式的数据库系统扩展出空间数据的管理能力，C 表示客户端（Client），S 表示服务器（Server），数据都是存储在服务器上的，客户端向服务器发起数据读写请求，服务器给客户端返回相应的结果。不同之处在于扩展的思路，PostGIS 是对 S 端进行扩展，通过 PostGIS 插件在服务器层面支持空间数据类型、空间索引和空间查询的 SQL 语法；GeoMesa 是对 C 端进行扩展，在 GeoMesaDataStore 的写入接口中，将空间索引保存在 Key 中，将空间数据序列化后保存在 Value 中，然后将 Key-Value 键值对保存在底层数据库中。在查询接口中，将查询条件转换成 Key-Value 数据库的扫描范围（Scan）来查询服务器上的数据。

数据库系统都会提供标准的客户端程序与服务器进行交互，例如 PostGIS 通过 JDBC（Java DataBase Connection）对数据库服务器进行访问，例如创建一张时空表用 CREATE TABLE 语句，写入数据用 INSERT 语句，查询数据用 SELECT 语句。PostGISDataStore 的 createSchema 接口的作用是将 SimpleFeatureType 转换成 CREATE TABLE 语句，写入接口的作用是将 SimpleFeature 转换成 INSERT 语句，查询接口的作用是将 CQL 表示的查询条件转换成 SELECT 语句，并将 JDBC 返回的数据转换成 SimpleFeature，如图 4-49 所示。

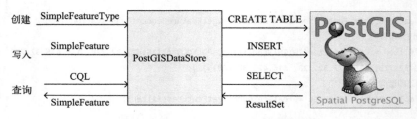

图 4-49　PostGISDataStore 的转换逻辑示意

GeoMesaDataStore 的功能比较复杂，因为 GeoMesa 是基于客户端扩展空间数据管理能力的，扩展逻辑都放在 GeoMesaDataStore 的接口实现中。

在 createSchema 接口中，GeoMesa 会根据要创建的索引，在底层 Key-Value 数据库中创建多张物理表，并将 SimpleFeatureType 中的元数据保存在底层 Key-Value 数据库中。GeoMesa 通过 SimepleFeatureType 的 userdata 指定要创建的索引，这部分信息也会作为元数据存储起来。

在写入接口中，GeoMesa 会根据元数据中保存的索引信息，为数据创建索引并保存到 Key 中，然后将整个 SimpleFeature 序列化成二进制格式的 Value，最后将 Key 和 Value 一起存储到对应的物理表中。不同物理表中要存储的 Key 值不同，Value 值相同。

在查询接口中，GeoMesa 会根据元数据中保存的索引信息和用户传入的查询条件 Filter 选择一个查询计划，并生成物理表的扫描范围（Scan），然后将服务器返回的 Key-Value 数据进行反序列化得到 SimpleFeature，然后利用 Filter 的 evaluate 方法对 SimpleFeature 在内存中进行二次过滤，得到满足查询条件的最终结果。

GeoMesa 使用了 Kryo 二进制序列化框架对 SimpleFeature 进行序列化和反序列化。Kryo 作为一个高效、易用的二进制序列化框架，可以实现 Java 对象与字节数组之间的转换，经常用于 Java 对象的持久化和网络传输场景中。Kryo 提供了实现自定义序列化器的接口，接口中有两个抽象方法，用于实现 Java 对象的序列化和反序列化。

```
public abstract class Serializer<T>{
    ...
    // 序列化，将一个 Java 对象 object 以二进制流的形式写入 ouput
    abstract public void write (Kryo kryo, Output output, T object);
    ...
    // 反序列化，将 input 中的二进制流解析成类型为 type 的 Java 对象
    abstract public T read (Kryo kryo, Input input, Class<? extends T> type);
}
```

序列化器接口中，kryo 对象维护了 Java 类与序列化器之间的对应关系，以及各种优化配置。Ouput 是序列化的数据出口，Input 是反序列化的数据入口，其中的 Buffer 是为了缓存序列化和反序列化的二进制数据而开辟的内存空间。

如图 4-50 展示了利用 Kryo 序列化技术对 SimpleFeature 进行序列化和反序列化的过程。序列化时，序列化结果先写入 Buffer 中，Buffer 写满后，Ouput 会自动将 Buffer 中的数据刷写到输出流 OuputStream。反序列化时，InputStream 中的二进制数据分批加

载到 Buffer 中，Buffer 中的数据解析完成之后，Input 会自动从 InputStream 中加载下一批二进制数据。图中 ByteArray 表示序列化结果，也就是 Key-Value 数据库中要存储的 Value 值。

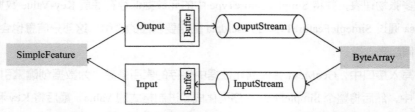

图 4-50　Kryo 序列化和反序列化 SimpleFeature 的示意图

第 5 章

时空大数据分析与挖掘

时空大数据的分析与挖掘旨在开发和应用新兴技术和算法来分析海量且多维的时空数据，以揭示其潜藏的价值。本章我们将重点介绍时空大数据分析中常用的算法及其原理，另外也会对这些算法在分布式场景下的应用进行介绍，以便利用分布式集群的计算资源对海量时空数据进行分析挖掘。

5.1　时空大数据分析算法概述

时空大数据的分析挖掘能充分利用时空数据所蕴藏的价值。这一节我们将概括性地阐述挖掘算法的分类，然后介绍面对时空大数据时，时空算法的分布式扩展策略。

5.1.1　时空算法的分类

本章我们将按照时空数据的使用场景对相关的时空算法进行归类，然后深入学习每个场景使用的时空算法。

1. 几何分析

几何分析是对空间几何对象的计算，是最基础最通用的时空算法。JTS 对这类算法做了非常全面的汇总和实现，比如空间距离计算算法、用于空间简化的道格拉斯普克算法、用于衡量线对象之间距离的 Frechet 和 Hausdorff 算法、空间点集的凸包求解算法等。

2. 时空聚类

聚类（Cluster）算法根据实体的相似性对整个数据集进行分类。相似性的度量方法多种多样。对于时空数据集，使用实体间的空间距离作为相似性度量时，称为空间聚类；使用实体间的时空距离作为相似性度量时，称为时空聚类。

3. 路径规划

路网是重要的空间数据，能够为许多地图场景赋能。本章我们将介绍一类通用的基于路网的分析算法，即路径规划。该算法被广泛应用于网约车、外卖配送、物流调度等场景中。

4. 轨迹分析

实体在空间中的移动位置形成了轨迹。轨迹是最具代表性的时空数据。轨迹数据蕴藏着移动物体的行为模式，例如从哪里出发，在哪里停留等。大量的轨迹数据便能反映群体的行为模式。本章将会介绍去噪、分段、驻留点检测、地图匹配、压缩、相似性计算、聚类等轨迹分析算法，以及量化社会关系强度的时空共现挖掘算法。

5. 地址搜索

在导航软件中，根据用户输入的地址名称定位到具体的空间位置，然后基于空间位置进行路线规划和周边推荐。相反，根据空间位置来确定用户所在的地址信息也是很常用的功能，比如在网约车使用场景中，乘客选择一个空间位置作为上车点，系统便会显示所选的地址名称。这种地址名称与空间位置之间的映射也是本章要重点介绍的一类算法。

6. 连接分析

连接（Join）运算是数据库系统中一项非常基础的分析操作，用于关联两张表中满足连接条件的记录。当表变为时空数据集，连接条件变为空间或者时空关系时，这种连接运算就称为时空连接。本章我们将根据时空连接条件进行划分，介绍多种时空连接算法：空间距离连接、空间 k 最近邻连接、时空距离连接以及时空 k 最近邻连接。

5.1.2 分布式计算与分区

算法的执行需要 CPU 和内存等硬件资源，这些资源被称为算力，算法的高效执行需要充足的算力支持。所需算力的大小和待计算数据的量以及算法的复杂度相关，数据量增大时，内存压力会增大，CPU 的计算耗时也会变长。

对于小数据量，单台机器的计算资源就足以执行算法逻辑并快速得出计算结果。然而，时空数据是随着时间持续生成的，体量非常庞大，单机的算力无法支持大量时空数据的分析和挖掘。因此，我们需要借助分布式集群资源，将数据进行划分，形成多个分区（Partition），然后在多台机器上并行地对分区内的数据执行算法逻辑，并将计算结果保存到分布式存储系统中。

分布式计算首先要考虑的问题就是数据分区的划分，这是执行任何算法的前置操作。分区的划分策略很多，复杂程度也各有不同，需要根据不同的算法特点来选择适当的划分策略。然而，划分策略的合理性却有一个通用的评价标准，那就是负载均衡。分布式计算中的负载是指执行算法所需的算力，对于相同的计算逻辑，所需算力的多少只与数据量相关，要实现负载均衡就需要保证每个分区内的数据量尽可能相同。

负载均衡为何在分布式计算中如此重要，负载失衡又会有哪些不好的影响呢，下面我们结合图 5-1 进行介绍。一个计算任务（Task）负责对一个分区中的数据进行计算，有多少个分区就会有多少个任务，用 t1、t2、t3、t4、t5 表示 5 个并行执行的任务，每个任务对应的分区用 p1、p2、p3、p4、p5 表示。当 5 个分区的数据量各不相同，即负载不均衡时，每个任务的执行进度也会存在很大差异，如图中左边所示，p1 数据量最少所以 t1 最早完成，而 p5 数据量最大则 t5 执行进度最慢。当 5 个分区的数据量相近，即负载均衡时，每个任务的完成进度也相当，如图中右边所示。

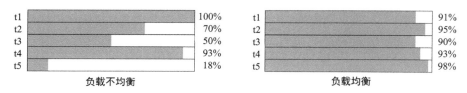

图 5-1 分布式并行计算的负载均衡示意图

在分布式计算中，需要等到所有任务计算完成之后才能进入下一个计算环节，执行下一个计算逻辑。对于负载不均衡的情况，执行快的任务的资源早早地处于空闲状态，而执行慢的任务的资源的负荷却非常重。最糟糕的情况是，高负载任务可能会因为资源的严重不足而失败，一个任务的多次失败会导致整个计算流程终止。所以，在划分数据分区时，需要尽可能保证每个分区内数据量的均衡，下面我们将介绍针对时空数据的常用的分区划分策略。

1. 随机分区

随机分区是最简单，也是负载最均衡的一种分区划分策略。一个数据集被均匀地划分成多个数据分区（Partition），每个分区内的数据之间没有时空关联性，即同一个分区内的数据在时空上的分布是随机的。这种策略适用于非聚合的算法，比如计算空间数据的面积。非聚合算法的特点是，一个时空数据作为输入，经过计算后，得到一个对应的输出，输入和输出之间是一对一的关系。

2. 空间分区

空间分区策略是为每个数据分区指定一个矩形的空间范围，分区内的数据与矩形的空间范围相交，这种分区策略适用于空间聚合算法，比如空间聚类。空间聚合算法通常需要计算数据之间的空间关系，而非只处理单条空间数据，所以需要将空间相近的数据尽可能地聚集在一个 Partition。

如图 5-2 所示，将整个空间平面划分成小的空间范围，然后将数据集中的数据映射到对应的空间范围上。一个空间范围内的数据组成一个数据分区，空间范围与数据分区一一对应。

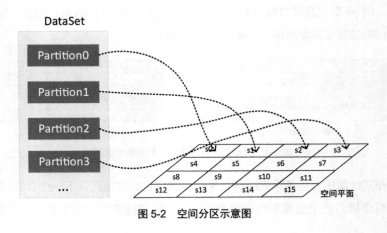

图 5-2　空间分区示意图

将空间数据映射到与其相交的空间范围的过程称为空间分配。暴力地将空间数据和每个空间范围一一比较是一个非常低效的操作，我们可以利用空间索引对空间分配进行优化。为空间范围构建空间索引。空间范围对应索引树上的叶子节点，空间分配就是在索引树上查询与空间数据相交的叶子节点。

在图 5-2 中，空间分区是固定划分好的，每个空间分区对应的空间范围一样大，但是通常来说，数据在空间上的分布并不均匀，使用图 5-2 中的空间分区策略会导致有的空间分区内数据量非常小而有的数据量非常大，会导致严重的负载不均衡，因此需要对空间数据进行随机采样，然后根据样本进行空间范围的划分，样本分布密集的地方划分的范围小，稀疏的地方划分的范围大，保证每个空间范围内样本数量尽可能均衡。

图 5-2 中，空间范围互不重叠，所有范围占满整个空间范围。在这种空间分区策略中，空间面和线数据在空间分配时，可能会与多个空间范围相交，如图 5-3(a) 所示，这就需要将数据复制（复制）到多个分区中，重复计算增加了网络开销。这种空间范围通常是用四叉树（Quad-Tree）索引组织起来的，我们称这种空间分区的划分策略为四叉树空间分区。

相应地，有另外一种不需要数据复制的空间分区策略。这种策略是基于 R-Tree 索引进行空间范围划分的，我们称之为 R-Tree 空间分区。R-Tree 是一棵平衡树，每个叶子节点中数据的量是均衡的，而且 R-Tree 每个节点的空间范围是根据数据的空间范围形成的，节点之间在空间范围既有可能存在空隙，也有可能存在重叠，所有节点并不能完全占满整个空间范围，如图 5-3(b) 所示。

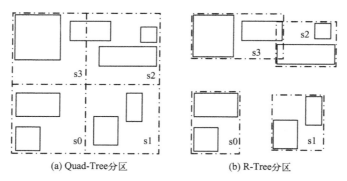

(a) Quad-Tree分区　　　　　　　　(b) R-Tree分区

图 5-3　两种空间分区策略示意图

需要注意的是，因为 R-Tree 空间分区是根据样本划分的，分区之间的间隙也只代表了样本中没有数据落在该区域，并不代表未被采样的数据不可能落在间隙处，所以需要使用最近邻的方式分配空间数据，将数据映射到与其中心点最近的空间范围上。基于样本数据得到的 R-Tree 的空间范围只是一个参考范围，当数据集的所有数据都分配完成之后，空间范围要根据分区内的数据再向外扩充，使其能包含分区内的所有数据。

选择 Quad-Tree 空间分区还是 R-Tree 空间分区要根据具体的算法而定，后续小节中将会频繁使用空间分区策略，读者可以结合具体算法进一步深入了解。

3. 时空分区

时空分区策略是为每个数据分区指定一个时间段和空间范围，分区内时空数据的时间属性与分区的时间段相交，空间属性与分区的空间范围相交，时空分区策略可以理解为，先将时间分段，然后每个时间段内再执行空间分区；或者先划分空间范围，然后每个空间范围内再将时间分段。时空分区适用于时空聚合算法，用于将时间和空间都相近的时空数据分配到一起，组成一个分区（Partition）。为了实现分区的负载均衡，时空分区的划分也需要基于随机采样得到的样本来实现。

5.2 几何分析

对于空间和时间两个维度，时空数据分析更加侧重于空间维度，而空间数据分析的基础是二维平面的几何数据分析。下文将先对几何分析进行简单介绍，然后介绍几何分析的开源实现方案 JTS。

5.2.1 几何分析

时空数据的重心在空间维度，而空间数据本质就是二维平面的几何数据，本节希望通过对几何数据的计算方法的介绍，让读者对几何分析有个大致了解，为后续时空数据挖掘做铺垫。注意，本文在第 4 章详细介绍了空间数据模型，如点、线、面等，建议读者优先学习。

几何分析的范围很广，包括几何合法性校验、长度和面积计算、不同几何间的距离计算、基本交并差计算（Intersection、Union、Different 等）、基于九交模型的空间谓词计算（Contains、Within、Covers、Intersects、Disjoint、Crosses、Overlaps、Touches、Equals 等）、缓冲区计算（Buffer）、凸包计算（Convex Hull）、多边形化（Polygonize）等。为方

便介绍，下面将几何分析分为基本和高级两种，并分别对其进行介绍和举例。

1. 基本和高级几何分析

图 5-4(1) 至 (3) 展示了常见的交并差 3 种基本几何计算，图中阴影部分即为计算结果。

图 5-4(4) 至 (9) 展示了 6 种常见的高级几何分析，说明如下：1）计算两条 LineString 的交点，图中黑色圆圈即为交点；2）计算 Point 至 Geometry 的投影点，即 Geometry 上与该 Point 距离最近的点，图中使用虚线圆圈表示投影点；3）计算两个 Geometry 的距离，即位于两个 Geometry 上距离最近的两个点之间的距离；4）计算点集的凸包，图中阴影部分即为结果；5）计算 LineString 的缓冲面，图中使用阴影部分表示；6）表示计算多条 LineString 所围成的 Polygon，即多边形化，图中每个阴影部分表示的 Polygon 均由不同线段围成。除此之外，还有基于九交模型的几何关系判断，第 4 章已对此做了详细说明，本节不再赘述。

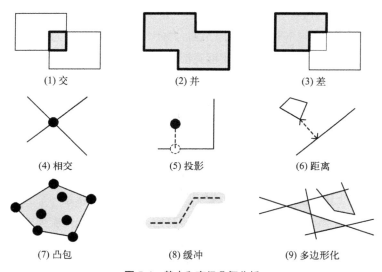

图 5-4　基本和高级几何分析

限于篇幅，本节无法对上述所有几何分析均展开介绍，故从中挑选凸包计算的例子进行详细介绍，希望借此让读者对几何分析中算法和数据结构的合理应用有个大概的了解。

2. 凸包计算

凸包计算在时空数据挖掘领域中有着重要的应用，例如下文中的轨迹驻留点检测，就是基于凸包计算来将"驻留点"转换为"驻留面"的。

首先,我们补充一下凸包的知识。一个平面为"凸"平面,当且仅当对于该平面中的任意两点 p 和 q,其连接而成的线段 pq 完全属于该平面,反之该平面为"非凸"平面。如图 5-5 所示,图 (1) 中任意两点的连线均完全被平面包含,故将该平面称为凸平面;反之,图 (2) 中存在两点,其连线并未被平面完全包含,故该平面为非凸平面。

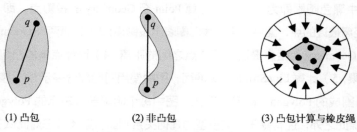

| (1) 凸包 | (2) 非凸包 | (3) 凸包计算与橡皮绳 |

图 5-5 凸包、非凸包与凸包计算

然后,给出凸包计算的定义:给定点集 $P=\{p_1,p_2,\cdots,p_n\}$,计算包含该点集的最小凸包。值得注意的是,这里求取的是最小凸包,为什么是最小,是因为包含该点集的凸包有无数个,例如任意一个包含点集的平面圆都满足要求,而这样的圆有无数个。这里举个例子来直观了解一下什么是凸包计算:如图 5-5(3) 所示,将所有点都想象成钉在平面上的钉子,取来一根橡皮绳,将绳撑开围住所有钉子,然后松开手,原本撑开的橡皮绳由于失去了外力约束,便会向内收缩试图恢复原来形状,啪地一声,橡皮绳就会紧绷至钉子上,绳的总长度也将达到最小,此时,由橡皮绳围住的区域就是点集的最小凸包。

那么,如何计算凸包呢?再介绍具体的算法之前,让我们先分析一个点集的凸包有哪些性质。通过上述橡皮绳的例子可以看出,点集 P 的最小凸包是一个凸多边形,而表示多边形的一种自然的方法,就是从任一顶点开始,顺时针方向依次列出所有顶点,因此,我们求解的问题便转换成了:给定点集 $P=\{p_1,p_2,\cdots,p_n\}$,从中选出若干点,使其沿顺时针方向依次对应于最小凸包的各个顶点。

另外,只要合理定义凸多边形上相邻点所确定的直线的方向,就可以使得整个凸包总是位于该直线右侧,那么所有点也都将落在该直线右侧。举个例子,如图 5-6(1) 所示,针对直线 p_4p_8,除 p_4 和 p_8 外的所有点均位于其右侧,所以 p_4 和 p_8 属于最小凸包的顶点;反之,针对直线 p_4p_5,存在 p_8 位于该直线的左侧,所以 p_4 和 p_5 不可能均属于最小凸包的顶点。

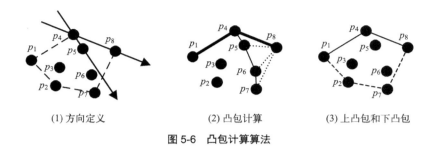

(1) 方向定义　　　　　　(2) 凸包计算　　　　　(3) 上凸包和下凸包

图 5-6　凸包计算算法

综上，我们可以设计一种增量式的凸包计算算法，顾名思义，我们可以逐一引入各点，每增加一个点，便相应更新形成的最小凸包，具体过程如下：1）将所有点按横坐标排序，得到一个有序的序列 $<p_1,p_2,\cdots,p_n>$；2）按该顺序，从左到右依次引入各点，计算得到上凸包；3）再按该顺序，从右到左依次引入各点，计算得到下凸包；4）合并上凸包和下凸包，即可得到最终的最小凸包，如图 5-6(3) 所示。

该增量式算法的基本步骤，就是在每次新引入一个点后，都对凸包做相应的更新，即已知 $<p_1,p_2,\cdots,p_{i-1}>$ 的凸包，计算 $<p_1,p_2,\cdots,p_{i-1},p_i>$ 的凸包。以上凸包为例，若按顺时针方向沿着多边形的边界行进，则在每个顶点处都要改变方向，若是任意凸多边形，则必然每次都是向右转。基于该结论，在引入点 p_i 后，检查最后三个点是否构成一个"右转"，若为右转，则将 p_i 加入上凸包，否则将中间的（即倒数第二个）点从上凸包中剔除，重复该过程，直至最后 3 个点构成一个"右转"。举个例子，如图 5-6(2) 所示，已知前 7 个点 p_1 至 p_7 构成的上凸包 $<p_1,p_4,p_5,p_6,p_7>$，再新增点 p_8 后，检查最后 3 个点 p_6、p_7 和 p_8，发现 p_7p_8 相对于 p_6p_7 是一个"左转"，于是删除中间点 p_7，得到 $<p_1,p_4,p_5,p_6,p_8>$；再检查最后 3 个点 p_5、p_6 和 p_8，发现 p_6p_8 相对于 p_5p_6 仍是一个"左转"，于是继续删除中间点 p_6，得到 $<p_1,p_4,p_5,p_8>$；再检查最后 3 个点 p_4、p_5 和 p_8，发现 p_5p_8 相对于 p_4p_5 仍是一个"左转"，于是继续删除中间点 p_5，得到 $<p_1,p_4,p_8>$；再检查最后 3 个点 p_1、p_4 和 p_8，发现 p_4p_8 相对于 p_1p_4 是一个"右转"，则停止检查，得到点 p_1 至 p_8 的上凸包 $<p_1,p_4,p_8>$。

通过上述凸包计算的例子，可以看到，面对具有几何本质的算法问题，主要从以下两个方面思考解决方案：一是对该问题所涉及几何的特性的深刻理解，例如最小凸包的本质；二是算法和数据结构的合理应用，例如增量式的最小凸包计算。对于其余几何分析的相关算法，感兴趣的读者可以阅读 [8] 进行学习。

5.2.2　Java Topology Suite

JTS（Java Topology Suite）是一款开源的 Java 软件库，用于处理几何要素拓扑关系，提供了欧式平面几何的对象模型及其对应的基本几何函数，符合 OGC 的 SQL 规范。JTS 旨在提供计算几何的通用算法库。

在几何模型方面，JTS 支持 OGC 定义的所有 Geometry 类型，包括 Point、MultiPoint、LineString、MultiLineString、Polygon、MultiPolygon 以及混合类型 GeometryCollection，其类继承关系如图 5-7 所示。上述所有类型在第 4 章的空间数据模型小节中均有详细介绍，建议读者优先学习。

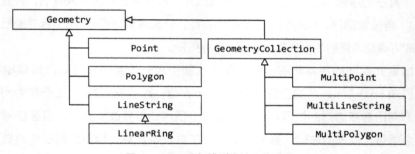

图 5-7　JTS 几何模型类继承关系图

在几何操作方面，JTS 支持丰富的计算函数，包括上一小节介绍的所有的基本和高级几何分析能力，用户仅需调用相关方法即可实现上述复杂的算法，且具有极高的运行性能。

在空间索引方面，JTS 高效实现了常用的索引结构，如第 4 章介绍的基于树状的空间索引 Quad-Tree、KD-Tree 和 R-Tree 等。

关于几何模型、几何操作和空间索引，读者可通过本书附带的代码仓库进行学习。

此外，JTS 还提供了一套可视化的测试工具，即 JTS Test Builder。用户可基于该工具验证各种算法。用户在 JTS 官网按指引下载 JTSTestBuilder.jar 文件后，直接双击运行即可。请注意，运行该文件需要本地安装 Java 环境。

JTS Test Builder 的界面如图 5-8 所示，大致可分为两大部分，即下方的数据输入栏和上方的数据处理栏：1）在下方的数据输入界面，用户可同时输入两个不同的几何形状，单击不同的输入区域即可实现切换；2）上方的数据处理界面，大体分为拓扑几何计算、九交模型计算和验证几何是否简单或合法三大模块，每个模块都包含丰富的功能，用户仅需选择相应的功能即可实现自动计算和结果的可视化展示。

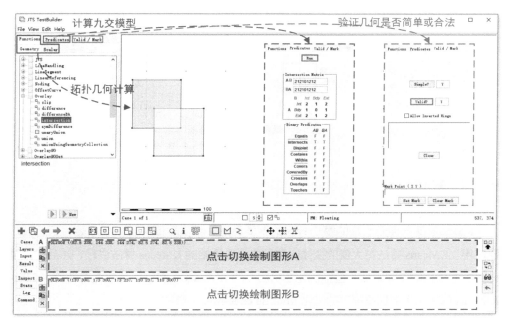

图 5-8 JTS Test Builder 1.19.0 界面图

图 5-8 展示的便是如何计算两个几何图形的相交部分，具体操作如下：1）绘制图形——先单击工具栏上的 Draw Rectangle 按钮，然后进入左下角侧边栏，单击 Input 按钮并选择 A 输入框，最后在面板上绘制第一个图形，同理选择 Input 的 B 输入框切换绘制第二个图形；2）选择计算——在左上方功能区依次选择 Functions/Geometry/Overlay/intersection，然后双击即可自动计算两个图形的相交部分，默认相交结果会以黄色图形呈现；3）查看结果——在左下角的 Result 控制台中，查看计算结果、耗时和内存使用等信息。

5.3 空间聚类

方以类聚，物以群分。空间聚类是指对一组空间对象进行分组，每个组称之为簇，其原则是簇内对象应尽可能相似，而不同簇之间应尽可能不同，即内紧外松。

图 5-9 展示了聚类算法的 3 种分类，即基于分区、基于分层和基于密度。限于篇幅，本节从中挑选出两种经典算法进行介绍，即基于分区的 KMeans 聚类算法和基于密度的 DBSCAN 聚类算法。

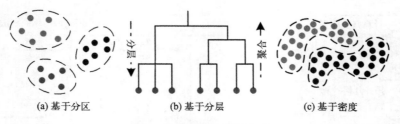

(a) 基于分区   (b) 基于分层   (c) 基于密度

图 5-9　聚类算法分类示意图

5.3.1　KMeans

KMeans 是一种无监督的基于分区的聚类算法，其实现简单且效果卓著，因此被广泛应用。KMeans 算法有大量的变体，我们先从最原始的 KMeans 算法讲起，然后在其基础上讲述优化的变体方法，包括优化初始质心的 KMeans++ 算法、优化距离计算的 Elkan KMeans 算法和大数据情况下的优化 Mini Batch K-Means 算法。

1. KMeans

KMeans 算法的思想很简单：对于给定的样本集，按照样本之间的距离大小，将样本划分为 k 个簇，并尽量使簇内紧密，簇间松散。假设簇划分为 $(C_1, C_2, \cdots, C_k)$，则 KMeans 的优化目标就是最小化平方误差 E，其公式如下：

$$E = \sum_{i=1}^{k} \sum_{x \in C_i} \|x - \mu_i\|_2$$

其中，μ_i 是簇 C_i 的均值向量，即质心，是该簇内所有样本的平均值。

若想直接求解上述方程最优解并不容易，因为这是一个 NP 难的问题，因此只能采用启发式的迭代方法求一个近似解。KMeans 的启发式算法很简单，用一组图就可以形象地解释其大致步骤，如图 5-10 所示。

如图 5-10 所示，(a) 为初始数据集，假设 $k=2$，即我们想将图中点集划分为两类；(b) 中先是随机选择了两个质心，即图中的空心三角形和实心三角形，并标记每个样本的类别为其距离最近的质心的类别，即图中的空心圆和实心圆，其中虚线表示两个质心的垂直平分线用以辅助样本标记，这样就完成了第一轮迭代；(c) 中先是重新计算不同类别的新的质心，如图中三角形位置，可以发现此时质心的位置已发生改变，之后再次重新标记所有样本的类别，可以发现部分样本类别也随之发生了改变，这样就完成了第二轮迭代；(d) 重复上述过程，即先重新计算质心位置，再对所有样本重新分类，可以发现仍有一个样本的类别发生了改变，这样就完成了第三轮迭代；之后若再次重复计算质心和标记样本，会发现样本所属类别不再改变，同时质心位置也会趋于稳定，此时停止迭代，算法结束，最终聚类结果如 (d) 所示，可以发现 KMeans 的聚类效果还是不错的。

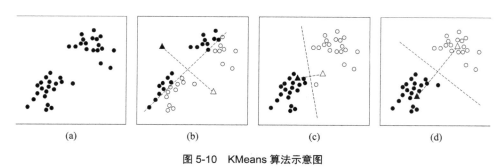

图 5-10　KMeans 算法示意图

　　在 KMeans 的实际应用中，往往需要多次重复计算质心位置和重新标记样本分类，才可以达到最终稳定的较好的分类结果，同时为了避免迭代次数过高导致耗时过长，一般会设置一个最大迭代次数，当达到最大迭代次数时，不论质心后续是否会再次改变，均会结束算法并返回结果。

2. KMeans++

　　由于原始 KMeans 是启发式算法，故 k 个初始质心的位置选择对聚类结果和运行时间都有很大影响，若完全随机，可能导致算法收敛很慢，因此需要选择合适的 k 个质心且质心之间的距离不能太近。KMeans++ 算法就是对 KMeans 随机初始化质心方法的优化。其优化策略也很简单，主要步骤如下：1）从数据集中随机选择一个点作为第一个聚类簇的质心 μ_1；2）针对数据集中每个样本点 p_i，计算其与已选择的质心集合中最近的质心的距离 d_i；3）选择一个新的数据点作为新的聚类簇的质心，选择的原则是：d 越大，被选中的概率越大；4）重复第二步和第三步，直至选出 k 个聚类簇的质心；5）基于选出的 k 个质心，按原始的 KMeans 算法继续执行。

　　如图 5-11(a) 所示，首先随机选择 p_1 作为第一个聚类簇的质心，然后计算其余各点至 p_1 的距离，因为 p_3 相比于 p_2 距离 p_1 更远，故 p_3 被选中作为第二个聚类簇的质心的概率也更大。

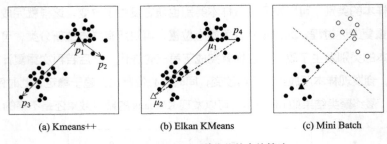

(a) Kmeans++　　　(b) Elkan KMeans　　　(c) Mini Batch

图 5-11　KMeans 三种优化的变体算法

3. Elkan KMeans

在原始 KMeans 算法中，每轮迭代时都要计算所有样本点到所有质心的距离，这个操作十分耗时。Elkan KMeans 算法就是由此入手，目标是减少不必要的距离计算，其基本原理是"两边之和大于第三边"和"两边之差小于第三边"的三角形性质：1）对于样本点 p 和两个质心 μ_1 和 μ_2，若我们预计算并保存两个质心之间的距离 $d(\mu_1,\mu_2)$，且计算发现 $2 \times d(p,\mu_1) \leqslant d(\mu_1,\mu_2)$，则立即可得 $d(p,\mu_1)<d(p,\mu_2)$，进而无需计算 $d(p,\mu_2)$ 也可知样本 p 属于第一个聚类簇 C_1；2）同理，仍预计算两个质心之间的距离 $d(\mu_1,\mu_2)$，且先计算 $d(p,\mu_1)$，则可得 $d(p,\mu_2) \geqslant |d(p,\mu_1)-d(\mu_1,\mu_2)|$，进而无需计算 $d(p,\mu_2)$ 也可以得到其最小值 $d_{min}(p,\mu_2)$，此时若 $d_{min}(p,\mu_2) \geqslant d(p,\mu_1)$，则可得 $d(p,\mu_2) \geqslant d(p,\mu_1)$，进而无需计算 $d(p,\mu_2)$ 也可知样本 p 属于第一个聚类簇 C_1。

如图 5-11(b) 所示，点 p_4 至 μ_1 距离的两倍明显小于两质心的距离，故可以直接判定样本点 p_4 属于第一个聚类簇 C_1。

4. Mini Batch KMeans

在原始 KMeans 算法中，如果样本量非常大，如达到 10 万条以上，就会非常耗时，即使进行 Elkan KMeans 优化也无法显著改善，且在大数据时代背景下海量数据聚类的场景越来越多，此时 Mini Batch KMeans 便应运而生。顾名思义，Mini Batch 就是基于样本集中的部分数据执行原始 KMeans 算法，一般通过无放回的随机采样得到部分样本，这样可以避免样本量太大时的计算瓶颈，算法收敛速度大大加快，当然对应的代价就是聚类精确度会有一些降低，不过一般来说都在可接受范围之内。同时为了增加算法准确性，一般会跑多次 Mini Batch KMeans 算法，使用不同的随机样本集得到多个聚类簇，并选择其中最优的聚类簇结果。

如图 5-11(c) 所示，先对原始数据进行 50% 的采样，再执行原始 KMeans 算法，可以发现采样计算得到的质心与全量数据计算得到的质心近似，其误差在可接受范围，之后基于采样计算的质心对全量数据进行归类即可。

5.3.2 DBSCAN

DBSCAN 是一种非常著名的基于密度的聚类算法，其英文全称是 Density-Based Spatial Clustering of Applications with Noise，即一种基于密度且对噪声鲁棒的空间聚类算法。从效果上看，DBSCAN 算法可以找到样本点的所有密集区域，并将其作为独立的聚类簇。总的来说，DBSCAN 具有如下特点：基于密度，对远离密度核心的噪声点鲁棒；无需预先指定聚类簇的数量；可以发现任意形状的聚类簇。

如图 5-12 所示，DBSCAN 的基本概念可以用 1、2、3、4 四个数字总结。

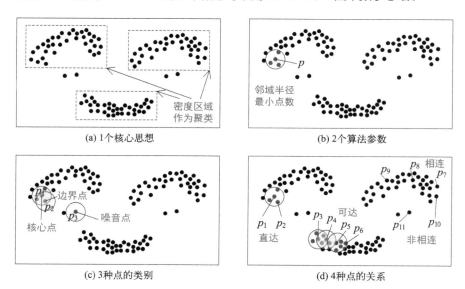

(a) 1 个核心思想

(b) 2 个算法参数

(c) 3 种点的类别

(d) 4 种点的关系

图 5-12　DBSCAN 算法的 4 个基本概念

数字 1 是指 1 个核心思想，即基于密度。DBSCAN 可以找到样本点的所有密集区域，并将其当作一个一个独立的聚类簇，如图 5-12(a) 所示，存在 3 个密度较大的区域。

数字 2 是指 2 个算法参数，即邻域半径 ε 和最小点数 $MinPoints$，这两个参数可以刻画密集的概念。当邻域半径内的点数大于最小点数时便为密集。如图 (b) 所示，阴影部分

为点 p 的邻域，且设最小点数为 4，则点 p 的邻域内包括其自身在内共计 4 个点，故点 p 的邻域是密集的。

数字 3 指的是 3 种点的类别，即核心点、边界点和噪音点。邻域半径 ε 内样本点的数量大于等于 $MinPoints$ 的点叫作核心点，不属于核心点但在某个核心点的邻域内的点叫作边界点，既不是核心点也不是边界点的是噪音点。如图 5-12(c) 所示，假设 $MinPoints$=3，则点 p_1 的邻域内有 4 个点，故 p_1 为核心点；点 p_2 邻域内仅有 3 个点，不满足核心点条件，但是 p_2 在核心点 p_1 的邻域内，故 p_2 是边界点；点 p_3 邻域内有 1 个点，且 p_3 不在任何核心点的邻域内，故 p_3 是噪音点。

数字 4 是指 4 种点的关系，即密度直达、密度可达、密度相连和非密度相连。密度直达：若点 p 为核心点，且点 q 在 p 的邻域内，则称 p 至 q 是密度直达的。如图 5-12(d) 所示，p_2 在 p_1 的邻域内，则称 p_1 至 p_2 可密度直达。注意密度直达不具备对称性，即使 p 至 q 密度直达，q 至 p 不一定也密度直达。密度可达：若存在由核心点组成的路径 $path=<p_1,p_2,\cdots,p_n>$，且 p_i 至 p_{i+1} 密度直达，则称 p_1 至 p_n 密度可达，同理密度可达也不具备对称性。如图 5-12(d) 所示，对于路径 $<p_3,p_4,p_5,p_6>$，其中 p_3、p_4、p_5 和 p_6 均为核心点，且 p_3 至 p_4 密度直达，p_4 至 p_5 密度直达，p_5 至 p_6 密度直达，则 p_3 至 p_6 是密度可达的。密度相连：若存在核心点 p，使得点 p 至点 q 密度可达且点 p 至点 s 也密度可达，则称 q 和 s 密度相连。值得注意的是，密度相连具备对称性，即若 p 和 q 密度相连，则 q 和 p 也一定密度相连。密度相连的两个点属于同一个聚类簇。如图 5-12(d) 所示，点 p_8 是核心点，且 p_8 至 p_7 密度可达，p_8 至 p_9 也密度可达，则 p_7 和 p_9 密度相连，同时 p_7 和 p_9 也一定属于同一个聚类簇。非密度相连：若两个点不属于密度相连关系，则两个点非密度相连。非密度相连的两个点属于不同的聚类簇，或者其中存在噪声点。如图 (d) 所示，点 p_{10} 和点 p_{11} 就是非密度相连关系，且 p_{11} 是噪音点。

如图 5-13 所示，DBSCAN 算法的聚类步骤主要分成两步。第一步是寻找核心点形成临时聚类簇：遍历所有样本点，若某个样本点 p 半径 ε 范围内点数大于或等于 $MinPoints$，则将其标记为核心点，同时与其密度直达的点形成对应的临时聚类簇。如图 5-13(a) 所示，图中共计有 6 个核心点，故形成 6 个临时聚类簇。第二步是合并临时聚类簇得到最终聚类簇：对于每个临时聚类簇，检查其中的点是否为核心点，若是，则将该点对应的临时聚类簇和当前临时聚类簇合并，得到新的临时聚类簇。重复此操作，直到当前临时聚类簇中的每一个点要么不是核心点，要么其密度直达的点都已经在该临时聚类簇，此时该临时聚类簇升级成为最终聚类簇。继续对其余临时聚类簇进行相同的合并操作，直到全部临时聚类簇被处理。如图 5-13(b) 所示，左边两个临时聚类簇形成一个新的聚类簇，右边四个临时聚类簇形成另一个新的聚类簇，最终形成两个聚类簇，图中使用实心圆和空心圆表示，其中虚线空心圆表示算法识别出的噪音点。

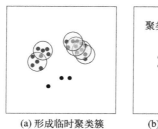

(a) 形成临时聚类簇   (b) 合并临时聚类簇

图 5-13　DBSCAN 算法的两个步骤

　　DBSCAN 主要有如下 4 个优势：1）DBSCAN 不需要预先声明聚类簇数量，因为大多数情况下我们不知道点实际包含几个聚类簇；2）DBSCAN 可以找出任何形状的聚类簇，甚至能找出一个包围但不接触另一个聚类簇的聚类簇；3）DBSCAN 能分辨噪音点，因为实际情况中有很多点是偏离聚类簇的，这些点被标记为噪音点后便不会参与聚类；4）DBSCAN 易于分布式实现，近年来随着数据的不断增长，单机处理性能已不能满足需求。幸运的是，DBSCAN 可进行分布式实现，进而可应对大数据背景下的种种挑战。

5.4　轨迹分析

　　按产生主体不同，轨迹大致可分为以下 4 类：人类轨迹、车辆轨迹、动物轨迹和自然现象轨迹。本节重点讨论车辆轨迹的分析和挖掘技术，下文无特殊说明均指车辆轨迹。

　　图 5-14 展示了轨迹分析的框架，主要分为轨迹预处理和轨迹挖掘两部分，下文也将从这两点展开介绍，希望读者通过学习本节，对轨迹数据挖掘有个较为清晰的认识。此外，为方便描述，我们先给轨迹一个数学定义，即 $tr=<p_1,p_2,\cdots,p_n>$，其中 $p_i=(lng,lat,t)$ 表示轨迹点在 t 时刻出现在经度为 lng 纬度为 lat 的空间位置上（$1 \leqslant i \leqslant n$），$n$ 表示轨迹点个数，下文无特殊说明，均采用该表述方式。

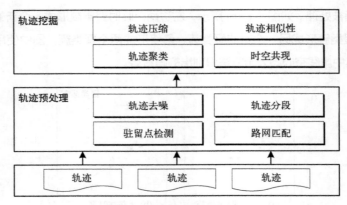

图 5-14　轨迹分析框架图

5.4.1　轨迹预处理

轨迹数据蕴含着丰富的信息，能够用于各种各样的上层应用，但是由于下述四点原因，在正式使用轨迹数据前需对其进行预处理。

第一，轨迹是由一系列 GPS 点组成的。现有的民用 GPS 定位通常有 5 至 15 米的误差，这些错误的轨迹点对轨迹的速度评估和运行方向判断等都带来很大的影响。

第二，移动对象有时会在一段时间内停在一个地方，例如出租车在一个地方等乘客，但仍然不断地产生 GPS 点，这些不动的点如果都存储起来会造成存储空间的浪费，倘若把这些点识别并分离出来，不仅能够减少存储空间，还能够分析出移动对象的运行状态，进而识别出重要位置，对后续许多应用非常有用，例如出租车候客位置推荐。

第三，移动对象的轨迹点随着时间的推进一直在产生，可能造成轨迹非常长，对后续的分析产生影响。若能将一条长轨迹按某种规则切分成多条有意义的短轨迹，例如出租车一次接送乘客产生的 GPS 点形成一条轨迹，不仅能够挖掘更多有用的信息，还能加快后续轨迹分析处理的效率。

第四，移动对象连续不断地在空间移动，但是 GPS 采样通常是离散的，即轨迹其实是移动物体真实移动位置的采样，故两个采样点之间移动对象的位置信息是不确定的，这就需要将原始的轨迹采样点集合映射至真实的路网信息上。

综上所述，在将轨迹数据用于上层各应用之前，需要对轨迹进行预处理，去除那些错误数据（即轨迹去噪），识别出移动对象的运行状态（即轨迹驻留点检测），将一个移动对象的所有轨迹点切分成多条短轨迹（即轨迹分段），并将轨迹投射到物理世界中的道路上（即轨迹路网匹配）。下文将对 4 种轨迹预处理方式进行详细介绍。

1. 轨迹去噪

轨迹去噪（Trajectory Noise Filter）过滤原始轨迹中不需要的轨迹点，仅保留满足条件的轨迹点，然后组成新的子轨迹。如图 5-15(a) 所示，虚线空心圆表示的轨迹点 p_2 因超过平均速度限制而被判定为噪点，需要被剔除。

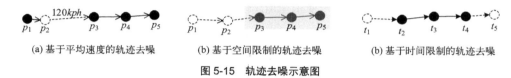

(a) 基于平均速度的轨迹去噪   (b) 基于空间限制的轨迹去噪   (b) 基于时间限制的轨迹去噪

图 5-15　轨迹去噪示意图

根据使用场景不同，轨迹去噪算法大致可分为如下 3 种。

- 轨迹的 GPS 点是由传感器采集的特定时间点的位置信息。信号干扰等因素可能会造成 GPS 点与车辆的真实位置存在较大偏差。偏差过大的 GPS 点会影响后续的轨迹计算和可视化。这类偏差过大的 GPS 点被称为轨迹的噪点，需要从轨迹中剔除掉。

  识别该情况中噪点的关键在于设计一个合理的偏差的度量，例如使用相邻两个 GPS 点之间的平均速度作为度量，如果相邻两个 GPS 点的平均速度大于一个不合理的阈值，则认为后一个 GPS 点为噪点，比如出租车的行驶速度一般不超过 120KM/H。剔除掉噪点之后剩余的多个连续的轨迹段就是去噪后的子轨迹，如图 5-15(a) 中的 p_3 至 p_5。没有算上 p_1 是因为去除噪点 p_2 后 p_1 仅剩一个点无法形成轨迹。

- 用户只关心某特定空间区域内的轨迹，区域以外的 GPS 点则直接丢弃。

  识别该情况仅需指定空间限制范围，然后从原始轨迹中截取该区域内连续的轨迹段组成子轨迹即可，如图 5-15(b) 所示，阴影部分为空间限制区域，去噪后的轨迹为 $<p_3, p_4, p_5>$。

- 用户只关心某特定时间范围内的轨迹，时间范围之外的 GPS 点则直接丢弃。

  识别该情况仅需指定时间限制范围，然后截取包含在该时间范围内的连续轨迹段生成子轨迹即可。如图 5-15(c) 所示，指定时间范围为 t_2 至 t_4，则去噪后的轨迹为 $<p_2, p_3, p_4>$，其中时间 t 的下标与 p 的下标一一对应。

2. 驻留点检测

驻留点（Stay Point）是车辆在行驶过程中的停留信息，是由一系列连续的轨迹点组成的特殊轨迹段。一般来说这些轨迹点在空间上非常接近，但是时间跨度很大。通俗地讲，如果一个车辆在一个小的空间范围内持续出现了很长时间，则认为车辆在该范围内驻留了。驻留点检测，顾名思义就是从一条轨迹中检测出所有的驻留点所在的位置。

图 5-16 表示一条轨迹中的驻留点信息，从 p_3 开始，后续的点 p_4、p_5、p_6 与 p_3 的空间距离都比较小，但时间跨度很大，此时集合 $\{p_3,p_4,p_5,p_6\}$ 便被认为是一个驻留点。驻留点通常隐藏着丰富的时空语义信息，如驻留点比较多的地方可能是商场或公园等。

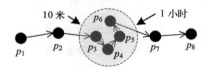

图 5-16　轨迹驻留点检测示意图

从定义中可以得到驻留点的两个特征，即空间范围小和时间跨度大，驻留点检测算法的关键就在如何定义这个小和大。我们将驻留点的起始轨迹点称为锚点（Anchor），下面从空间和时间两个维度对驻留点检测算法进行阐述。

■ **空间范围检测**

在空间上，从锚点开始，找到锚点之后连续的 n 个与锚点距离小于最大驻留距离 δ（Maximum Stay Distance）的轨迹点，其公式如下：

$$\forall_{anchor} < i \leqslant n, dist(p_{anchor}, p_i) \leqslant \delta, dist(p_{anchor}, p_{n+1}) > \delta$$

如图 5-17 所示，取最大驻留距离 $\delta=5$。当以 p_3 为锚点进行驻留点检测时，$dist(p_3,p_4)=3$、$dist(p_3,p_5)=4$、$dist(p_3,p_6)=4$，距离均小于 5，而 $dist(p_3,p_7)=7$ 大于 5，则本次空间范围检测找到了 3 个满足与锚点 p_3 之间的距离约束的 GPS 点，即 p_4、p_5 和 p_6。

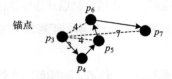

图 5-17　基于锚点的空间范围检测示意图

■ **时间跨度检测**

对于锚点和其后检测到的 n 个连续的距离小于 δ 的轨迹点，如果 $p_n.time - p_{anchor}.$

time>β，则认为车辆驻留的时间跨度足够大，可以将该锚点及其后面的连续 n 个点 - 识别为一个驻留点，即该驻留点共计包含 $n+1$ 个轨迹点，其中 β 是预先设置的最小驻留时长（Minimum Stay Time）。

例如在图 5-17 中，若 $p_6.time - p_3.time < \beta$，则集合 $\{p_3,p_4,p_5,p_6\}$ 不认为是一个驻留点，因为虽然这 4 个轨迹点的空间范围很小，但是时间范围也很小，不足以证明移动对象在此驻留，例如可能是车辆在此处因等待红灯而移动缓慢。

上文中描述了给定一个锚点，根据空间范围和时间跨度检测驻留点的方法。如果检测到一个驻留点，那么下一个锚点应该怎么选呢？这就引出了两种驻留点检测算法。

如果当前锚点及其后面的 n 个轨迹点组成一个驻留点，则下一次检查的锚点取 p_{n+1}；反之如果没有组成驻留点，则下一次检测的锚点为 $p_{anchor+1}$，即当前锚点的下一个轨迹点。这种朴素的检测方法得到的驻留点可能存在驻留点相邻的情况，例如检测到 $sp_1=\{p_i,\cdots,p_j\}$ 和 $sp_2=\{p_{j+1},\cdots,p_k\}$ 这两个相邻的驻留点。

另一种检测方法是基于密度合并的驻留点检测。无论当前锚点是否检测到驻留点，下一个锚点都取锚点的下一个轨迹点，即 $p_{anchor+1}$。这种检测方法首先检测出所有的驻留点，比如 $sp_1=\{p_i,\cdots,p_j\}$、$sp_2=\{p_{j-1},\cdots,p_k\}$ 和 $sp_3=\{p_{k+5},\cdots,p_t\}$ 这 3 个驻留点，然后将相互重叠的驻留点合并为一个最终的驻留点，比如将 sp_1 和 sp_2 合并，最终得到两个驻留点，即 $sp_{12}=\{p_i,\cdots,p_{j-1},p_j,\cdots,p_k\}$ 和 sp_3。

3. 轨迹分段

对去噪后的轨迹，轨迹分段（Trajectory Segment）根据驻留点信息或者相邻 GPS 点之间的时间间隔，将其划分成多个连续的 GPS 点子序列，这些子序列便是分段后的子轨迹。如图 5-18 所示，原始轨迹被切分成 <p_1,p_2,p_3> 和 <p_4,p_5,p_6> 两个分段轨迹。

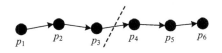

图 5-18 轨迹分段示例图

轨迹分段算法大致分为如下两类。

- 基于驻留点的轨迹分段：利用驻留点检测技术，检测出轨迹中的所有驻留点，然后从轨迹中剔除驻留点，得到多个轨迹。

- 基于时间间隔的轨迹分段：如果轨迹中两个相邻 GPS 点的时间间隔大于指定的阈值，则将轨迹从这两个点之间截断，得到两条子轨迹。

总之，轨迹分段就是将整条轨迹在卡点的地方截断，进而形成多条子轨迹，其中卡点可以是轨迹的驻留点，也可以是两个时间间隔很大的点对。

4. 路网匹配

路网匹配（Map Matching）是将由有序的 GPS 点序列组成的轨迹关联到电子地图的路网上，将 GPS 坐标下的采样序列转换为路网坐标序列的过程。因为 GPS 给定的经纬度位置信息在匹配到电子地图的路网上会有误差，如果不进行地图路网匹配，那么车辆的运动轨迹可能落不到路网上；另外，由于 GPS 采样的时间间隔较大，两个相邻 GPS 点连成的线段的距离可能小于车辆实际行驶的距离。如图 5-19 所示，实心圆表示原始轨迹，浅色阴影粗线表示路网，空心虚线圆表示完成路网匹配后的轨迹数据。

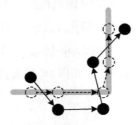

图 5-19　路网匹配示意图

最简单的方法，就是将 GPS 点关联到最近的路段上，但有些时候效果会非常差，例如可能 3 个连续的点，第一个点和第三个点都在一条路上，而第二个点因为误差，被定位至另外一条无关但最近的路上。故在采样频率较低、定位误差较大、信号容易丢失的情况下，如何保持较高的路网匹配精度，是一个富有挑战性的问题。

目前，已有很多方法能够很好地处理该问题，比较著名的方法就是基于隐马尔科夫模型（Hidden Markov Model，HMM）的路网匹配算法，其正确率已经能够达到90%以上。下面首先简单介绍 HMM 模型，然后将其应用至路网匹配的实际问题中。

■ 隐马尔科夫模型

隐马尔科夫模型是关于时序的概率模型，主要应用于语音识别及行为分析等领域。我们先来看一个简单的例子。

假设我们手里有 3 种不同的骰子：第一种是常见的六面体骰子，如图 5-20(1) 所示，它有 6 个面，分别代表 1、2、3、4、5 和 6，倘若掷一次骰子，则每个数字出现的概率都是 1/6；第二种是四面体骰子，如图 5-20(2) 所示，它有 4 个面，分别代表 1、2、3 和 4，倘若掷一次骰子，则每个数字出现的概率都是 1/4；第三种骰子是八面体骰子，如图 5-20(3) 所示，它有 8 个面，分别代表 1、2、3、4、5、6、7 和 8，倘若掷一次骰子，则每个数字出现的概率都是 1/8。为表述方便，我们不妨使用 D6、D4 和 D8 分别代指上述三种骰子。

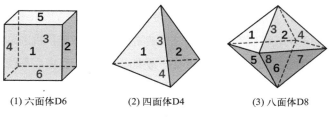

(1) 六面体D6　　　　(2) 四面体D4　　　　(3) 八面体D8

图 5-20　3 种不同的骰子

现在我们开始掷骰子，规则如下：第一步，从上述三个骰子中随机挑选一个，则每一个骰子被选中的概率都是 1/3；第二步，掷一次骰子，得到一个数字（该数字必然是 1、2、3、4、5、6、7 或 8 中的一个）；不断重复第一步和第二步，我们就会得到一串数字。不妨假设我们总计投掷了 10 次骰子，并得到如下数字串：1、6、3、5、2、7、3、5、2、4。

此时，来了一位新同学，他并没有看见我们掷骰子的过程，只看到了我们掷骰子的结果，但是他想知道我们每次投掷使用的是哪一个骰子。那么，对于这位新同学来说，每次投掷得到的数字是可见的，称之为可观测状态；而每次投掷使用的骰子却是不可见的，称之为隐含状态。投掷若干次所得到的数字串是可见的，称之为可观测状态链；而投掷若干次所使用的骰子却是不可见的，称之为隐含状态链。例如，投掷 10 次得到的数字串 1、6、3、5、2、7、3、5、2、4 就是可观测状态链，因为这是该同学所能直接看到的结果，而每次使用的骰子序列可能是 D6、D8、D8、D6、D4、D8、D6、D6、D4、D8，这就是隐含状态链，因为这是该同学无法直接观测到的。

图 5-21 展示的是投掷 10 次骰子产生的数字串及每次使用的骰子序列，其中，方框表示每次投掷使用的骰子（隐含状态）、圆形表示每次投掷得到的数字（可观测状态）、横向箭头表示从上一个隐含状态到下一个隐含状态的转换、竖向箭头表示一个隐含状态到一个可观测状态的输出。

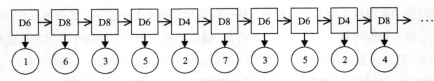

图 5-21   投掷 10 次骰子使用的骰子及每次投掷产生的数字

一般来说，HMM 中的马尔科夫链就是隐含状态链，且隐含状态之间存在转移概率，即上一个隐含状态会以一定概率转移至下一个隐含状态。在掷骰子的例子中，因为我们每次掷骰子前都随机挑选 3 个骰子，所以不论上一次使用的是哪一个骰子，下一次三个骰子被选中的概率仍为 1/3，即从任一隐含状态出发到所有隐含状态的概率都是 1/3，这个概率称之为隐含状态之间的转移概率。但值得注意的是，这里采取随机挑选是为了简单，事实上，我们是可以随意设定挑选骰子的规则的，例如：我们规定 D6 后不能选择 D4，且 D6 后再次选中 D6 的概率是 0.8，选中 D8 的概率是 0.2。

同理，尽管可观测状态之间没有转移概率，但是隐含状态和可观测状态之间存在一个输出概率，例如，六面体骰子 D6 产生数字 1 的概率是 1/6，产生 2、3、4、5 或 6 的概率也是 1/6。同理，这个输出概率也是可以自定义的，例如，有一个被赌场动过手脚的六面体骰子，掷出 1 的概率是 1/2，掷出 2、3、4、5 或 6 的概率是 1/10。

通过掷骰子的例子，我们知道了 HMM 中可观测状态、隐含状态、转移概率和输出概率等概念，现在我们回到那位刚来的新同学提出的问题，即每次投掷使用的是哪一个骰子。这下可难倒了我们，因为我们在投掷的过程中，只记录了投掷得到的数字（可观测状态链），并没有记录投掷使用的骰子（隐含状态链），而且也无法直接通过得到的数字串推导确定所投掷的骰子序列，因为投掷得到的数字与投掷使用的骰子并不是一一对应的，例如数字"1"可能是六面体骰子 D6，也有可能是四面体骰子 D4 或八面体骰子 D8。

我们先来理一理已知的条件和问题，我们知道有 3 个骰子（隐含状态的数量）、每个骰子被使用的概率（转移概率）、每个骰子投掷得到每个数字的概率（输出）和投掷得到的数字串（可观测状态链），我们想知道所投掷的骰子序列（隐含状态链）。这个问题，在 HMM 中，其实就是解码问题，即根据可观测状态链推导隐含状态链。一种经典的解法就是求最大似然路径，通俗点说，就是求一串骰子序列，使得这串骰子序列产生可观测状态链的概率最大。

限于篇幅，本节的主要目的是让读者对 HMM 的基本概念和要解决的问题有个初步的印象，故没有介绍具体的数学定义和解法过程。

倘若将轨迹看作是移动对象在路网的交叉点间的移动行为，并假设移动过程符合马尔可夫模型，那么路网匹配问题就是一个典型的解码问题。其中，轨迹是可见的，被视为观测序列；轨迹实际经过的道路信息是不可见的，被视为隐含状态。使用 HMM 算法进行地图匹配，即基于已观测到的轨迹序列，计算条件概率最大的隐含的匹配路段状态序列，同时该问题可使用维特比算法解决，其大致流程如下。

■ 寻找候选路段

首先，获取每一个轨迹点的候选路段。候选路段是每个轨迹点周围一定距离内的路段。举个例子，如图 5-22(a) 所示，实心圆点表示真实的轨迹点 p_1，虚线圆圈表示该轨迹点的邻域范围，该范围内的路段即为候选路段，如 p_1 的候选路段为 e_2、e_4 和 e_5。

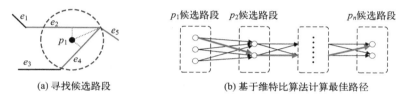

(a) 寻找候选路段　　　　　　　(b) 基于维特比算法计算最佳路径

图 5-22　基于隐马尔科夫模型的路网匹配算法示意图

■ 计算状态转移矩阵

将候选路段作为马尔科夫链的隐含状态，每个隐含状态都有发射概率，代表基于该隐含状态下得到观测点的概率。发射概率一般与轨迹点到候选路段的距离有关，距离越小，发射概率越大。发射概率的计算公式如下：

$$p_b(o_j \mid s_i) = \frac{1}{\sqrt{2\pi}\sigma} e^{\frac{1}{2}\left(\frac{dist(s_i, o_j)}{\sigma}\right)^2}$$

其中 s_i 为隐含状态即候选路段，o_j 为可观测状态即为轨迹点；$dist$ 表示两个空间对象的欧式距离，即候选路段中离对应轨迹点最近的位置与该轨迹点之间的距离，该位置要么是轨迹点在候选路段的垂直投影点，要么是候选路段的端点。如图 5-22(a) 所示，由 p_1 指出的虚线长度即代表轨迹点至其候选路段的欧式距离。公式中的参数 σ 度量噪声大小，其值越大表示对轨迹点位置的可信度越低，其误差满足标准正态分布。

然后，计算相邻轨迹点对应的候选路段间的状态转移概率。路段之间的状态转移概率一般有 3 种计算方法，即基于拓扑连通性、基于轨迹数据驱动和基于启发式。

第一种，基于拓扑连通性的转移概率计算。如图 5-23(a) 所示，e_4 与 e_2、e_3、e_5 相连，可简单假设轨迹经过 e_4 到其连通的三个路段概率相同，即 $p_{42}=p_{43}=p_{45}=1/3$。

第二种，基于数据驱动的转移概率计算，即通过统计历史轨迹的状态转移情况来计算转移概率。如图 5-23(b) 所示，有三条轨迹经过 e_4，且有一条轨迹经过 e_4 后到达 e_2，有两条轨迹经过 e_4 后到达 e_5，故根据历史轨迹分布情况，简单计算可得 $p_{42}=1/3$ 和 $p_{45}=2/3$，而因为没有历史轨迹经过 e_4 后达到 e_3，故 $p_{43}=0$。

第三种，基于启发式的转移概率计算。注意到上述两种计算方法并没考虑到轨迹点的实际位置，但是直观上轨迹点与候选路段的距离十分重要，于是便引出了第三种计算方法，即启发式方法。

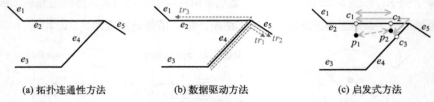

(a) 拓扑连通性方法 (b) 数据驱动方法 (c) 启发式方法

图 5-23 路段之间状态转移概率计算的 3 种方法

该方法基于一个直观假设，即若两个相邻轨迹点正确匹配至路段，则这两个轨迹点的实际距离与在路段上行驶的距离应该是相近的，转移概率公式如下所示：

$$p(s_{t+1} \mid s_t) = \frac{1}{\beta} e^{\frac{-d_t}{\beta}}, \text{ 其中 } d_t = \left| \|o_t o_{t+1}\|_{earth} - \|s_t s_{t+1}\|_{route} \right|$$

其中 o 表示轨迹点，s 表示候选路段，$\|o_t o_{t+1}\|_{earth}$ 表示两个相邻轨迹点的实际距离，$\|s_t s_{t+1}\|_{route}$ 表示两个相邻轨迹点在候选路段上的行驶距离，β 为固定参数，用于调节对非直线路径的容忍度，一般来说 β 越大容忍度越高。

如图 5-23(c) 所示，轨迹点 p_1 的候选路段为 e_2（c_1 是 p_1 在 e_2 上的投影点），轨迹点 p_2 的候选路段为 e_2 和 e_4（c_2 和 c_3 分别是 p_2 在 e_2 和 e_4 上的投影点），因为 p_1 仅有一个候选路段，所以 p_1 匹配至 e_2，现在的问题是 p_2 应匹配至 e_2 还是 e_4。p_1 和 p_2 之间的灰色虚线 $|p_1 p_2|$ 表示两个轨迹点的实际距离，灰色实线 $|c_1 c_2|$ 和 $|c_1 c_3|$ 表示轨迹投影点在候选路段上的行驶距离，又因为 $|c_1 c_2| - |p_1 p_2|$ 的绝对值小于 $|c_1 c_3| - |p_1 p_2|$ 的绝对值，所以根据上述公式，转移概率 $p(e_2|e_2)$ 大于 $p(e_4|e_2)$，即在轨迹点 p_1 已匹配至路段 e_2 的情况下，下一个轨迹点 p_2 匹配至路段 e_2 的概率大于匹配至路段 e_4 的概率，故轨迹点 p_2 应匹配至 e_2。

若想了解路网匹配中转移概率的更多内容，读者可阅读文献 [9] 进行学习。

■ **计算最佳路径**

对于一个轨迹序列，利用已知的初始概率，从第一个轨迹点到最后一个轨迹点不断递归地计算当前状态的联合概率，可以得出最优路径的终点。基于动态规划（Dynamic Programming，DP）思想，最优路径的子路径也是最优路径，通过回溯，即可得出全局的最优路径。图 5-22(b) 表示 HMM 应用于地图匹配的过程，空心圆圈代表轨迹点的候选路段，即隐含状态，圆圈间的连线代表路段间的转移过程，较粗的灰线代表计算得到的最优路径。

5.4.2 轨迹挖掘

基于清洗后的轨迹数据，可以挖掘出很多有价值的信息。本小节将介绍其中几种，包括轨迹压缩、轨迹相似性、轨迹聚类和时空共现。

1. 轨迹压缩

轨迹数据一般是按秒采集的，故其数据量通常很大，但是在进行数据分析时，数据量太大会影响计算效率，而且很多轨迹点是没有必要分析的，所以需要对数据进行压缩。轨迹数据压缩（Trajectory Compress）技术的主要目标是在不影响轨迹数据精度的情况下减小轨迹数据的大小。举个例子，如图 5-24(1) 所示，原始轨迹包含 5 个轨迹点 p_1、p_2、p_3、p_4 和 p_5，压缩后仅包含 3 个轨迹点 p_1、p_3 和 p_5，且压缩后轨迹的大致方向并未发生明显改变。

轨迹压缩最著名的算法便是道格拉斯普克（Douglas Peucker）算法，这是一种基于递归思想的线简化算法，其作用在于删除冗余数据，减少数据存储，以下简称为 DP 算法。

假设轨迹 $tr=<p_1,p_2,\cdots,p_n>$，并给定最大距离阈值 ε，则 DP 算法的主要步骤如下：1）连接轨迹的起点 p_1 和终点 p_n，得到直线 $|p_1p_n|$；2）计算其余点到直线 $|p_1p_n|$ 的距离，并找出最大距离值 d_{max} 及其对应的轨迹点 p_{max}，将 d_{max} 与阈值 ε 相比；3）若 d_{max} 小于 ε，则将直线 $|p_1p_n|$ 上的所有中间轨迹点全部舍去；4）若 d_{max} 大于等于 ε，则保留对应的轨迹点 p_{max}，并以 p_{max} 为断点，把轨迹分为两个子轨迹，同时对这两个子轨迹从第一步开始重复。

举个例子，图 5-24(2) 展示的是一条包含 16 个点的轨迹 $tr=<p_1,p_2,\cdots,p_{16}>$。首先连接轨迹的首尾端点 p_1 和 p_{16}，如图中虚线所示；然后计算 p_2 至 p_{15} 到该虚线的距离，发现 p_9 到虚线的距离最大；此时不妨假设 p_9 到虚线的距离大于阈值 ε，则保留 p_9，并将原始轨迹切分为两条子轨迹，即 $tr_1=<p_1,p_2,\cdots,p_9>$ 和 $tr_2=<p_9,p_{10},\cdots,p_{16}>$，继续对 tr_1 和 tr_2 重复执行上述操作。

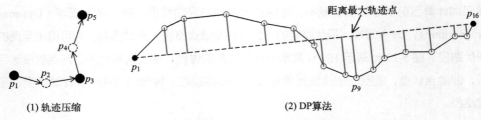

(1) 轨迹压缩　　　　　　　　　　　(2) DP算法

图 5-24　轨迹压缩和 DP 算法示意图

2. 轨迹相似性

轨迹相似性（Trajectory Similarity）作为一项基础算法服务，一般使用两条轨迹之间的距离大小来衡量其相似性程度，可为其上层应用提供支持，是目前研究的热点之一。如图 5-25(1) 所示，请读者思考：轨迹 tr_1 是与轨迹 tr_2 更相似，还是与轨迹 tr_3 更相似？

相对于点与点或点与轨迹之间的距离计算，轨迹之间的距离计算更加复杂，需要考虑的因素也更多，例如轨迹的采样率、轨迹的时间信息和轨迹自身的噪音等。常见的轨迹相似性计算方法的大致分类如图 5-25(2) 所示，即基于点的距离的相似性计算、基于形状的距离的相似性计算和基于分段的距离的相似性计算。

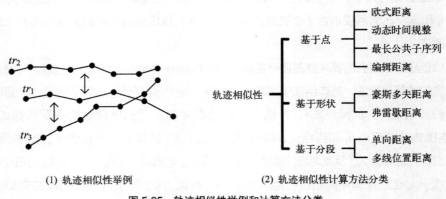

(1) 轨迹相似性举例　　　　　　　　(2) 轨迹相似性计算方法分类

图 5-25　轨迹相似性举例和计算方法分类

下面将详细对每个分类进行介绍。

■ **基于点的距离**

● 欧式距离（Euclidean Distance）

设有轨迹 tr_1 和 tr_2，其欧氏距离 d_E 的计算公式如下所示：

$$d_E(tr_1,tr_2) = \frac{1}{n}\sum_{k=1}^{n}\sqrt{(p_k \cdot lng - p_k \cdot lng)^2 + (p_k \cdot lat - p_k \cdot lat)^2}$$

欧式距离的定义简单明了，就是两条轨迹对应点的空间距离的平均值，但是缺点也很明显，就是不能度量不同长度的轨迹相似性，且对噪点敏感。

如图 5-26(1) 所示，轨迹使用其轨迹点集合表示，双向箭头表示各对应轨迹点的空间距离，其平均值即为两条轨迹的欧式距离。

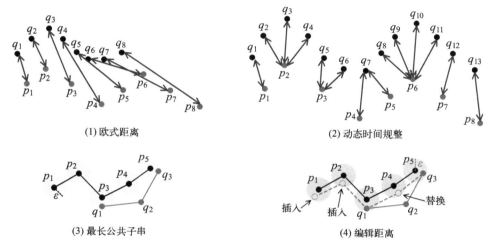

(1) 欧式距离　　(2) 动态时间规整

(3) 最长公共子串　　(4) 编辑距离

图 5-26　基于点的轨迹距离

● 动态时间规整（Dynamic Time Warping，DTW）

如上所述，欧式距离的一个明显的限制是要求两条轨迹长度相等，这在实际情况中是不太可能的，在轨迹长度上应该具有一定的灵活性。

DTW 的思想是自动扭曲两个序列，并在时间轴上进行局部的缩放对齐，以使其形态尽可能一致，从而得到最大可能的相似性。DTW 将两条轨迹的点进行多对多的映射，从而较为高效地解决了数据不齐的问题，其动态规划算法如下：

$$d_{DTW}(tr_1,tr_2) = \begin{cases} 0, & if\ n=0\ and\ m=0 \\ \infty, & if\ n=0\ or\ m=0 \\ d_{DTW}(Head(tr_1),Head(tr_2)) + \min\begin{cases} d_{DTW}(tr_1,Rest(tr_2)) \\ d_{DTW}(Rest(tr_1),tr_2) \\ d_{DTW}(Rest(tr_1),Rest(tr_2)) \end{cases} & ,others \end{cases}$$

其中，n 和 m 分别表示 tr_1 和 tr_2 的长度，$Head(tr_1)=<p_1>$ 表示轨迹 tr_1 的第一个点，$Rest(tr_1)=<p_2,\cdots,p_n>$ 表示轨迹 tr_1 中除第一个点之外的所有点组成的子序列。

动态时间规整算法灵活，对轨迹长度无限制，且效果较好，但是其并未对噪点进行处理，噪点也会对结果造成较大影响。如图 5-26(2) 所示，轨迹使用其轨迹点集合表示，双向箭头表示轨迹点的多对多映射。

● 最长公共子序列（Longest Common Sub-Sequence，LCSS）

求两个序列的最长公共子序列，是一个经典的算法问题。

首先给出子序列的定义：对于一个序列 S，任意删除其中的若干字符得到新序列 T，则称 T 为 S 的子序列。例如假设 $S=<A,B,C>$，删除第二个字符"B"得到新序列 $T=<A,C>$，则 $<A,C>$ 是 $<A,B,C>$ 的子序列。

接着给出最长公共子序列的定义：对于两个序列 X 和 Y 的所有公共的子序列，其中长度最长的公共子序列，即为 X 和 Y 的最长公共子序列。例如 $X=<A,B,C,D,E>$ 和 $Y=<A,B,F,C,D>$ 的最长公共子序列为 $<A,B,C,D>$，因为 $<A,B,C,D>$ 是 X 删除第五个字符"E"后的子序列，也是 Y 删除第三个字符"F"的子序列，故 $<A,B,C,D>$ 是 X 和 Y 的公共子序列，且并不存在比 $<A,B,C,D>$ 更长的公共子序列，所以 $<A,B,C,D>$ 是 X 和 Y 的最长公共子序列。

在此基础上，很自然提出了基于最长公共子序列的轨迹相似性度量方法，即 LCSS 距离，其值代表可被视为同一点的最大点数，也就是两条轨迹中满足最小距离阈值限制的轨迹点的对数。LCSS 距离的动态规划算法如下：

$$d_{LCSS}(tr_1,tr_2) = \begin{cases} 0, \ if \ n=0 \ and \ m=0 \\ 1+d_{LCSS}(Rest(tr_1),Rest(tr_2)), if \ d_{LCSS}(Head(tr_1),Head(tr_2)) \leq \varepsilon \\ \max \begin{cases} d_{LCSS}(Rest(tr_1),tr_2) \\ d_{LCSS}(tr_1,Rest(tr_2)) \end{cases},others \end{cases}$$

其中，n 和 m 分别表示轨迹 tr_1 和 tr_2 的长度，参数 ε 是最小距离阈值（两点之间距离小于该值时这两点将被认为是同一点），$Head(tr_1)$ 表示轨迹 tr_1 的第一个点，$Rest(tr_1)$ 表示轨迹 tr_1 中除第一个点之外的所有点组成的子序列。此外，该算法对轨迹长度没有限制。

如图 5-26(3) 所示，存在轨迹 $tr_1=<p_1,p_2,p_3,p_4,p_5>$ 和 $tr_2=<q_1,q_2,q_3>$，阴影圆圈表示最小距离阈值邻域，处在同一邻域下的不同轨迹点则被视为同一点，故 p_3 和 q_1 为同一个点，p_5 和 q_3 为同一个点。因此，轨迹 tr_1 和 tr_2 有两个"相同"的轨迹点，其 LCSS 距离为 2。

LCSS 距离对噪点进行了处理，即因噪点的偏离，没有与其相近的轨迹点，故噪点不会被计算在最终结果内，从而能够有效对抗噪音。但与此同时，该算法的最小距离阈值不好定义，有可能返回并不相似的轨迹。

- 编辑距离（Edit Distance on Real sequence，EDR）

给定两个长度分别为 n 和 m 的轨迹 tr_1 和 tr_2、最小距离的阈值 ε，则两条轨迹之间的 EDR 就是需要对 tr_1 进行插入、删除或替换使其变为 tr_2 的操作次数，其动态规划算法如下：

$$d_{EDR}(tr_1, tr_2) = \begin{cases} n, \ if \ m = 0 \\ m, \ if \ n = 0 \\ \max \begin{cases} d_{EDR}(Rest(tr_1), Rest(tr_2)) + subcost \\ d_{EDR}(Rest(tr_1), tr_2) + 1 \\ d_{EDR}(tr_1, Rest(tr_2)) + 1 \end{cases}, others \end{cases}$$

其中，$Rest(tr_1)$ 表示 tr_1 中除第一个点之外的所有点组成的子序列，$subcost$ 表示是否需要进行插入、删除或替换操作，其定义如下：

$$subcost = \begin{cases} 0, \ if \ d_{EDR}(Head(tr_1), Head(tr_2)) \leqslant \varepsilon \\ 1, others \end{cases}$$

其中 $Head(tr_1)$ 表示该轨迹的第一个点。

如图 5-26(4) 所示，存在轨迹 $tr_1 = <p_1, p_2, p_3, p_4, p_5>$ 和 $tr_2 = <q_1, q_2, q_3>$，阴影圆圈表示最小距离邻域。若两个轨迹点位于同一阴影圆圈下则视为同一点，否则需进行插入、删除或替换操作使其对齐。图中轨迹 tr_2 转化为轨迹 tr_1 的步骤为：首先在 p_1 处插入一个轨迹点，图中使用空心圆表示，其次在 p_2 插入一个轨迹点，然后将 q_2 替换为阴影部分的轨迹点，最终形成虚线表示的轨迹，其与轨迹 tr_1 的所有轨迹点一一对应。因 tr_2 转为 tr_1 至少需要 3 次操作，故二者的编辑距离为 3。

轨迹的编辑距离为轨迹相似性的度量提供了一种新的思路，其缺陷也很明显，就是对噪点敏感。

■ 基于形状的距离

- 豪斯多夫距离（Hausdorff Distance）

简单来说，豪斯多夫距离 d_H 就是某条轨迹中所有轨迹点到另一条轨迹的最近距离中的最大值，具体定义如下：

$$d_H(tr_1, tr_2) = \max\{h(tr_1, tr_2), h(tr_2, tr_1)\}$$

其中，$h(tr_1,tr_2)$ 称为 tr_1 到 tr_2 的单向豪斯多夫距离。$h(tr_1,tr_2)$ 和 $h(tr_2,tr_1)$ 的定义如下：

$$h(tr_1,tr_2) = \max_{p \in tr_1}\{\min_{q \in tr_2} d(p,q)\}$$

$$h(tr_2,tr_1) = \max_{q \in tr_2}\{\min_{p \in tr_1} d(p,q)\}$$

举个例子，如图 5-27(1) 所示，轨迹使用其轨迹点集合表示，下方轨迹的每一个轨迹点均对应上方轨迹的一个距离最小的轨迹点，最终从这些最小距离中计算出最大值，即为下方轨迹至上方轨迹的单向豪斯多夫距离。

- 弗雷歇距离（Fréchet Distance）

直观理解的话，弗雷歇距离就是狗绳距离。如图 5-27(2) 所示，主人走路径 A，狗走路径 B，狗绳距离就是各自走完两条路径的过程中所需要的最短狗绳长度。其中，虚线表示主人和狗在同一时刻所处位置的对应关系，弗雷歇距离即为长度最长的虚线。

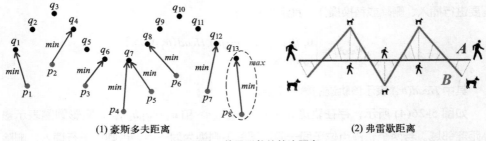

(1) 豪斯多夫距离　　　　　　　　　　　　(2) 弗雷歇距离

图 5-27　基于形状的轨迹距离

弗雷歇距离的动态规划算法如下。其中，n 和 m 分别表示轨迹 tr_1 和 tr_2 的长度，$d(p,q)$ 是两个轨迹点的欧式距离，$tr^{n-1}=<p_1,p_2,\cdots,p_{n-1}>$ 是轨迹 tr 中长度为 $n-1$ 的子轨迹。

$$d_F(tr_1,tr_2) = \begin{cases} \max_{1 \leqslant i \leqslant n} d(p_i,q_i), \ if \ m=1 \\ \max_{1 \leqslant j \leqslant m} d(p_1,p_j), \ if \ n=1 \\ \max\left\{ \begin{array}{l} d(p_n,q_m) \\ \min\left\{ \begin{array}{l} d_F(tr_1^{n-1},tr_2) \\ d_F(tr_1,tr_2^{m-1}) \\ d_F(tr_1^{n-1},tr_2^{m-1}) \end{array} \right. \end{array} \right\}, others \end{cases}$$

弗雷歇距离为我们提供了一种简单直观的相似性度量方式，也能达到较好的效果，但是它并没有对噪点进行处理，例如若狗的某个轨迹点因为噪音偏离得很远，那么弗雷歇距离也随之增大，这显然是不合理的。

■ **基于分段的距离**

● 单向距离（One Way Distance，OWD）

若将一条轨迹 tr_1 视为离散点，另外一条轨迹 tr_2 按照与离散点的最小距离被相应地拆分为不同的轨迹分段，然后取 tr_1 的离散轨迹点与 tr_2 的轨迹分段形成的多边形面积之和除以 tr_1 的长度后的结果作为距离，则该距离被称为单向距离，其定义如下：

$$OWD(tr_1,tr_2) = \frac{1}{|tr_1|} \int_{p \in tr_1} d(p,tr_2)dp$$

其中，$|tr_1|$ 表示轨迹 tr_1 的长度，$d(p,tr_2)$ 表示轨迹点 p 到 tr_2 的距离。同时，从公式中可以看出，$OWD(tr_1,tr_2)$ 与 $OWD(tr_2,tr_1)$ 并不一定相等，故为了对称，将上述公式修改为：

$$d_{OWD}(tr_1,tr_2) = \frac{1}{2}(OWD(tr_1,tr_2) + OWD(tr_2,tr_1))$$

可以看到，对称公式分别计算轨迹 tr_1 到轨迹 tr_2 的单向距离，以及 tr_2 到 tr_1 的单向距离，最后取平均值。

举个例子，如图 5-28(1) 所示，若计算轨迹 tr_1 至 tr_2 的单向距离，则首先将 tr_1 视为离散的轨迹点集合；然后计算其与相邻轨迹点之间的线段的垂直平分线（图中使用较细无箭头虚线表示），并根据该垂直平分线对轨迹 tr_2 进行分段（图中轨迹 tr_2 被切分为 5 个分段）；最后计算轨迹 tr_2 的各分段点与 tr_1 轨迹点组成的多边形面积，并对不同分段围成的面积进行累加同时除以 tr_1 的长度即可。

● 多线位置距离（Locality In-between Polylines，LIP）

多线位置距离的定义如下：

$$d_{LIP}(tr_1,tr_2) = \sum_{\forall polygon_i} Area_i * w_i$$

权重 w_i 的定义如下：

$$w_i = \frac{Length_{tr_1}(I_i,I_{i+1}) + Length_{tr_2}(I_i,I_{i+1})}{Length_{tr_1} + Length_{tr_2}}$$

其中，I_i 表示两条轨迹的第 i 个交点。由上述公式可得，多个区域的面积（Area）的权重为该区域的周长占两条轨迹总长度的比重。

如图 5-28(2) 所示，轨迹 tr_1 和 tr_2 共计形成 6 个交点，同时组成 5 个多边形区域，则

LIP 距离为每个阴影区域面积与其权重乘积之和。LIP 方法很好理解，当某区域面积的周长占总长比重大时权重也自然就大；当所有区域的面积之和为 0 时，说明两条轨迹重合没有缝隙，此时 LIP 距离为 0；当所有区域的面积之和较大时，则说明两条轨迹之间缝隙较大，LIP 距离也就大。此外，权重由区域周长占总长的比重决定，也一定程度对抗了噪点的干扰。

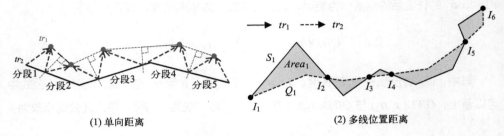

(1) 单向距离   (2) 多线位置距离

图 5-28　基于分段的轨迹距离

3. 轨迹聚类

轨迹聚类（Trajectory Cluster）旨在从海量轨迹中找到通用的轨迹模式。

现有的轨迹聚类算法大致可分为如下两类：一类是基于整体的轨迹聚类，即将轨迹视为一个整体而不对其进行分段处理，通过定义轨迹的相似度函数将其聚类，如此一条轨迹只能属于一个聚类簇；另一类是基于分段的轨迹聚类，即将一条轨迹切分为多段，分段的轨迹之和并不一定是原始轨迹，也可以是原始轨迹的特征抽取，如此同一条轨迹便可能同时分属于多个聚类簇。

基于不同的应用场景运用不同的聚类算法，若仅从准确度上评价而不考虑其他因素，基于分段的轨迹聚类效果明显更好一些，因为其研究的空间粒度更细，而基于整体的轨迹聚类会丢失一些细节信息。

基于上述轨迹分段聚类思想，文献 [10] 提出了一个"先分段后聚类"的轨迹聚类框架，命名为 TRAJCLUS，其算法共分为两大部分：1）分段，即对原始轨迹进行分段，以作为下一阶段的输入；2）聚类，即将相似的轨迹段归为一类，采用的是基于密度的聚类算法 DBSCAN，上文中已有介绍。TRAJCLUS 的流程如图 5-29 所示，5 条轨迹先被分段，例如 TR_1 被分为 3 段；然后基于分段轨迹聚类思想计算聚类簇的特征轨迹。

TRAJCLUS 的聚类思想看似简单，但其背后有精妙的算法。这里简单列举两点进行说明，即轨迹是如何分段的以及特征轨迹是如何计算。

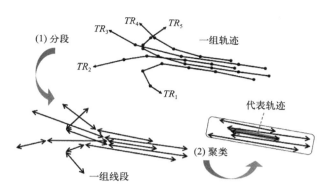

图 5-29　基于先分段后聚类思想的轨迹聚类示意图 [10]

■ **基于最小描述长度的轨迹分段算法**

轨迹分段的目标是找到轨迹行为变化迅速的点，直观地说就是角度变化最大的点，称之为特征点。具体而言，从轨迹 $TR_i=<p_1,p_2,\cdots,p_n>$ 中确定一组特征点 $\{pc_1,pc_2,\cdots,pc_m\}$，然后将轨迹 TR_i 按每个特征点进行分段，每个分段用两个连续的特征点组成的线段表示，即把轨迹分成了 $m-1$ 个线段。举个例子，如图 5-30 所示，其中实线表示原始轨迹且较小实心圆表示原始点，虚线表示特征轨迹且较大空心圆表示特征点，则原始轨迹有 8 个点，分段后的特征轨迹仅有 4 个点，但分段轨迹形状大致与原始轨迹保持一致。

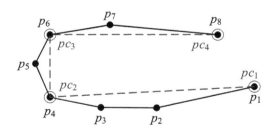

图 5-30　基于特征点的轨迹分段示意图

而如何找到某条轨迹的最优分段方式是一个极具挑战性的问题。通常来说，分段方式的好坏与否有两个维度的评价指标，即准确性和简洁性。准确性是指该轨迹与其一组轨迹分段之间的差异应该尽可能小，这就要求特征点不能太少，极端情况下，当所有轨迹点均为特征点时，即分段后的轨迹即为原始轨迹，此时分段轨迹与原始轨迹的差异性最小，准确度最高。简洁性是指轨迹分段的数量应该尽可能少，极端情况下，仅有首尾两个轨迹点作为特征点，此时分段轨迹最为简洁，但同时也与原始轨迹相差甚远。这两个指标在确定特征点数目时是相互矛盾的，这就需要调整算法以达到平衡。

TRAJCLUS 提出了一种基于最小描述长度（Minimum Description Length，MDL）原理的轨迹分段方法。该方法在确定轨迹特征点时，在准确性和简洁性之间做出平衡。其中，最小描述长度是一种信息论中广泛使用的原理。其基本思想是，对于一组给定的实例数据 D，如果要对其进行保存，为了节省存储空间，一般采用某种模型对其进行编码压缩，然后再保存压缩后的数据。同时，为了以后正确恢复这些实例数据，将所用的模型也保存起来。所以需要保存的数据长度（比特数）等于这些实例数据进行编码压缩后的长度加上保存模型所需的数据长度，将要保存的这个数据长度称为总描述长度。最小描述长度原理就是要求选择总描述长度最小的模型。

MDL 的代价分为两部分，即 $L(H)$ 和 $L(D|H)$，其中 H 代表压缩模型，D 代表数据。这两个代价的表述为：$L(H)$ 是描述压缩模型或编码方式所需要的长度，$L(D|H)$ 是描述基于压缩模型所编码的数据的总长度，二者单位均为比特。

对应到轨迹分段的问题中，一个压缩模型对应一组特定的轨迹分段方式，即选取哪些轨迹点作为特征点，因此，找到最优分段可以转化为使用 MDL 原则找到最佳假设。

假设有轨迹 $TR_i = <p_1, p_2, \cdots, p_n>$ 和一组特征点 $\{pc_1, pc_2, \cdots, pc_m\}$，那么 $L(H)$ 可表示为：

$$L(H) = \sum \log_2(len(pc_j pc_{j+1}))$$

其中 $len(pc_j pc_{j+1})$ 表示线段 $<pc_j pc_{j+1}>$ 的长度，即两点之间的欧式距离，因此 $L(H)$ 表示所有轨迹分段长度的对数之和。举个例子，如图 5-30 所示，若仅关注前 4 个点组成的轨迹，则 $L(H)$ 即为特征点 pc_1 和 pc_2 所对应的长度，具体公式如下：

$$L(H) = \log_2(len(pc_1 pc_2))$$

$L(D|H)$ 表示一条轨迹和它的一组轨迹分段的差值之和，也就是，对于每一个轨迹分段，要将这条轨迹分段与其包含的原始轨迹分段的差值进行累加。其中两个分段之间的差值计算，使用垂直距离和角度距离之和。举个例子，如图 5-30 所示，特征轨迹分段 $<pc_1 pc_2>$ 包含 3 个原始轨迹的分段，即 $<p_1, p_2>$、$<p_2, p_3>$ 和 $<p_3, p_4>$。这里同样仅考虑前 4 个点组成的轨迹，则 $L(D|H)$ 即为特征轨迹分段 $<pc_1 pc_2>$ 与其包含的 3 个原始轨迹分段的差值之和，具体公式如下：

$$L(D|H) = \log_2(d_\perp(pc_1 pc_2, p_1 p_2) + d_\perp(pc_1 pc_2, p_2 p_3) + d_\perp(pc_1 pc_2, p_3 p_4))$$
$$+ \log_2(d_\theta(pc_1 pc_2, p_1 p_2) + d_\theta(pc_1 pc_2, p_2 p_3) + d_\theta(pc_1 pc_2, p_3 p_4))$$

综上，针对轨迹分段问题，$L(H)$ 衡量的是特征轨迹的简洁性，其随着轨迹分段的增加而增加；$L(D|H)$ 衡量的是特征轨迹的准确性，其随着特征轨迹与原始轨迹的偏离度增加而增加。因此，要想得到最优的分段策略，那就是最小化 $L(H)+L(D|H)$，以平衡简洁性和准确性，此时轨迹分段的问题就转化为了一个最小化优化的数学问题。但是因为要考虑到轨迹点的每一个子集，故一般情况下不使用暴力穷举的方法遍历每一种情况，而是采用一些近似的最优化算法，例如贪心算法等。其关键思想是，将局部最优视为全局最优，也是在结果准确度和查询耗时两者之间做一个平衡。这里不过多介绍，感兴趣的同学可以去阅读原文 [10]。

■ **基于扫描线的特征轨迹计算算法**

经过轨迹分段和分段聚类两个步骤后，假设我们已经得到了一组属于同一聚类簇的轨迹分段，下一步骤就是计算能够代表该聚类簇的特征轨迹。

一个聚类簇的特征轨迹可以表达这个聚类簇中轨迹分段的整体行为。特征轨迹的本质仍是一条轨迹，可表示为 $RTR_i=<p_1,p_2,\cdots,p_k>$。下面介绍一个基于扫描线的特征轨迹计算算法。该算法有一个参数为最小轨迹相交数量 $MinLns$，即扫描线至少与 $MinLns$ 条原始轨迹相交才会触发特征轨迹计算，该算法大致步骤如下。1）用一条垂线沿着分段聚类主轴方向进行扫描，可以计算出与这条扫描线（即垂线）相交的分段的数量；2）只有当扫描线经过一个分段的起点或终点时，这个数量才会被考虑计算；3）如果这个数字大于或等于 $MinLns$，则计算聚类簇中的分段与扫描线的交点的均值，否则不考虑这些点（如图 5-31 所示，假设 $MinLns=3$，第 5 和第 6 根扫描线仅与两条分段轨迹相交，小于最小相交阈值 $MinLns$，则此时不计算特征点）；4）此外，如果一个特征点距离上一个特征点太近，则忽略该特征点，以平滑特征轨迹。例如图 5-31 中第 3 根扫描线虽然与四条分段轨迹相交，但是因为计算出的特征点与上一个特征点距离过小，故忽略该特征点，以此达到类似轨迹压缩的效果。

最终得到的特征轨迹如图 5-31 中灰色实线所示，即轨迹聚类结果。

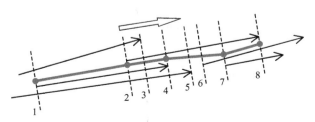

图 5-31 轨迹分段聚类簇的特征轨迹计算示意图

4. 时空共现

时空共现（Spatial Temporal Co-occurrence）根据人们在空间和时间上的关系来判断其社会关系强度（Social Strength）。

图 5-32(1) 中若两人同时出现在机场，而另外两人同时出现在小区，请问哪两人的社会关系看起来更为亲密？图 5-32(2) 中若两人曾同时出现在机场、体育馆、火车站等 5 个不同地点，而另外两人仅同时出现在机场和体育馆 2 个地点，请问此时哪两人的社会关系看起来更为亲密？图 5-32(3) 中若两人曾同时出现在机场共计 5 次，而另外两人曾同时出现在机场 2 次，请问此时哪两人的社会关系看起来更为亲密？

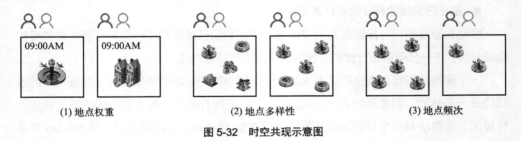

| (1) 地点权重 | (2) 地点多样性 | (3) 地点频次 |

图 5-32　时空共现示意图

上述 3 个例子分别代表了时空共现中的三个重要概念，即地点权重、地点多样性和地点频次。简而言之，若两人共同出现的空间越多，则相应地两人的社会关系也更强。

时空共现问题的形式化定义如下：给定用户集合 $U=\{u_1,u_2,\cdots,u_M\}$，地点集合 $L=\{l_1,l_2,\cdots,l_N\}$，报点集合 $\{<u,l,t>\}$ 表示用户 u 在 t 时刻位于 l 地点，试推断每对用户的社会关系。

首先要解决的问题便是如何表示地点以及如何判断两人在某地某时共同出现，一种通用的解决方案便是网格划分，即将空间划分为相同大小的网格，每个网格代表一个地点，如此若两人在同一时间点出现在同一网格内，则认为其时空共现。然而，这种均匀的网格划分方法灵活性并不高，这主要是因为不同区域的人口密度是不同的，如市中心的购物商场的人口密度要远大于郊区的国家公园，但是二者的面积不相等，前者的面积要远小于后者的面积。这就导致相同的网格大小无法同时满足如此矛盾的两种情况，即若调小网格大小以适应购物商场的情况，则会导致网格存储资源的浪费，同理若调大网格大小以适应国家公园的情况，则容易对购物商场的用户共现情况产生误解。

对此，为了高效地存储空间数据，同时顾及不同类型地点的空间范围大小不一的特点，可使用四叉树（Quad-Tree）的空间划分思想，即将空间按需划分为大小不一的网格，且为了简单起见，规定每个网格至多容纳一个地点。如图 5-33 所示，每个网格称为一个单元（cell），且被赋予一个唯一 ID，编号从 1 到 10，颜色越深的网格表示该区域人口密度越大。用户 u_1、u_2 和 u_3，分别用圆形、方形和菱形表示，指向用户 u_i 的箭头表示用户 u_i 在时间点 t_i 出现在对应网格单元内。例如，针对左下角的 $cell_1$，可以说用户 u_1 和 u_2 在 t_2 时间点同时出现在 $cell_1$。

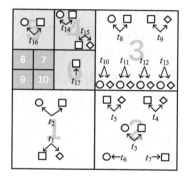 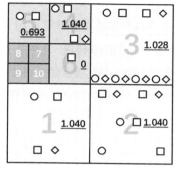

(a) 基于四叉树的空间划分 　　(b) 不同网格的位置熵计算结果

图 5-33　基于四叉树的不同粒度空间划分方法

■ 访问向量（Visit Vector）

基于上述的地点表述形式，用户 u_i 的历史轨迹可用访问向量 V_i 表示，其长度为地点数量，每列值为用户 u_i 在该地点出现的时间点集合。如图 5-33 所示，用户 u_1 的访问向量可表示为 $V_1=(<t_2>, <t_3,t_6>, <t_8,t_{10},t_{11},t_{12},t_{13}>, <t_{14}>, <t_{16}>, <>, <>, <>, <>, <>)$。其意义为用户 u_1 在 t_2 时间点出现在地点 l_1，在 t_3 和 t_6 时间点出现在地点 l_2，在 t_8、t_{10}、t_{11}、t_{12} 和 t_{13} 时间点出现在地点 l_3，在 t_{14} 时间点出现在地点 l_4，在 t_{16} 时间点出现在地点 l_5，在地点 l_6、l_7、l_8、l_9 和 l_{10} 中没有出现。

■ 共现向量（Co-occurrence Vector）

共现向量描述了两个用户在每个地点出现的频次，其计算基于上述的访问向量，例如用户 u_1 的访问向量 $V_1=(<t_2>, <t_3,t_6>, <t_8,t_{10},t_{11},t_{12},t_{13}>, <t_{14}>, <t_{16}>, <>, <>, <>, <>, <>)$，用户 u_2 的访问向量为 $V_2=(<t_1,t_2>, <t_3,t_4,t_5,t_7>, <t_8,t_9>, <t_{14},t_{15}>, <t_{16}>, <t_{17}>, <>, <>, <>, <>)$，则用户 u_1 和用户 u_2 的共现向量可表示为 $C_{12}=(1,1,1,1,1,0,0,0,0,0)$。其意义为用户 u_1 和用户 u_2 在地点 l_1、l_2、l_3、l_4 和 l_5 分别共同出现 1 次，在地点 l_6、l_7、l_8、l_9 和 l_{10} 没有共同出现。

■ 共现向量的多样性（Diversity of Co-occurrence Vector）

多样性的概念在经济、生态和信息论等多个领域中均有应用，例如在生态系统中，物种种类越多样，则该生态系统越健康。同理，在时空共现问题中，直观来看，若两人关系越好，则他们应经常一起去不一样的地方，而不一样的程度便可使用多样性来描述。

如图 5-33 所示，考虑共现向量 C_{12}=(1,1,1,1,1,0,0,0,0,0)、C_{23}=(1,2,1,1,0,0,0,0,0,0) 和 C_{13}=(0,0,4,0,0,0,0,0,0,0)，可得用户 u_1 和 u_2 共现的频次总数为 1+1+1+1+1=5，用户 u_2 和 u_3 也同时出现过 5 次，但是仔细观察便会发现，用户 u_1 和 u_2 共同去过 5 个不同的地点，而 u_2 和 u_3 共同去过 4 个不同的地方，u_1 和 u_3 则仅共同去过 1 个不同的地方，故直观上看，用户 u_1 和 u_2 的多样性是要高于用户 u_2 和 u_3 的，且 u_2 和 u_3 也高于 u_1 和 u_3。

那么如何量化共现的多样性？一种方案便是香农熵（Shannon Entropy）。香农熵，又称信息熵，是描述物体混乱程度的一种指标（本文使用符号 H^S 表示）。物体越混乱熵越大，对应到多样性，熵越大则意味着多样性越高，反之多样性越低。香农熵的计算方式如下：

$$H_{ij}^S = -\sum_l p_{ij}^l \log^{p_{ij}^l}$$

其中 p_{ij}^l 表示用户 u_i 和 u_j 在地点 l 出现的概率，例如用户 u_1 和 u_2 在地点 l_1 共出现 1 次，且 u_1 和 u_2 共现频次总数为 5，则其在地点 l_1 出现的概率为 1/5。

例如，用户 u_1 和 u_2 的香农熵计算过程如下：

$$H_{12}^S = -\left(\frac{1}{5}\log^{\frac{1}{5}} + \cdots + \frac{1}{5}\log^{\frac{1}{5}}\right) = 1.609$$

同理可计算用户 u_2 和 u_3、用户 u_1 和 u_3 的香农熵分别为 $H_{23}^S = 1.332$ 和 $H_{13}^S = 0$。

得到用户之间的熵之后，便可定量描述二者共现的多样性，但通常会再进行一步指数计算，即将香农熵作为指数函数的指数计算多样性，公式如下：

$$D = \exp(H)$$

其中 D 表示多样性：

简单计算便可得到用户 u_1、u_2 和 u_3 三者之间相互的时空共现多样性为 D_{12}=5.0、D_{23}=3.789 和 D_{13}=1，即用户 u_1 和 u_2 的共现多样性最高，用户 u_1 和 u_3 的共现多样性最低，这也符合我们一开始的直观判断。

我们再进一步观察，用户 u_1 和 u_3 共同在地点 l_3 出现 4 次，而正好用户 u_1 和 u_2、用户 u_2 和 u_3 也在地点 l_3 共同出现过，这说明地点 l_3 很可能是一个公共地点，如公园或图书馆。但若假设用户 u_1 和 u_3 的共现向量为 C_{13}=(0,0,0,0,4,0,0,0,0,0)，即两人在地点 l_5 共同出现 4 次，此时按香农熵计算结果仍为 0，但直观上可以看到地点 l_5 相对于地点 l_3 空间范围更小也更私密，例如住宅小区，那么仅基于香农熵的多样性是无法识别这种情况的。该问题将在接下来的位置熵部分得以解决。

■ **位置熵（Location Entropy）**

知道了两个用户在不同地点共同出现的频次还无法准确判断两者的社会关系，例如多次同时出现在图书馆和多次同时出现在宿舍，其反映的关系是完全不同的，前者可能只是相互没有交流的同学关系，而后者可能是关系更为密切的室友关系。显然，这其中的关键就在于地点的公共性和隐私性，例如图书馆是一个公共区域，两人同时出现可能是很正常的，而宿舍是一个私密区域，同时出现表示二人可能具有更强的社会关系。位置熵 H_l 便是用来衡量一个地点受欢迎程度（Popularity）的指标，一个地点的 Popularity 越大则表示该地点越可能是一个公共的地点，反之 Popularity 越小则表示该地点越可能是一个私密的地点。位置熵 H_l 的计算公式如下：

$$H_l = \sum_u P_{u,l} \log^{P_{u,l}}$$

其中 $p_{u,l}$ 表示用户 u 在地点 l 出现的概率，例如针对 $cell_1$ 表示的地点 l_1，在所有时间范围内共计出现用户 4 次，即用户 u_1 在时间点 t_2 出现一次、用户 u_2 在时间点 t_1 和 t_2 分别出现一次（即用户 u_2 在地点 l_1 共出现两次）以及用户 u_3 在时间点 t_1 出现一次，故用户 u_1 在地点 l_1 出现的概率 $p_{u_1,l_1}=1/4$。

根据上述公式，简单计算可得，各个地点的位置熵分别为 $H_1=1.040$、$H_2=1.040$、$H_3=1.028$、$H_4=1.040$、$H_5=0.693$ 和 $H_6=0$，如图 5-33(b) 所示。

位置熵帮助我们解决了如下两个问题：1）我们可以轻松确定发生巧合遇见的情况，因为位置熵考虑了所有人在该地点上出现的情况，即一个公共地点发生巧合的概率较高，而一个私密地点发生巧合的概率较低；2）在一个私密的地方，即使两个用户共现的次数很少，也可能具有较强的社会关系，这一点是上述基于香农熵的多样性无法捕捉的。综上，对于发生在位置熵较低的私密地点的共现事件，我们应给予更高的优先级和权重。

■ **加权频次（Weighted Frequency）**

与公共区域相比，私密区域通常暗示着更强的社会关系，因此，共现地点的公共性或私密性是衡量社会关系强弱的一个重要因素。对此，有人提出加权频次的概念，以用于量化这种关系，公式如下：

$$F_{ij} = \sum_l c_{ij,l} \exp(-H_l)$$

其中 $c_{ij,l}$ 表示用户 u_i 和用户 u_j 在地点 l 共同出现的次数，即对应共现向量 C_{ij} 的第 l 个值。

由 F_{ij} 的公式可知，若两人在不同的地点共同出现的次数越高，且该地点的位置熵越低，对应该地点越私密，则两人更有可能有更强的社会关系。

综上，多样性（Diversity）和加权频次（Weighted Frequency）回答了两个不同的问题：多样性降低了频繁巧合的影响；加权频次加大了在人口密度较小区域共现事件的影响，人口密度越小的区域，影响越大。

■ 社会关系强度（Social Strength）

至此，我们已经从多样性和加权频次两个不同的角度来描述社会关系的强弱，那如何将两个指标结合起来呢？一种简单的方式是线性组合。设用户 u_i 和用户 u_j 的社会关系强度为 s_{ij}，则其公式如下：

$$s_{ij} = \alpha D_{ij} + \beta F_{ij} + \gamma$$

其中，α、β 和 γ 是线性组合的参数，可由用户标注的数据集训练得到，例如用户可以预先标注一部分用户之间的社会关系强度的大小，然后训练该线性模型，最后使用该模型预测其余用户之间的社会关系。

综上，便可推断两个用户之间的社会关系强度，其中香农熵量化了地点的多样性、位置熵量化了地点的重要性、加权频次量化了地点的出现频次，最终三者的线性组合又量化了社会关系。

希望读者通过本小节的学习，对轨迹挖掘的方向和方法有个大概了解，并掌握分析问题和定义问题的能力。

5.4.3 实时轨迹分析

轨迹由 GPS 点序列组成，是最具代表性的一类时空数据。在对时效性要求比较高的轨迹应用场景中，需要对实时产生的 GPS 流进行分析并输出分析的结果流，及时地将分析结果反馈给用户。

Flink 是一个有状态的、分布式的流式计算框架，提供了丰富的功能，用于实时数据流的分析。下面我们基于 GPS 数据流,介绍 Flink 的相关概念和功能,以及如何利用这些功能实现实时的轨迹分析。

如图 5-34 所示,一个移动物体产生的轨迹点组成了一个数据流,Flink 称其为事件流(Event Stream)。不同物体间的数据流互不相关。Flink 将这些事件流进行分布式计算并将计算结果组成输出流,一个事件流的流式计算过程称之为一个任务,任务的计算逻辑是通过实现 Flink 提供的处理函数接口来告诉 Flink 的。

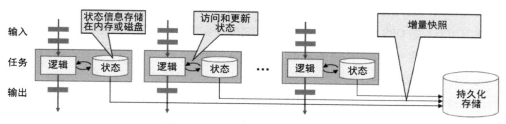

图 5-34　Flink 的分布式流处理原理图

对于大多数场景,需要在实时任务中记录事件的上下文信息,Flink 称其为状态(State)。状态会随着事件的持续流入和计算而不断变化。状态信息被存储在任务所在服务器的内存或者磁盘中。在执行计算逻辑时,需要频繁地访问和更新状态(Local State Access)。为了保证流式计算的高容错性,Flink 会将状态定时地以增量快照的方式刷写到持久化存储中,刷写的过程由 Flink 异步地完成。在机器宕机后,利用快照可以将流式任务准确无误地恢复到宕机前的状态。

GPS 点是由空间点和对应的时间戳组成的,Flink 将事件产生的时间戳称为事件时间(Event Time),将流式任务处理事件的时间称为处理时间(Processing Time)。Flink 既支持将事件流按照事件时间顺序来处理,也支持按照处理时间的顺序来处理。

组成轨迹的 GPS 点是按照其产生的时间戳来排序的,也就是说轨迹的实时分析要按照事件时间顺序来进行。然而,通常会因为网络传输延迟等原因,导致事件流中的 GPS 点并不一定严格按照事件时间顺序流入,早产生的 GPS 点可能会因为网络延时而迟迟未到,如图 5-35 中事件时间 t3 对应的 GPS 点。对于这种情况,实时任务需要将准时流入的 GPS 点缓存起来,并适当地等待迟到的 GPS 点,然后等到的 GPS 点与缓存的 GPS 一起重新排序,并将排序后的 GPS 点写入到输出流中,这样输出流就是按照事件时间顺序的。这个输出流可以作为后续轨迹分析任务的输入流,如图 5-35 所示。

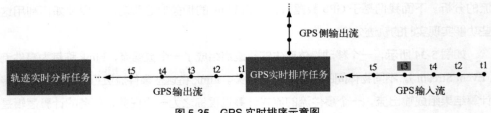

图 5-35　GPS 实时排序示意图

　　然而，轨迹的实时分析对时效性的要求很高，不能为了等待个别迟到太久的 GPS 点而将准时流入的 GPS 点缓存太久，阻塞后续的轨迹实时分析，所以需要根据业务对时效性的要求，设定一个适当的等待时间。如果一个迟到的 GPS 点超过了设定的等待时间，则将其写入侧输出流中，如图 5-35 所示。

　　Flink 通过水印（Watermark）的概念来评估一个迟到的事件是应该保留还是丢弃。水印的本质是一个时间戳，设定等待时间长度为 t，当前已流入事件的最大时间为 m，则当前时刻的水印 $\alpha = m - t$。如图 5-36 所示，当 t4 对应的事件流入时，m = t4，则水印 $\alpha = t4 - t$，如图中虚线所示；当一个迟到的事件 l（$l <$ t4）流入时，m 值不变，仍然等于 t4，那么水印 α 的位置也不变，仍然是图中虚线位置。此时判断 l 与水印 α 的大小关系，如果 l 小于 α（如图中的 l'），则认为 l 迟到太久而被丢弃；如果 l 大于等于 α（如图中的 l''），则认为 l 在允许的等待时间以内，而会被保留。

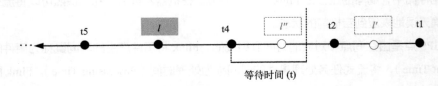

图 5-36　水印原理示意图

　　总之，水印是事件时间轴上的一个标记，随着事件的流入不断地沿着时间轴正方向移动。对于缓存在状态中的事件，如果时间小于水印就不用再缓存，直接将其写入输出流，因为水印的原理能够保证，后续流入事件的时间如果比水印小，该事件不会被写入到输出流，也就不会破坏输出流中的时间顺序。

　　Flink 的实时计算逻辑都封装在处理函数（ProcessFunction）中。如图 5-37 所示，处理函数对输入的事件进行计算，并将计算结果写入输出流中。计算过程中需要将一些上下文信息作为变量（Variable）保存起来，这些变量就是 Flink 中的状态（State）。

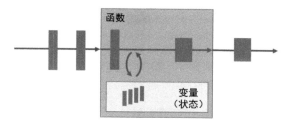

图 5-37　处理函数

KeyedProcessFunction 是最常用的处理函数之一，其根据事件的 Key 值，将相同 Key 值的事件放在一个流式任务中进行处理，不同 Key 值的事件在分布式环境中并行计算。轨迹 GPS 点的处理就是以产生 GPS 点的实体 ID（如车牌号）作为 Key，将同一辆车的 GPS 流放在一个流式任务中进行处理。下面我们以 GPS 点的排序为例，介绍 KeyedProcessFunction 是如何封装计算逻辑（Logic）的。排序函数的 Scala 代码如下。

```
class GpsSortFunction(outputTag: OutputTag[GpsPoint])
  extends KeyedProcessFunction[String, GpsPoint, GpsPoint] {
  // Flink 中的状态
  @transient protected var cacheGpsQueue: ValueState[PriorityQueue[GpsPoint]] = _

  // open 方法用于向 Flink 注册状态
  override def open(parameters: Configuration): Unit = {
    val cacheGpsDesc = new ValueStateDescriptor("cache_gps_queue", classOf[PriorityQueue[GpsPoint]])
    cacheGpsQueue = getRuntimeContext.getState(cacheGpsDesc)
  }

  // processElement 方法用于实时处理一个个流入的 GPS 点
  override def processElement(gps: GpsPoint,
                             context: KeyedProcessFunction[String, GpsPoint, GpsPoint]#Context,
                             collector: Collector[GpsPoint]): Unit = {

    if (cacheGpsQueue.value() == null) {
      // 第一个 GPS 点流入，初始化状态，并将 GPS 点缓存到状态中
      // 状态是一个优先队列，队列的头部时间最小
      val queue = new PriorityQueue[GpsPoint](
        (o1: GpsPoint, o2: GpsPoint) => {
          o1.coordinate.time.compareTo(o2.coordinate.time)
        })
      queue.add(gps)
      cacheGpsQueue.update(queue)
    } else {
```

149

```
    // 水印是从 1970-01-01T00:00:00Z 开始计时的毫秒值
    val waterMark = context.timerService().currentWatermark()
    if (gps.coordinate.time.getTime < waterMark) {
      // GPS 点的时间小于水印：说明迟到太久，丢弃到侧输出流
      context.output(outputTag, gps)
    } else {
      // GPS 点的时间大于水印：说明在允许的迟到范围内
      // 或者按照正常顺序流入，加入缓存

      val queue = cacheGpsQueue.value()
      queue.add(gps)
      // 将缓存中时间小于水印的 GPS 点写入输出流
      // 输出流中的 GPS 点是按照事件时间排序的

      while (!queue.isEmpty && queue.peek().coordinate.time.getTime < waterMark) {
        collector.collect(queue.poll())
      }
    }
  }
}
```

对于一个可能在事件时间上存在局部乱序的 GPS 点输入流 unsortedGpsStream，调用 GpsSortFunction 进行排序的完整 Scala 代码如下。

```
def sort(unsortedGpsStream: DataStream[GpsPoint]): Unit = {
    val waitTimeInSec = 30
    val strategy = WatermarkStrategy
      // 指定水印的最大允许迟到时间
      .forBoundedOutOfOrderness[GpsPoint](Duration.ofSeconds(waitTimeInSec))
      // 指定从事件（GPS）中提取事件时间的方法
      .withTimestampAssigner(
                    new SerializableTimestampAssigner[GpsPoint] {
        override def extractTimestamp(t: GpsPoint, l: Long): Long = t.coordinate.time.getTime
      })

    val lateOutputTag = new OutputTag[GpsPoint]("lateGpsTag") {}
    val sortedGpsStream = unsortedGpsStream
      // 指定水印策略
      .assignTimestampsAndWatermarks(strategy)
      // 指定从 GPS 点中获取 Key 的方法
      .keyBy((in: GpsPoint) => in.oid)
```

```
  // 指定事件流的处理函数
  .process(new GpsSortFunction(lateOutputTag))

  // sortedGpsStream 是按照事件时间排序的主输出流
  // lateGpsStream 是因为迟到太久被丢弃的 GPS 点组成的侧输出流

  val lateGpsStream = sortedGpsStream.getSideOutput(lateOutputTag)
}
```

上文结合 GPS 点流的实时排序，介绍了 Flink 流式计算的原理和相关技术。流式计算的业务逻辑都是封装在处理函数中的，将输入的事件流根据 Key 值的不同，分配到不同的流式任务中，所有任务在分布式环境中并行计算，计算逻辑由处理函数来定义。在将各种轨迹分析算法应用到实时计算中时，都可以通过将算法逻辑封装到 Flink 的处理函数中来实现。

5.5 路径规划

路网数据，在时空领域扮演着重要角色，出现在人们生活的方方面面，比如出行必备的电子导航就主要依赖路网数据。

举个例子，公司下班后，我们准备骑车回家，在导航软件中输入目标地点，软件马上规划出了多条路径供我们选择。在地图上，规划得到一条从起点到终点的路径，这个功能就是路径规划（Path Plan）。

在正式介绍路径规划相关算法前，让我们先来看一下如何表示路网数据。一般来说，路网有两种表示方法，即基于图（Graph）和基于网格（Grid）。

基于图的路网表示，如图 5-38(1) 所示，每个节点表示一个地点，每条边则表示其连接的两个地点是直接可达的。此外，还可以继续分类：1）根据边是否有向，可以分为有向图或无向图，即若一条边是有向的，则表示只能从该边的一端达到另一端，而反过来是不可达的，例如现实生活中某些道路是单向的；2）根据边是否存在权重，可以分为无权图和有权图，无权图中每条边经过的代价均相等，有权图中每条边经过的代价不等，例如可以将车辆通过道路所需的时间作为权重。

基于网格的路网表示，如图 5-38(2) 所示，每个灰色网格都代表一个地点，且相邻网格是直接可达的，其中，黑色网格表示障碍物，是不可跨越的。同上，每个网格也可以限制移动方向，例如某些网格只能上移或不能下移，同时网格也可以赋予权重，表示通过该网格时所需付出的代价。从权重的角度出发，黑色网格可以看作是权重无穷大的网格，通过黑色网格所需的代价也是无穷大的，因为无法支付无穷大的代价，也就无法跨越了。

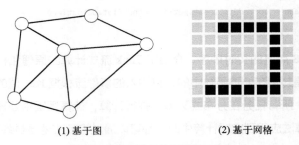

(1) 基于图　　　　　　　　　　(2) 基于网格

图 5-38　路网数据的两种表示方法

对于路径规划来说，其输入就是基于图或网格表示的路网数据，然后指定起点或终点，搜索得到一条起点至终点的路径。

下文首先介绍深度优先搜索（DFS）和广度优先搜索（BFS）这两种最为经典的搜索策略，其次介绍 BFS 的扩展算法 Dijkstra，然后给出一种基于贪心思想的启发式算法 GBFS，最后引出本节的重点，即 A* 算法。上述内容的介绍是循序渐进的，建议读者按顺序阅读学习。

5.5.1　DFS 和 BFS

1. 深度优先搜索

深度优先搜索（Depth First Search，DFS），顾名思义，越深的节点会被优先搜索，即在搜索过程中访问某个节点后，需递归地访问该节点的所有未被访问过的相邻节点。

举个例子，如图 5-39(1) 所示，展示的是一个无向图，若我们想寻找节点 A 到节点 E 的路径，则 DFS 的搜索过程如下：1）先将所有节点标记为未被访问；2）从节点 A 出发，将节点 A 标记为已访问，发现节点 A 有 3 个未被访问的相邻节点，即节点 B、节点 C 和节点 F（按字母排序），则依次访问这 3 个节点；3）访问节点 B，将节点 B 标记为已访问，发现节点 B 有两个未被访问的相邻节点，即节点 C 和节点 D（按字母排序），则依次访问这两个节点；4）访问节点 C，将节点 C 标记为已访问，发现节点 C 有两个未被访问的相邻节点，即节点 D 和节点 F（按字母排序），则依次访问这两个节点；5）访问节点 D，将节点 D 标记为已访问，发现节点 D 有一个未被访问的相邻节点，即节点 E，则访问该节点；6）访问节点 E，将节点 E 标记为已访问，此时发现已找到起点（节点 A）和终点（节点 E），则停止搜索并返回路径，即 A→B→C→D→E（图中使用虚线表示）。

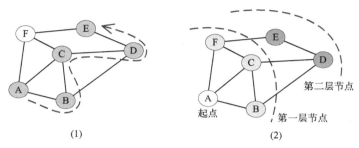

图 5-39　基于 DFS 和 BFS 的无向图路径规划

可以看到，DFS 若认定了一条路径，则一定会不停地往更深处遍历，直至找到目标节点或无法继续遍历，从而呈现出一种"不撞南墙不回头"的特性。值得注意的是，DFS 得到的路径不一定是最短路径，例如上述例子中节点 A 至节点 E 需要走 4 步，而最短路径是 A → F → E，仅需走 2 步。

2. 广度优先搜索

与 DFS 的"不撞南墙不回头"不同，广度优先搜索（Breadth First Search，BFS）呈"波浪式"推进，一路稳打稳扎，能够保证搜索到的路径是最优的。

图 5-39(2) 展示的是一个无向图，若以节点 A 为起点，则节点 B、节点 C 和节点 F 称为第一层节点，因为从节点 A 出发仅需一步即可达到这三个节点，同理节点 D 和节点 E 为第二层节点，因为从第一层节点出发也仅需一步即可达到这两个节点。此时，若我们想寻找节点 A 到节点 E 的路径，则 BFS 的搜索过程如下：1）先将所有节点标记为未被访问；2）从节点 A 出发，将节点 A 标记为已访问，依序遍历与节点 A 相邻且未被访问的第一层节点，即节点 B、节点 C 和节点 F（按字母顺序），未发现目标节点 E，搜索继续；3）访问与节点 B 相邻且未被访问的第二层节点，即节点 D，将节点 D 标记为已访问，未发现目标节点 E，搜索继续；4）访问与节点 C 相邻且未被访问的第二层节点，因为节点 D 已被访问，故继续搜索；5）访问与节点 F 相邻且未被访问的第二层节点，即节点 E，将节点 E 标记为已访问，此时发现已找到起点（节点 A）和终点（节点 E），则停

止搜索并返回路径，即 A→F→E。

BFS 是一种以时间换空间的稳打稳扎的策略，且能够保证搜索到的是最短路径。

5.5.2 Dijkstra 算法

上述的深度优先搜索 DFS 和广度优先搜索 BFS 仅适用于无权图的路径规划，下面介绍一种适用于有权图的路径规划算法，即 Dijkstra 算法。

Dijkstra（迪杰斯特拉）算法，由荷兰计算机科学家 Edsger Wybe Dijkstra 于 1956 年发现，是一种经典的单源最短路径算法，用于计算一个节点到其余所有节点的最短路径。Dijkstra 算法本质是广度优先搜索 BFS 的一种扩展，即 Dijkstra 算法也是"波浪式"地按层搜索，且每遍历一层，就更新目前已遍历的所有节点到起点的最短距离。

Dijkstra 算法的问题描述如下：针对如图 5-40 所示的无向有权图，图中总共包含 6 个节点和 9 条无向边，计算从节点 A 开始到其余各节点的最短路径。

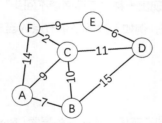

图 5-40 无向有权图

对于 Dijkstra 算法而言，需要如下 3 个辅助数组：1）最短距离数组，记录各个节点至节点 A 的最短距离；2）最短路径数组，记录各个节点至节点 A 的最短路径的前驱节点；3）访问数组，记录各个节点是否已被遍历。

如图 5-41 所示，使用 Dijkstra 算法求各节点至节点 A 的最短路径的步骤如下。

1）初始化各数组，计算从节点 A 至其余节点的路径长度（例如节点 A 可以达到节点 B、C、F，则分别对其最短距离赋值 7、9、14，同时将这三个节点的最短路径前驱节点设为节点 A，最后将节点 A 设为已经访问）。

2）在未访问的剩余节点中选取最短距离最小的节点，即节点 B，然后计算节点 A 经过节点 B 至其余节点的距离，若小于当前最短距离数组中的值，则更新其最短距离和最短路径两个数组，否则不更新（例如节点 A 通过 B 至 D 的距离为 7+15=22，而原先节点

A 是无法达到节点 D 的，故更新节点 D 的最短距离为 22，同时更新 D 的最短路径前驱节点为 B。再例如节点 A 通过 B 至 C 的距离为 7+10，大于原先的最短距离 9，故节点 C 不更新。同理可得节点 A 也不进行更新）。

3）继续在未访问的剩余节点中选取最短距离最小的节点，即节点 C，然后计算从节点 C 至其余节点的距离（例如节点 A 通过节点 C 至节点 D 的距离为 9+11=20，小于原先的最小距离 22，故更新节点 D 的最短距离为 20，同时更新 D 的最短路径前驱节点为 C）。

4）按上述规则继续选择节点 F，计算从节点 F 到与其连通的节点 A、C、E 的距离（对于节点 E，发现节点 A 通过节点 F 到节点 E 的距离为 11+9=20，而原先节点 A 是无法到达节点 E 的，故对节点 E 的数据进行更新，即更新节点 E 的最短距离为 20 并更新其最短路径前驱节点为 F；对于节点 C，通过计算得知节点 A 通过节点 F 到节点 C 的距离为 14+2=16，大于原先的最短距离 9，故不做更新）。

5）继续选择节点 D 进行计算，发现无节点需要更新。

6）最后选择节点 E 进行计算，发现仍无节点需要更新。

7）此时发现所有节点均已被访问，则算法结束，节点 A 至其余节点的最短距离计算完毕。

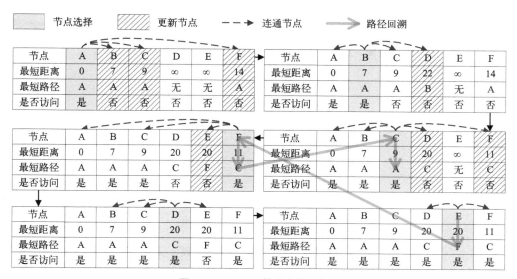

图 5-41　Dijkstra 算法流程示意图

值得注意的是，若需要找到节点 A 到其余节点的最短路径，则需通过前驱节点进行回溯访问，例如，若要找出节点 A 到节点 E 的最短路径，则需要依次找到节点 E 的前驱节点 F、节点 F 的前驱节点 C、节点 C 的前驱节点 A，查询结束，最终结果为，节点 A 至节点 E 的最短路径为 A → C → F → E，最短距离为 9+2+9=20。

5.5.3　GBFS 算法

上述的深度优先搜索、广度优先搜索和 Dijsktra 算法，在搜索过程中并未考虑目标节点，进而呈现出一种"漫无目的"的搜索状态，导致搜索效率低下。启发式搜索算法（Heuristic Algorithm）便是用于解决搜索效率问题的，下面将以贪婪最佳优先算法（Greedy Best First Search，GBFS）为例来介绍启发式搜索算法。

作为一种启发式函数，GBFS 考虑了当前节点与目标节点的关系，并对节点赋予优先级，且优先访问优先级较高的节点。具体来说，GBFS 使用代价函数 $f(n)$ 来作为节点优先级的判断标准，$f(n)$ 越小，优先级越高，反之优先级越低。GBFS 的代价函数如下所示：

$$f(n) = h(n)$$

其中，$h(n)$ 是当前节点到目标节点的代价，用于指引搜索算法向终点靠近。一般来说，$h(n)$ 有两种表示方法，即欧式距离（Euclidean Distance）或者曼哈顿距离（Manhattan Distance），它们的区别如图 5-42 所示，其中五角星表示起点，四角星表示终点，欧式距离是两点之间的直线距离，而曼哈顿距离是两点之间在网格上的最短距离。

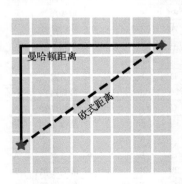

图 5-42　欧式距离与曼哈顿距离

若将 GBFS 应用至网格地图的路径规划中，如图 5-43(1) 所示，可以看到，GBFS 搜索的指向性非常明显，从起点向终点直扑而去。作为对比，图 5-43(2) 展示了 Dijsktra 算法在网格地图中的搜索过程，可以看到 Dijsktra 算法没有任何指向性，而是呈"波浪式"

一层一层搜索，故在速度上，Dijsktra 算法也比 GBFS 慢。

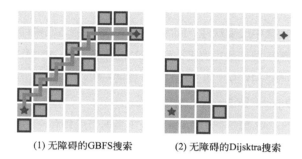

(1) 无障碍的GBFS搜索　　　　(2) 无障碍的Dijsktra搜索

图 5-43　无障碍情况下的 GBFS 搜索和 Dijsktra 搜索

但是在实际中，常常会有很多障碍物，此时，GBFS 就容易限于局部最优的陷阱之中。如图 5-44(1) 所示，GBFS 虽然很快地找到了一条起点至终点的路径（图中使用较粗折线表示），但是显然这条路径并不是最短的。作为对比，图 5-44(2) 展示了 Dijsktra 算法在网格地图中的搜索过程，虽然 Dijsktra 算法花费了更多时间（因为遍历了更多节点），但是 Dijsktra 算法可以保证找到的是最短路径。

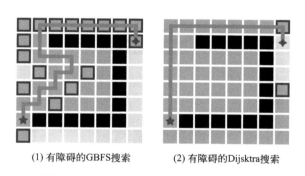

(1) 有障碍的GBFS搜索　　　　(2) 有障碍的Dijsktra搜索

图 5-44　有障碍的 GBFS 搜索和 Dijsktra 搜索

其实，GBFS 之所以找不到最短路径，是因为 GBFS 是基于贪心策略的，它试图向目标移动，但是由于它仅仅考虑到达目标的代价，而忽略了当前已花费的代价，于是尽管路径变得很长，它仍然继续走下去，最终导致得到的路径可能不是最短路径。

讨论到这里，相信读者自然会想到，既然 Dijsktra 和 GBFS 两种算法各有优缺点，那如何取其精华去其糟粕，以达到更好的路径规划效果呢？ 1968 年发明的 A* 算法就是把启发式方法如 GBFS 和常规方法如 Dijsktra 结合在一起的算法。

5.5.4 A* 算法

A* 算法在路径搜索中最受欢迎，因为它相当灵活，能适应多种情形。和 Dijkstra 算法一样，A* 算法能用于搜索最短路径；和 GBFS 算法一样，A* 算法能用启发式函数引导它自己。在简单的情况中，A* 算法和 GBFS 算法一样快；在凹型障碍物的例子中，A* 算法能找到一条和 Dijkstra 算法一样的最短路径。

成功的秘诀在于，A* 算法把 Dijkstra 算法中当前节点到起点的代价和 GBFS 算法中当前节点到终点的代价结合起来。具体来说，A* 算法代价函数如下。

$$f(n) = g(n) + h(n)$$

其中，$g(n)$ 表示从起点到当前节点 n 的距离，$h(n)$ 表示从当前节点 n 到终点的距离，即 Dijkstra 算法使用 $g(n)$ 作为代价函数，GBFS 算法使用 $h(n)$ 作为代价函数，而 A* 使用这两个距离之和作为代价函数，进而达到了兼顾二者的目的。

图 5-45 展示了 Dijkstra 算法、GBFS 算法和 A* 算法的搜索过程，其中网格中的数值表示移动至该网格的代价 $f(n)$，这里默认使用曼哈顿距离。

图 5-45 A* 算法搜索过程

因为 Dijkstra 算法使用起点到当前节点 n 的距离作为代价函数，所以图 5-45(1) 中的数值表示当前网格到起点网格的曼哈顿距离。搜索时，从起点出发，按最小数值网格前进，即可找到起点到终点的最短路径。

因为 GBFS 算法使用当前节点 n 到终点的距离作为代价函数，所以图 5-45(2) 中的数值表示当前网格到终点网格的曼哈顿距离。搜索时，从起点出发，按最小数值网格前进，即可找到起点到终点的一条路径，但不能保证是最短路径。

因为 A* 算法使用 Dijkstra 算法和 GBFS 算法的距离之和作为代价函数，所以图 5-45(3) 中的数值即为图 5-45(1) 和图 5-45(2) 中对应网格的数值之和。搜索时，从起点出发，按最小数值网格前进，即可找到起点到终点的一条路径。值得注意的是，在该例子中，A* 算法找到的是一条最短路径，但 A* 算法并不一定保证找到最短路径，这和代价函数有关，下文会进行讨论。

■ **关于代价函数的讨论**

值得注意的是，当前节点 n 至终点之间存在一个实际的最小移动代价（下文简称实际代价），而 $h(n)$ 仅表示对实际代价的一种预测（使用网格之间的曼哈顿距离的数值作为移动所需花费的代价），并不等同于实际代价（举个例子，在草原和雪山上，从一个网格到另一个网格的距离是相同的，但代价是不一样的，因为雪山比草原难走得多），例如上文中 $h(n)$ 为当前网格 n 至终点网格的曼哈顿距离，但若此时规定移动一步的代价为 2（虽然移动一步的距离是 1，但移动一步花费的代价却是 2），则实际代价是 $h(n)$ 的两倍。因此，通过调节 $h(n)$ 与实际代价的大小关系，我们可以控制 A* 算法的行为，主要分为如下几种情况：1）若所有节点的 $h(n)$ 都等于零，则只有 $g(n)$ 起作用，即 $f(n)=g(n)$，此时 A* 算法演变成 Dijkstra 算法，进而能够保证找到最短路径；2）若所有节点的 $h(n)$ 都小于实际代价，则 A* 算法保证能找到一条最短路径。同时 $h(n)$ 越小，A* 算法扩展的节点越多，搜索速度就越慢；3）若所有节点的 $h(n)$ 都等于实际代价，则 A* 算法将会仅仅寻找最佳路径，而不扩展别的任何节点，此时性能最高，因此只要提供的信息足够精确，A* 算法就会运行得很完美；4）若有的节点的 $h(n)$ 大于实际代价，则 A* 算法不能保证找到一条最短路径；5）若所有节点的 $h(n)$ 都远大于 $g(n)$，则 $g(n)$ 的作用基本可以忽略，相当于只有 $h(n)$ 起作用，即 $f(n)=h(n)$，此时 A* 算法演变成 GBFS 算法。

理想情况下，我们想以最快的速度得到最短路径，但实际情况往往是鱼与熊掌不可兼得。若设置一个很低的 $h(n)$，那我们可以得到最短路径，不过同时搜索速度变慢；若设置一个很高的 $h(n)$，那就等同于放弃了最短路径，不过同时搜索速度也会加快。所以，最优路径和最快搜索在复杂情况下需要有一个取舍和平衡。

5.6 地址搜索

本节将介绍一类很普遍的应用，即地址搜索（Address Search）。顾名思义，地址搜索就是对地址信息的搜索或检索，该功能和生活息息相关。

举个例子，我们和朋友约定在某餐厅聚餐，准备打车前往，在打车软件中输入餐厅的名称，软件马上推荐出所有可能的位置。或者，我们使用电商软件购买喜爱的商品，下单之后需要填写收获地址，若已经开启了手机的定位功能，电商软件就会自动填写一个地址，这个地址就是根据我们当前所处位置查询出来的地址。这两个场景，分别对应地址搜索的两个子功能，即正地理编码（Geocode）和逆地理编码（Regeocode）。

5.6.1　正地理编码

正地理编码，又称之为地理编码，指输入一串地址文本，要求返回其对应位置的经纬度。这串地址文本一般是格式化的地址，包含地点所在省、市、区等信息，例如北京市东城区劲松大街 5 号。后台会根据该文本信息进行分词匹配，最终返回匹配度最高的地址，并携带经纬度信息返回给用户，例如上述地址解析后为某商场。

地理编码原理看似简单，但是其背后隐藏了非常复杂的数据工程，涉及数据采集、清洗、存储、索引和查询。本节将重点介绍两种地理编码算法，即基于 ES+IK 的分词匹配算法和基于地理层级树的滑窗匹配算法。

1. 基于 ElasticSearch 的分词匹配算法

目前业界最常用的地理编码实现方案是 ElasticSearch 加 IK Analyzer，其中 ElasticSearch（下文简称 ES）是一款分布式、高可用、高实时的搜索引擎，支持文本、数字、地理空间等多种类型数据的存储与检索；IK Analyzer（下文简称 IK）是一款开源的基于 Java 开发的轻量级中文分词工具包，它开发的插件包可以很好地适配 ES 框架，结合 ES 自身的索引机制可以支持快速的中文搜索服务。

搭建一个基于 ES 和 IK 的正地理编码服务，大致分为安装插件、创建索引、模型调参和查询展示 4 个步骤。

■ 安装 ES 和 IK 插件

ES 的安装非常简单，下载后直接启动就能用，具体可以参考官网，本节使用的 ES 版本为 7.9.X。接下来介绍 IK 分词插件的安装步骤，首先在 GitHub 上找到 IK 的仓库，下载和 ES 对应的版本，然后将下载包复制到 ES 的 plugins 文件夹内，最后配置好 IKAnalyzer.cfg.xml 文件，重新启动 ES 即可加载 IK 插件。

■ 创建索引

ES 和 IK 插件安装完成后，需要创建索引并导入数据。创建索引时需要考虑用哪种 IK 分词器来切分数据。IK 内部支持两种分词器，即 ik_max_word 和 ik_smart。前者会将词语拆分得非常细；而 ik_smart 则基于历史数据进行有限拆分。

在实际项目中一般会使用 ik_smart 的分词方式，辅以较为完整的词典，可以达到良好的搜索效果。图 5-46 是地理编码场景下会建立的 3 个词典，分别是 district.dic（政区名称词典）、poi.dic（POI 名称词典）和 road.dic（道路名称词典）。

图 5-46 地理编码场景下创建的 3 个词典

准备好数据后直接调用 ES 的索引创建接口，其中，索引分词和查询分词均指定为 ik_smart，共计导入 3 个字段 name、address 和 locationo，其中，将 name 和 address 字段指定为文本类型 text，将 location 字段指定为几何空间点类型 geo_point，以便后续空间搜索使用。最后，仅需将数据导入索引表内部即可，这里不再赘述，可参考 ES 官网的 Java 接口。

■ 模型调参

搜索效果的好坏，一部分取决于数据的质量，还有一部分则受相关性模型的影响。模型可以从数据库内上百万个地址中，找到和输入文本最接近的那一个。其中，如何评价"最接近"就是相关性模型的核心价值。

ES 内部默认使用 BM25 模型来计算相关性得分，而 BM25 模型是由 TF/IDF（Term Frequency/Inverse Document Frequency）算法优化得来的。

TF/IDF 的思想是，如果某个词在一篇文章中出现的频率越高，并且在其他文章中很少出现，这个词的分数越高，它倾向于过滤掉常见的词语，保留重要的词语。下面通过一个通俗的例子进行讲解。

例如某文档内容为"北京星悦小区"，假设分词后得到的词条为"北京""星悦""小区"。词频（TF）是指词条在文档中出现的次数或频率，若计算模型仅使用 TF，则使用上述三个词条中的任意一个去匹配该文档，其得分均是相等的，即 1/3，但实际情况中这三个词条的使用频率及其通用性是完全不一样的，如词条"北京"比"小区"更常见，"小区"比"星悦"更常见，此时便需要引入逆文档词频（IDF）。

基于上述例子，再引入另外两个文档，其内容分别为"北京国贸大厦"和"北京国风小区"，并假设其分词结果分别为"北京""国贸""大厦"和"北京""国风""小区"。有了更多数据加入，便更加验证了上述结论，不同词条的通用性是不一样的。逆文档词频 IDF 表达的是某词条在整个词库里面的罕见程度，出现频率越小，该词条越能代表所属文档，进而词条得分就越高。例如"国贸""大厦"和"国风"均仅出现一次，说明其在这个词库中更能代表对应的文档，相反"北京"在三个文档中均有出现且"小区"也出现了两次，故这两个词条在词库中属于常见词，并不能代表其所属文档。回过头再看上述的查询问题，分别输入"北京""星悦"和"小区"进行查询，其结果就完全不同，"北京"的结果是 3 个文档得分依旧相等，"星悦"的结果是第一个文档"北京星悦小区"得分最高，"小区"的结果是第一个文档"北京星悦小区"和第三个文档"北京国风小区"得分相等，但大于第二个文档"北京国贸大厦"。词频 / 逆文档词频（TF/IDF）的基本原理是符合人们的直观逻辑判断的，下面简单介绍其具体的计算公式。

词频 TF 是针对单个文档而言的，其计算方式为某词条在该文档中出现的次数除以该文档中的总词数，公式如下：

$$词频(TF) = \frac{某词在文档中出现的次数}{该文档的总词数}$$

如图 5-47 所示，针对图中文档，"北京""星悦"和"小区"词条均仅出现一次，故其词频 TF 均为 1/3。

图 5-47　词频（TF）计算示意图

逆文档频率 IDF 是针对多个文档而言的，其计算公式如下。其中分母加一的目的是避免某词条在所有文档均未出现而导致分母为零的数学计算错误（如无特殊标注，后文中的 log 均以 e 为底）。

$$逆文档词频(IDF) = \log\left(\frac{文档库中总文档数}{包含该词的文档数 + 1}\right)$$

如图 5-48 所示，针对图中所示 3 个文档，词条"北京"在 3 个文档中均出现，故其 IDF 最低，而"星悦""国贸""国风"和"大厦"等词条均仅在其所属的文档中出现一次，故其 IDF 最高。

图 5-48 逆文档词频（IDF）计算示意图

最终综合二者得到针对查询文本的最终分数，即 TF × IDF。

BM25 的逆文档词频和 TF/IDF 类似，也是对词语罕见程度的表示。某词在词库里越多文档中出现，说明其重要性和代表性越低。针对某词条 q，BM25 的 IDF 计算公式如下：

$$IDF_{BM25} = \log\left(\frac{N - n + 0.5}{n + 0.5}\right)$$

其中，N 表示词库中的文档总数，n 为包含该词 q 的文档个数。可以看到，和 TF/IDF 的逆文档词频计算公式相比，BM25 并未做过多修改，仅在其分子分母上做了部分修改。

BM25 的修改更多的是对词频 TF 的计算优化。根据上述的 TF/IDF 分数计算公式，词频 TF 作为因子直接与 IDF 相乘得到分数，而 IDF 是对数函数，变化缓慢，故这种方式使得词频对分数的影响过大。BM25 则对这种过分影响进行了抑制，其仍然允许词频 TF 对于得分的正向贡献，但同时将其抑制在有限范围之内，即当词频 TF 增大到一定水平之后使其趋近于一个常量，对应的公式如下：

$$TF_{BM25} = \frac{(k+1)TF_{TF/IDF}}{k + TF_{TF/IDF}}$$

由上述公式可得，TF_{BM25} 在 $TF_{TF/IDF}$ 基础上，引入了一个 k 值常量。通过常量 k 的引入，使得 TF_{BM25} 永远都不会超过 $k+1$，随着词频的增加只能越来越接近 $k+1$。因此，k 值的变化是非常重要的模型调节手段，找到一个适合应用场景的 k 值，可以让词频的影响达到最合适的水平。在极端情况下，当 k 等于 0 时，TF_{BM25} 恒为 1，此时相当于不考虑词频信息 TF；当 k 趋于无限大，TF_{BM25} 即为 $TF_{TF/IDF}$，此时相当于使用原始的 TF/IDF 模型中的词频 TF。此外，ES 内部 k 的默认值为 1.2，以供读者参考。

BM25 对词频 TF 的优化远不止于此，它还将文档的长度考虑进来。具体做法是将上面 TF 公式中分母上的 k 值做了扩展，得到下面的公式：

$$\text{TF}_{BM25} = \frac{(k+1)\text{TF}_{TF/IDF}}{k\left(1-b+b\dfrac{dl}{avg(dl)}\right)+\text{TF}_{TF/IDF}}$$

其中，dl 为当前文档的长度，avg 为文档库中文档的平均长度。当前文档越短，则逼近上限的速度越快，反之则越慢，如一个标题可能只有几个词，则仅需匹配很少的词就可以确定相关性，而一个大篇幅的文章需要有更多词的匹配才可能与它的主要内容相吻合。此外，该公式中还有一个常量 b，其为 BM25 中调节当前文档长度影响程度的因子，当 b 等于 0 时相当于不考虑当前文档长度的影响，当 b 值越大时当前文档长度则会对词频得分有更大的影响。BM25 最终的得分公式如下：

$$Score_{BM25} = \sum IDF_{BM25}\frac{(k+1)\text{TF}_{TF/IDF}}{k\left(1-b+b\dfrac{dl}{avg(dl)}\right)+\text{TF}_{TF/IDF}}$$

其中求和符号表示将每个分词的 IDF 分数相加。

BM25 相比于传统的 TF/IDF，考虑的因素更多且各因素的影响更加平滑，最重要的是 BM25 为我们提供了各种调节因子，以方便针对不同场景控制各种因素的影响程度。

■ **查询展示**

创建好索引并配置好模型后，搜索过程就非常简单。通过 ES 提供的 match 接口进行请求，就会得到排名后的地址信息。最后取出查询结果，将其经纬度表示的空间位置点及其名称在地图上可视化即可。

2. 基于地理层级树的滑窗匹配算法

上述基于 ES 和 IK 的分词匹配地理编码算法，其本质是纯文本的匹配思路，并没有考虑地址的层级信息。例如，搜索地址"北京市通州区星悦国际小区"，假设数据库中朝阳区和通州区均存在该同名小区，但不存在两个小区分别对应的上级街道和区信息，则此时无法判断该地址到底属于哪个数据记录。

解决该问题的方法也很简单，就是建立地理实体的层级关系。下文首先介绍如何构建地理层级树，然后介绍两种基于地理层级树的地址搜索方法。

■ **地理层级树的构建**

本质上，基于行政区归属的地理层级关系就是一棵多叉树。如图 5-49 所示，将行政区从上到下分为省、市、区、街道、社区、小区、楼栋、单元和门牌号共计 9 级，每个节点可以包含多个下一层级的孩子节点。

值得注意的是，图 5-49 所示的地理层级树还包含兴趣点（Point Of Interest，POI）这类节点，这是因为在实际情况中有很多兴趣点无明确的行政区层级关系，例如商圈、学校或公园等，但是这些地点往往是用户搜索的热点，故有必要将其纳入地理层级树，以便参与后续的地址搜索。本书将兴趣点挂载至社区级别节点下，因为小区范围往往很具体，街道范围又过大，挂载至社区正合适，这也是一个权衡的结果。

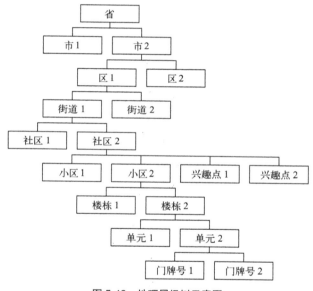

图 5-49　地理层级树示意图

■　**基于地理层级树的分词匹配算法**

基于地理层级树的分词匹配算法大致可分为 3 个步骤，即地址分词、节点匹配和路径选择。

第一步，地址分词。地址分词的思路很简单，就是基于已有的数据，将地址文本的每个字符组合并划分为已有的地址名称，例如针对地址"北京市朝阳区安贞街道涌溪社区安贞里一区 10 号楼"，则划分的结果为"北京市 / 朝阳区 / 安贞街道 / 涌溪社区 / 安贞里一区 /10 号楼"。

值得注意的是，上述的例子是一种理想的情况。现实情况中，用户填写的地址往往存在别名、错写、漏写和矛盾的情况。

1）别名情况：真实的地址不会严格按照标准地址名称填写，如将"北京市"写为"北京"，"朝阳区"写为"朝阳"，"10号楼"写为"10栋"等，这些情况无法避免，所以在分词时需要进行适当处理，如可以去掉省市区街道社区等标准化后缀、使用正则表达式提取楼栋编号等。

2）错写情况：用户因为填写失误等原因，可能会将地址信息写错，如将"安贞街道"写为"安镇街道"，将"安贞里一区"写为"安贞一区"等，面对这种情况，可以使用拼音或使用最长公共子序列来进行近似匹配，例如"安贞街道"和"安镇街道"两者拼音均为"anzhenjiedao"。"安贞里一区"和"安贞一区"的最长公共子序列长度为4，故两者相似度可简单定义为4/5=0.8等。

3）漏写情况：大多用户填写地址时并不知道地址所在的社区甚至街道的名称，如"北京市朝阳区安贞里一区10号楼"，这个地址就缺少了街道和社区的信息。

4）矛盾情况：用户填写的地址中也可能存在相互矛盾的情况，如地址"北京市海淀区朝阳区安贞里一区"，该地址同时出现了"海淀区"和"朝阳区"两个区的信息，而根据地理层级树的构建原则，一个地址是不可能同时属于两个区的，故产生了相互矛盾的情况。但是这种情况比较好处理，可以利用地址文本中的其余层级信息进行辅助判断，如"安贞里一区"其实是属于"朝阳区安贞街道"，故可识别"海淀区"是一个错写的情况，进而进行排除。

第二步，节点匹配。 节点匹配的步骤事实上是和地址分词的步骤同时进行的，因为分词是基于地理层级树的节点名称的，故分词时仅需记录每个分词对应哪个节点即可。值得注意的是，一个地址分词是可能同时对应多个节点的，因为会存在同名或名称相似的情况。

值得注意的是，该步骤仅匹配小区及小区以上级别的地理层级节点，这是因为小区以下的地址级别不具有特殊性，例如每个小区都有1号楼和2号楼、每个楼栋都有1单元和2单元、每个单元都有101号和102号等。若将这些低层级节点加入匹配，会使得匹配成功的节点数量激增，这会给后续的路径选择步骤带来一定的性能和准确度影响，例如用户输入"北京市海淀区白堆子小区7号楼"，但是该小区并没有7号楼，同时其他多个小区包含7号楼，根据下述的路径选择规则，可能会导致该地址被判定为其他小区，但是这种情况大多是因为用户楼栋号填写失误，其真实的目的还是想要查找"北京市海淀区白堆子小区"。综上，一个简单的处理方案就是仅匹配小区及小区以上的节点，至于小区以下的节点，可以等到该路径选择完毕后，再基于该路径的子树进行楼栋单元门牌号的信息匹配。

第三步，路径选择。 经过上述地址分词和节点匹配两个步骤，已经在地理层级树上匹配到了多个节点，倘若有且仅有一条路径包含所有匹配到的节点，则不存在路径选择的情况，算法结束。但是因为存在上述的地址别名、错写、漏写和矛盾等情况，往往会出现多条路径可供选择，此时便需要定义一些规则来决定具体选用哪条路径。在该算法中，我们定义了如下 3 条路径选择规则。

1）一长一短选最长：即优先选择长度较长的路径。如图 5-50(1) 所示，路径 1 跨越 3 个节点长度为 2，路径 2 跨越 4 个节点长度为 3，因路径 2 的长度大于路径 1，故最终选择路径 2。

2）一多一少选最多：即在路径长度相等的情况下，优先选择包含较多匹配成功节点的路径。如图 5-50(2) 所示，路径 3 和路径 4 均跨越 4 个节点，长度为 3，但路径 4 包含 3 个成功匹配的节点，而路径 3 仅包含 2 个成功匹配的节点，故最终选择路径 4。

3）一深一浅选最深：即在路径长度和路径包含匹配成功节点数均相等的情况下，优先选择匹配成功节点层级较深的路径。如图 5-50(3) 所示，路径 5 和路径 6 均跨越 4 个节点，长度为 3，且二者均包含 3 个成功匹配的节点，但因路径 6 中成功匹配的节点的层级数之和较大，路径 5 为 1+2+4=7，其中 1、2、4 分别为路径 5 中匹配成功的 3 个节点的层级数，路径 6 为 1+3+4=8，可以形象地称之为路径 6 比路径 5 更深，故最终选择路径 6。

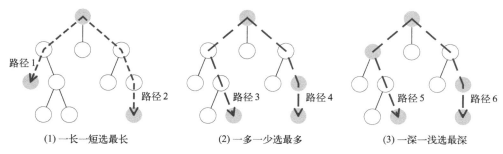

(1) 一长一短选最长　　　　(2) 一多一少选最多　　　　(3) 一深一浅选最深

图 5-50　路径选择规则示意图

■ **基于地理层级树的滑窗匹配算法**

上述基于地理层级树的分词匹配算法其实存在如下问题。

1）人们表达地址的行为是多样的，同时习惯使用近似的名称去描述地址，因此并不会精准命中层级树的节点名称，进而导致匹配精度的下降。

2）地址数量庞大，层级树无法完全覆盖，例如全北京约有 1 万的社区且动态更新，因此层级树很难覆盖全部地址数据。

3）分词匹配算法将成功匹配节点的权重视为同等，虽然有路径选择规则中对较深层级节点的偏向，但这明显不够精细，无法精确量化每条路径的匹配程度或可信度。

要想解决分词匹配算法的 3 个问题，其核心就是两点，即模糊搜索和加权匹配。对此，本书再提出一种基于动态滑窗的地理层级树匹配算法。

滑窗匹配算法与分词匹配算法的流程相同，即分三步走：滑窗分词、节点匹配和路径选择。

滑窗分词，是指对地理层级树节点进行滑窗分词，同时计算这些分词的权重。指定最大滑窗长度 N，然后从 2 至 N，针对每个节点名称进行滑窗分词，其过程与 IK 的 **ik_max_word** 分词器类似。举个例子，针对长度为 2 的滑窗，节点名称"国风美伦小区"将被切分为："国风""风美""美伦""伦小""小区"。值得注意的是，分词的同时需要记录分词与其对应的节点的映射关系，以便后续索引加快查询。然后将每个节点名称看作一个文档，每个滑窗分词看作文档中的一个词条，利用前文介绍的 **TF/IDF** 计算每个节点名称的滑窗分词的权重 w，这主要是用于区分不同分词对其所属节点的代表性。例如，社区节点的名称都是有一定格式的，如银闸社区、东厂社区或智德社区等，那么常见词条"社区"普遍是没有意义的，仅仅输入"社区"是无法判断具体是哪个社区，但是"银闸"是特征词条，可以代表其社区，输入"银闸"也有较大可能判断为"银闸社区"。

节点匹配，主要将地址文本的滑窗分词与地理层级树节点的滑窗分词进行匹配，并计算节点匹配权重。首先按上述滑窗方式对待查询的地址文本进行分词，得到分词集合 Q；然后将每个地址文本分词 q 与节点名称分词进行映射并匹配，注意地址文本分词与层级树节点是多对多的关系，即分词 q 可能成功匹配多个节点，节点也可能被多个分词所映射；最后计算匹配成功节点的权重，权重计算主要考虑两个因素，一是匹配分词的长度，二是匹配分词的 IDF 值，其公式如下，即若某节点被匹配的字符越多，且匹配字符在整棵层级树节点名称中越稀有，则该节点越可能反映查询意图，应被赋予更大权重。

$$weight_{matched-node} = \sum len(word_i) \times IDF(word_i)$$

路径选择，主要基于匹配成功的节点计算得到最终的最佳路径，该路径即为待查询地址文本对应的地址路径。首先给定一个阈值，将匹配权重小于该阈值的节点剔除。剔除匹配权重较低的节点的目的是避免这些的节点的干扰，例如某些节点可能匹配到了一些无代表性的词条，如"社区"或"小区"等，则也会计算得到一个较小的权重。同时，剔除这些节点也可以加速后续步骤。然后，基于剔除后的匹配节点得到候选路径，计算每条候选路径的加权分数，其计算公式如下所示。

$$weight_{path} = \sum weight_{matched-node}(node_i) \times weight_{level}[level(node_i)]$$

其中，$weight_{level}$ 是一个数组，大小为地理层级树的最大深度即 9，代表不同层级的节点具有不同的权重。可以看到，以小区对应的层级深度 6 为界，越往上层级越小对应的权重越小，越往下层级越大对应的权重也越小。这也是符合实际情况的，因为小区名称是具体的，大多可唯一定位，而越往上表示的范围越大越模糊，同时越往下因为楼栋、单元和门牌号几乎每个小区都有，也不具备唯一性，因此以小区为边界，不论往上还是往下，其层级权重都应该是递减的，如下公式正好满足这一特征。

$$weight_{level} = \begin{cases} \dfrac{1}{2^{6-level}}, & if\ level \leqslant 6 \\ \dfrac{1}{2^{6-level}}, & if\ 6 < level \leqslant 9 \end{cases}$$

最后选择加权分数最大的候选路径作为最终结果返回即可，例如查询地址文本"北京通州区台湖国风美伦"对应的最佳节点路径为"北京市|北京市|通州区|台湖镇|国风社区|国风美伦小区"，该路径即为最终的地理编码结果。值得注意的是，该路径中出现两个北京市，这是因为北京市是直辖市，为适配本文定义的九级地理层级树，对于直辖市而言，将省级和市级节点设为同一名称。

5.6.2 逆地理编码

逆地理编码，顾名思义，其过程与正地理编码相反，即给定经纬度坐标查询其对应的地址描述，如行政区划层级或兴趣点位置等。

逆地理编码的本质是 k 最近邻（k-Nearest Neighbor，kNN）查询，即给定查询空间对象 q，查询与 q 距离最近的空间对象，并将其地址描述返回。

一种简单的方式便是将给定空间对象与数据库中所有数据进行两两距离计算后取距离值最小的数据即可，然而在大数据背景下，这种方法往往是不可行的，即使这是一种线性解决方案，即仅需扫描一遍数据库，其耗时也是难以接受的。

仔细思考一下，k 最近邻查询最终的结果只有一条，所以遍历一遍数据库扫描了很多无效的数据，这些数据其实没有必要参与距离计算。那么有没有什么方法可以有效地对这些数据进行剪枝呢？其实答案就是第 4 章介绍的时空索引，通过索引快速进行空间范围查询，同时直接过滤不在范围内的数据。

如图 5-51 所示，假设数据库中有 o_1 到 o_{10} 共计 10 个空间对象，图中标记为空心圆圈或方框，查询点 q 使用实心圆圈表示，另外使用欧式距离函数计算两个空间对象之间的距离。首先创建数据库中所有对象的空间索引。因为图中既有点数据也有非点数据，故可以创建 XZ 索引。

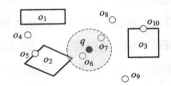

图 5-51　最近邻示意图

查询时，可以先以查询点 q 为中心构建查询范围，图中使用带有阴影的虚线圆圈表示，然后基于索引查询其周围的空间对象，得到空间对象 o_2、o_6 和 o_7，最后计算查询得到的空间对象与查询点 q 的真实距离并对其排序后取最短距离。因为 o_6 距离 q 最近，所以可得查询点 q 的最近邻结果为 o_6。这里面其实有两个问题值得思考，即如何确定查询范围和为何可以将查询范围外的所有空间对象直接排除。

对于第一个问题，查询范围如何确定，其实这没有特别好的方法，一般是根据历史情况取一些经验值，例如可以统计空间对象在各个区域的密度分布，然后简单地将空间位置和密度的关系做一个线性拟合，后续便可基于该拟合函数进行近邻查询范围的推断。但是值得注意的是，查询范围可能会落空，即没有查到数据，此时便需要扩大查询范围以进行二次查询，而这是十分消耗资源的，应尽量避免这种情况的发生。因此，查询范围越小，单次查询速度越快，但有可能会查无结果，进而触发二次查询导致更长的耗时；反之查询范围越大，越不可能触发二次查询，但是相应的代价是查询速度会变慢。简而言之，查询范围和二次查询是一个权衡的过程。实际情况中，二次查询的代价往往更大，故一般第一次查询时便会取一个较大的空间范围，以避免二次查询。

对于第二个问题，为何可以直接排除查询范围外的空间对象，原因其实也很简单，因为查询范围是一个圆形，那么圆形外的任何空间对象上的任意一点与查询点 q 的距离均大于圆形查询范围的半径，因此只要保证查询范围内有结果，就能保证最近邻一定在其中。但是这个特性是欧式距离独有的，当距离函数发生变化时，该特性可能不复存在，需要根据实际情况进行推断，这里不再赘述。

5.7 连接分析

连接运算（Join）是数据库领域很常用的一类分析算法，如 SQL 语句 SELECT R.*, S.* FROM R JOIN S ON R.a=S.b 用于从两个表 R 和 S 中找到所有满足特定关联关系的二元组 (r, s)，其中 r 和 s 分别表示表 R 和 S 中的记录，关联关系通常用 R 和 S 的字段的布尔表达式来定义，放在关键字 ON 后面（R.a=S.b）。该示例 SQL 语句中，如果记录 r 的属性 a 和记录 s 的属性 b 相等，则二元组 (r, s) 就会作为连接运算的输出结果。

当 R 和 S 是两个时空数据表（或者两个时空数据集），且关联关系用 R 和 S 的空间字段表达时，我们将这种连接运算称为空间连接（Spatial Join），当关联关系中既有空间关系又有时间关系时，我们称其为时空连接（Spatio-temporal Join）。空间连接和时空连接能够挖掘地理实体在空间和时空上的相关性，具有很高的应用价值。

下面我们首先介绍空间连接的形式化定义和一些通用概念，然后介绍两种经典的空间连接运算：空间距离连接和空间 k 最近邻连接。最后引入时间维度，介绍时空连接的算法。

5.7.1 空间连接

为了方便后续算法的阐述，首先给出空间连接的定义。

定义 5-1 空间连接（Spatial Join）：对于空间数据集 **R** 和 **S**，空间连接就是计算符合空间谓词 *pred* 的所有空间对象二元组 (r, s)，*pred* 表达了 r 和 s 的空间关系，形式化的定义如下：

$$\mathbf{R} \bowtie_{pred} \mathbf{S} = \{(r,s), r \in \mathbf{R}, s \in \mathbf{S}, pred(r,s) = true\}$$

空间连接可以理解为批量的空间查询，即对数据集 R 中的每个空间数据 r，在数据集 S 中查询与 r 满足空间谓词 *pred* 的空间数据 s。下面我们根据空间连接谓词 *pred* 的不同，给出 2 种常用的空间连接的定义。

1. 空间距离连接

我们将 *pred* 表示 r 和 s 的空间距离小于某个值时的空间连接称为空间距离连接。空间距离连接依赖空间距离查询，r 在数据集 S 上的空间距离查询的形式化表示为：

$range(r,\delta,\mathbf{S}) = \{s\mid s\in\mathbf{S},d(r,s)\leqslant\delta\}$，其中 $d(r,s)$ 表示 r 和 s 的空间距离，δ 表示设定的距离阈值。有了空间距离查询的定义，则空间距离连接的形式化定义为：$\mathbf{R}\bowtie\mathbf{S}=\{(r,s),r\in\mathbf{R},s\in range(r,\delta,\mathbf{S})\} = \{(r,s)\mid r\in\mathbf{R},s\in\mathbf{S},d(r,s)\leqslant\delta\}$，可以理解为对每个 $r\in\mathbf{R}$，执行空间距离查询并收集结果 range(r, δ, S)。

直接计算线和面类型的空间数据之间的距离是一个耗时的操作，通常会将空间数据 r 的 MBR 向外扩展距离 δ，形成一个扩展 MBR（Extended Minimun Bounding Rectangle），r 的扩展 MBR 用 $r.embr(\delta)$ 表示。然后，判断 $r.embr(\delta)$ 是否与空间数据 s 的 MBR 相交，若满足 intersects($r.embr(\delta)$,s.mbr)=true，才会进一步计算 r 和 s 的空间距离 $d(r,s)$ 并判断其是否小于等于 δ。因为 intersects($r.embr(\delta)$,s.mbr)=true 是 $d(r,s)\leqslant\delta$ 的必要条件。

2. 空间 k 最近邻连接

我们将 *pred* 表示 s 是数据集 S 中距离 r 最近的 k 个空间数据之一时的空间连接称为空间 k 最近邻连接。空间 k 最近邻连接依赖空间 k 最近邻查询，在数据集 S 中查询与空间数据 r 相距最近的 k 个空间数据 s 的集合表示为：$kNN(r,\mathbf{S})=\{s_1,s_2,s_3,\cdots,s_k\}$。空间 k 最近邻连接用于对每个 $r\in\mathbf{R}$，获取空间 k 最近邻查询 $kNN(r,\mathbf{S})$ 的结果，形式化定义为：$\mathbf{R}\bowtie\mathbf{S}=\{(r,s)\mid r\in\mathbf{R},s\in kNN(r,\mathbf{S})\}$。

相比空间距离连接，空间 kNN 连接的复杂度更高。在空间距离连接中，距离作为明确的参数 δ 由用户指定，可以断定与空间数据 r 的距离小于等于 δ 的空间对象 s 一定在空间范围 $r.embr(\delta)$ 内，即在执行空间距离连接时，已知结果集的空间边界。而空间 kNN 连接中，与空间对象 r 相距最近的 k 个空间对象 s 所在的空间范围是未知的，有可能距离 r 很近，也有可能很远。

根据上述的定义我们不难发现，空间连接可以理解为批量的空间查询，即对数据集 R 中的每个空间数据 r，在数据集 S 中查询与 r 满足空间谓词 pred 的空间数据 s。我们知道空间索引可以用来优化空间查询，空间连接运算也正是利用空间索引来实现的，算法流程如下所示。首先为数据集 S 构建空间索引，然后对于数据集 R 中的每个空间对象 r，在空间索引中查询与 r 满足空间谓词 pred 的空间对象 s，得到二元组 (r, s) 的集合 P。

基于空间索引的空间连接算法

输入：空间数据集 **R** 和 **S**

输出：相交的空间对象二元组集合 P

1. 创建空间索引对象 *spatialIndex*
2. **foreach** *s* ∈ **S** **do**
3.   *spatialIndex*.insert(*s*) // 将空间对象 *s* 挂到空间索引树上
4. **enddo**
5. **foreach** *r* ∈ **R** **do**
6.   *candidates* ← *spatialIndex*.search(*r.mbr*)
7.   将集合 *candidates* 中与 *r* 满足空间谓词的 *s* 组成二元组 (*r,s*) 并加入结果集 **P**
8. **enddo**

算法结束

5.7.2 分布式扩展

当数据集 R 和 S 的数据数量很大时，需要使用分布式计算。将整个空间范围划分成多个小的空间范围 $\mathbf{B} = \{b_1, b_2, b_3, \cdots, b_n\}$，其中 b 是一个用 MBR 表示的矩形空间范围。然后将 R 和 S 中的数据分配（repartition）到不同的空间范围中，同一空间范围中的空间数据组成一个分区（Partition）。最后将每个分区内属于数据集 R 和 S 的数据匹配到一起（zipPartitions），在分布式集群上并行地执行空间连接运算（Parallel Computing），一个空间分区对应一个分布式任务，如图 5-52 所示。

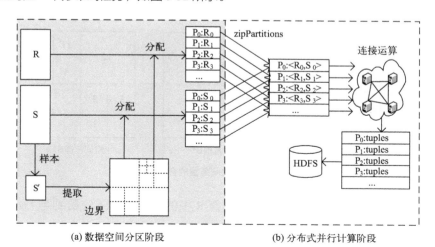

(a) 数据空间分区阶段　　　　　　　　(b) 分布式并行计算阶段

图 5-52　分布式空间连接示意图

1. 分布式空间距离连接

若用 R.*mbr* 表示整个空间数据集 R 的空间范围，则与任意空间数据 *r* 的距离小于等于 δ 的空间数据 *s* 一定位于空间范围 R.*embr*(δ) 内，我们称 R.*embr*(δ) 为有效空间范围。根据这一特点，我们执行空间距离连接之前将有效空间范围之外的空间数据 *s* 过滤掉，以避免这些空间数据 *s* 参与后续的计算。如图 5-53 所示，只需要保留与阴影部分相交的空间数据 *s*，来参与候选空间距离连接运算，我们将阴影部分表示的空间范围称为全局域，后续空间分区的划分是基于全局域进行的。

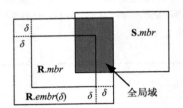

图 5-53　全局域示意图

前文已介绍过，要实现空间分区的负载均衡，就需要考虑数据在空间上的分布，通常使用样本的空间分布近似表示整个数据集的空间分布。在空间连接运算中，有两个数据集 R 和 S，所以空间分区的划分要兼顾两个数据集的空间分布。可以分别基于数据集 R 和 S 的样本，生成两个空间范围的集合 B^R 和 B^S，如图 5-54 所示。然后进行空间范围合并，保留最细粒度的空间范围，形成最终的空间范围 B，每个空间范围 $b \in$ B 由其空间范围 *b.mbr* 和编号 *b.id* 组成。

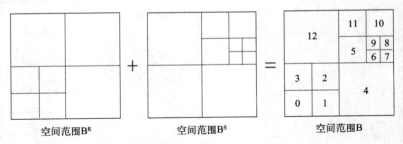

图 5-54　空间范围的合成

在进行数据的空间分配时，将数据集 R 中的空间数据 *r* 分配到与 *r.embr*(δ) 相交的空间范围中，将数据集 S 中的空间数据 *s* 分配到与 *s.mbr* 相交的空间范围中，然后根据空间范围编号，将相同编号的 *r* 和 *s* 收集到一起，组成一个数据分区

Partition。对于分区 p_i，基于 r.embr(δ) 和 s.mbr 进行空间相交计算，得到中间结果集 $\mathbf{I}_i = \{(r,s)\,|\,intersects(r.embr(\delta), s.mbr) = true\}$。

因为在空间分配时，r 和 s 会被分到多个与其相交的空间范围中，二元组 (r, s) 就有可能会出现在多个中间结果集 I_i 中，因此需要执行去重操作。分布式空间距离连接使用参考点对结果去重，如图 5-55 所示，选择 r.embr(δ) 和 s.mbr 相交部分的左下角为参考点，只保留参考点所在分区内的二元组，即只将图中分区 0 中的二元组 (r,s) 保存到中间结果集 I0 中，分区 1 中的二元组会被认为是重复结果而被从 I_1 中丢弃。

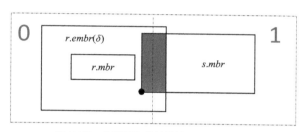

图 5-55 空间距离连接的结果去重示意图

最后对去重后的中间结果集 $\mathbf{I}_i$ 中的每个二元组 (r,s) 计算其空间距离，并保留距离小于 δ 的二元组，得到空间距离连接的最终结果 $\mathbf{R} \bowtie_\delta \mathbf{S} = \{(r,s)\,|\,r \in \mathbf{R}, s \in \mathbf{S}, d(r,s) \leq \delta\}$。将去重操作放在距离计算之前是为了避免对重复结果执行没必要的距离计算，因为复杂空间数据之间的距离计算是比较耗时的。

2. 分布式空间 k 最近邻连接

空间 k 最近邻查询无法像空间距离连接那样根据距离 δ 预先过滤掉无用的空间数据 s，并确定一个小范围的全局域。空间数据 r 的 k 个最近邻空间数据有可能会出现在任意一个空间分区中，这为空间范围的划分和空间数据的分配带来了很大的麻烦，因为无法预判 r 的 k 个最近邻空间数据所在的空间位置。

要解决上述问题，首先要了解 k 最近邻查询的过程。如图 5-56 所示，为数据集 S 构建 STRtree 索引，并设 $k=2$。因为空间数据 r 落在叶子节点 b_0 中，所以 kNN 查询会从 b_0 开始，通过计算 r 与 b_0 中的 s_1 和 s_2 的距离，得到与 r 距离最近的 2（因为 $k=2$）个空间数据 s_1 和 s_2，至此，可以确定 kNN(r,S) 所在的空间范围不会超过以 $d(r,s_2)$ 为半径的圆形区域。与圆形区域相交的叶子节点只有 b_2，接下来只需要对 b_2 中的 s_3 与 r 进行距离计算，最后取 $d(r,s_1)$、$d(r,s_2)$、$d(r,s_3)$ 中值最小的两个 s 作为 r 在数据集 S 上的 k 最近邻 kNN(r,S)。

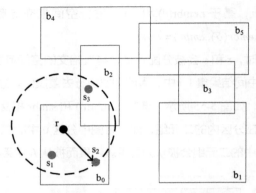

图 5-56　空间 k 最近邻查询示意图

由上述分析可知，为每一个空间数据 r 确定一个 k 最近邻的搜索半径是非常重要的，只要确定了搜索半径，即可将空间 k 最近邻连接转换为空间距离连接，不妨令 r 的搜索半径为 $r.\delta$，则在执行空间距离连接时 r 的扩展 MBR 为 $r.embr(r.\delta)$。基于这个思路，我们可以将分布式空间 k 最近邻连接运算划分为两个步骤：第一步为每个空间数据 r 确定搜索半径 $r.\delta$，第二步执行分布式空间距离连接并在结果 $rang(r,r.\delta,S)$ 中保留距离 r 最近的 k 个空间数据 s。下面我们将分步骤介绍分布式 k 最近邻连接的计算过程。

■ **空间范围划分**

分布式 kNN 连接也使用 Quad-Tree 空间分区策略，只是为了确保第一轮计算能够为每个 r 找到最小扩展距离 $r.\delta$，需要尽可能保证每个空间分区内 s 的数量大于等于 k。如图 5-57(a) 所示，$k=2$ 时，左下角四个分区的样本数之和为 8，四个分区中则至少有一个分区的样本数量大于等于 2。

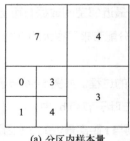

(a) 分区内样本量

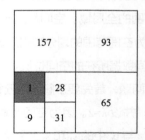

(b) 分区内数据总量

图 5-57　空间分区内 s 的数量统计

与分布式空间距离连接不同的是，分布式空间 k 最近邻连接仅对 S.mbr 进行划分得到空间范围集合 B，并且用数据集 S 的样本来实现分区的负载均衡，空间范围的划分过程中没有数据集 R 的参与，这种划分方式与下文的算法逻辑相关。

■ **第一轮 kNN 计算（确定搜索半径）**

首先是数据分配。对数据集 S 中的每个空间数据 s，将其分配到与 s.mbr 相交的空间范围内。然后统计每个空间范围内 s 的总数，如图 5-57(b) 所示，空间分区内 s 的总数要比样本数多出很多倍。对于数据集 R 中的每个空间数据 r，将其分配到距离最近且 s 总数大于等于 k 的空间范围内，如图 5-57(b) 中，如果 r 位于阴影表示的空间范围内，由于其中 s 的数据量为 1，小于 2（$k=2$），则无法在阴影分区内求得 r 的最小扩展距离 $r.\delta$，所以 r 不会被分配到该阴影分区，而是会被分配到距离最近且总数大于 2 的分区。

对于空间分区 p_i，将来自 R 的数据 $\mathbf{R}_i$ 和来自 S 的数据 $\mathbf{S}_i$ 作为任务的输入。任务中为每个 $r \in \mathbf{R}_i$ 计算出 k 个空间对象 $s \in \mathbf{S}_i$，组成候选集 $\mathbf{C}_r$，并计算 r 的最小扩展距离 $r.\delta = \max_{s \in \mathbf{C}_r} d(r,s)$。

所有任务并行计算，得到混合解 $\mathbf{C} = \{(r, \mathbf{C}_r, r.\delta) \mid r \in \mathbf{R}, \mathbf{C}_r \subseteq \mathbf{S}, |\mathbf{C}_r| = k\}$，混合解 C 中包括了一部分精确解。如果集合 $\mathbf{C}_r$ 满足 $\forall s \in \mathbf{S}, s \notin \mathbf{C}_r, d(r,s) \geq r.\delta$，则 $\mathbf{C}_r = kNN(r, \mathbf{S})$，即 $\mathbf{C}_r$ 是空间对象 r 的 k 最近邻查询的精确解。从混合解 C 中提取精确解 $\mathbf{E}_1 = \{(r, \mathbf{C}_r) \mid r \in \mathbf{R}, \mathbf{C}_r = kNN(r, \mathbf{S})\}$ 和近似解 $\mathbf{A} = \{(r, r.\delta)\}$，近似解中只保留了 $r.\delta$ 而丢弃了 $\mathbf{C}_r$。

提取精确解的方法如图 5-58 所示，如果满足 $p_i.mbr.contains(r.embr(r.\delta))$，则 r 在分区 p_i 中求得的 $\mathbf{C}_r$ 就是精确解。图中以 $k=3$ 为例，空间线数据 r_1 在分区 p_0 中得到了精确解，而空间线数据 r_2 在分区 p_1 中得到的是近似解，因为 $r_2.embr(r_2.\delta)$ 超出了 $p_1.mbr$，在 p_0 中可能存在与 r_2 距离小于 $r_2.\delta$ 的空间对象 s。

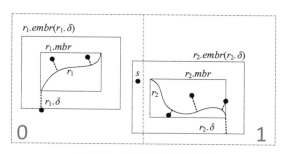

图 5-58 精确解提取示意图

■ 第二轮 kNN 计算（计算 k 最近邻）

本轮计算的目的是对上一轮的近似解 $\mathbf{A}=\{(r,r.\delta)\}$，通过空间距离连接求得精确解。将近似解 $\mathbf{A}$ 中的每个空间对象 r 分配到与 $r.embr(r.\delta)$ 相交的空间分区中。

对于空间分区 p_i，将来自近似解 $\mathbf{A}$ 的空间数据 $\mathbf{A}_i$ 和来自数据集 $\mathbf{S}$ 的 $\mathbf{S}_i$ 作为任务的输入，执行上文介绍的分布式空间距离连接。对每个 $r\in\mathbf{A}_i$，得到计算结果集 $\mathbf{T}_r^i=\{s\,|\,s\in\mathbf{S}_i,d(r,s)\leqslant r.\delta\}$，并使用分布式空间连接中介绍的参考点去重策略对结果集 $\mathbf{T}_r^i$ 去重。所有任务并行计算，得到中间结果 $\mathbf{I}=\{(r,\mathbf{T}_r^i)\,|\,r\in\mathbf{A}\}$。因为 r 会被分配到多个分区中，所以对同一个 r，会有多个 $\mathbf{T}_r^i$ 与之对应。将 $\mathbf{I}$ 以 r 为 key 执行 *groupByKey* 操作，每个 r 得到 $\mathbf{T}_r'=\{\mathbf{T}_r^i\,|\,r\in\mathbf{A},(r,\mathbf{T}_r^i)\in\mathbf{I}\}$。从集合 $\mathbf{T}_r'$ 中求出 r 的 k 最近邻 $\mathbf{C}_r=kNN(r,\mathbf{T}_r')=kNN(r,\mathbf{S})$，最终得到第二轮计算的精确解 $\mathbf{E}_2=\{(r,\mathbf{C}_r)\,|\,r\in\mathbf{A},\mathbf{C}_r=kNN(r,\mathbf{S})\}$。

将第一轮的精确解 $\mathbf{E}_1$ 和第二轮的精确解 $\mathbf{E}_2$ 合并得到分布式 kNN 连接的最终结果 $\mathbf{E}=\mathbf{E}_1\bigcup\mathbf{E}_2=\{(r,s)\,|\,r\in\mathbf{R},s\in kNN(r,\mathbf{S})\}$，至此分布式空间 k 最近邻连接运算完成。

5.7.3 时空连接

时空伴随检测也可以通过时空连接算法来实现，然而目前并没有一个关于时空连接的标准定义，其主要难点在于无法定义一个时空距离来类比空间连接中的空间距离 $d(r,s)$，因为时间和空间是完全不同的度量维度。但是，学术界也创造性地提出了一些基于时间范围过滤的空间连接算法 [11]。

对于时空连接来说，需要对时空数据集 S 构建时空索引（Spatio-temporal Index），然后对每个时空数据 $r\in\mathbf{R}$，在时空索引上查询一定时间范围内满足空间谓词的时空数据 s。

时空索引是在空间索引的基础上兼顾了时间分片，这样在做时空查询时，能够同时在时间和空间两个维度上进行剪枝，提高时空查询的效率。可以先划分时间片，然后对每个片内的数据构建空间索引；或者先构建空间索引，然后在每个索引节点上再划分时间片；还可以是空间和时间同时划分，构建一个真正的时空索引。如图 5-59 所示，t 表示时间节点、s 表示空间节点，每个节点都对应一个时间范围和空间范围，根节点 Root 的时间范围和空间范围等于数据集 S 的时间范围和空间范围。

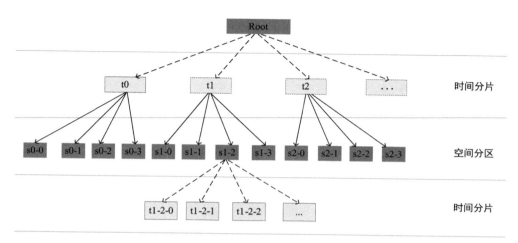

图 5-59　时空索引树结构

　　时空数据的体量通常都是随着时间推移而增加的，通常需要使用分布式计算。分布式时空连接和分布式空间连接要解决的问题是类似的：每个数据分区的时间片和空间范围怎么划分、并行计算的结果怎么去重。当然还有一些个性化的问题，此处就不再深入讨论。

第 **6** 章

数据服务与共享

数据只有被更多的人使用，被用来解决更多的现实问题才会产生更大的价值。传统 C/S 架构的 GIS 系统既不方便数据共享，也难以支持大规模用户的使用。不过，随着计算机技术和时空理论的发展，时空数据服务能力已经有了跨越式的发展，让时空数据真正流动起来。本章将首先介绍时空数据共享过程中的难题，然后介绍目前时空数据服务的主要规范和相关产品。

6.1 时空数据共享难题

数据共享难是所有行业一直都在面临的问题。其中的原因多种多样，有技术问题，也有一些行业本身的发展问题。本节重点从技术角度，分析一下时空数据系统在发展过程中出现的一些共享问题。

6.1.1 标准不一，烟囱林立

在时空数据系统发展过程中，出现过非常多的技术组件和专业系统。在行业发展早期，并没有形成一套比较完善的行业规范，因此每个公司都在基于自己的经验和技术条件来开发系统，久而久之出现了非常多的自闭环的标准。比如，以数据存储格式为例，矢量数据就有多达一二十种格式，栅格数据标准更甚。除此之外，在 WebGIS 时代，很多厂家早期都在推进自己的服务标准，这使得原本是以开放和共享为目的互联网 GIS 逐渐走向了封闭和孤立。为了让时空数据最大限度地发挥它的价值，急需一套行业规范，既满足不同场景的需求，又能统一技术标准。

6.1.2 传统桌面 GIS 系统共享问题

在第 1 章介绍传统 GIS 系统的发展时我们提到过，GIS 的产生最初是为了提升地图工作者的效率，方便他们进行室内制图、测量和分析工作。此时的系统都是基于桌面组件进行开发的，所有的数据存储在本地文件。如果需要多份数据进行对比或者合并，只能将所有数据复制到一台机器上进行操作。这在最初的应用场景里并没有太多问题，因为那时的地理数据更新较慢，数据量也比较小。

但是，随着地理信息技术的发展，数据体量上涨和更新频率增加，导致单机之间的复制严重影响工作效率。于是，空间数据库开始被大规模应用，这解决了同一个局域网数据的共享问题。只要大家连接到同一个数据库内，不同的 PC 就可以访问所有人的数据。随着地理信息技术的又一次发展，以及时空数据相关产品的出现，让这些数据对外共享的需求极为迫切。而且，此时的 GIS 系统已经不只是面向地理专业人员的内部工具，所有普通大众都渴望时空数据为生活提供便利。于是，GIS 系统开始从桌面端向 Web 转移，整体的架构也发生了很大的变化。

6.1.3 高并发、大流量的瓶颈

WebGIS 使时空数据的共享和使用更加便捷。但是，随着开放的范围越来越大，用户也越来越多，场景越来越复杂，时空数据系统开始面临一个问题，即资源的开销越来越大，管理非常复杂。比如，某个公司早期开发的一个面向政务的 GIS 系统每天访问量可能只有几千次，一两台服务器就能满足需求。一旦该公司开始向 B 端或者 C 端用户提供服务，每天访问量就可以达到几十万甚至上百万，如果引入一些复杂分析则还需要更多资源，从而需要更多的服务器数量和资源配置。如果公司还在高速发展，未来还会不断地产生资源扩展的需求。这种情况下，如果以增加物理机配置的方式来满足这些需求，不但价格昂贵，维护的成本也非常高。因此，拥抱云计算便水到渠成。

云计算的概念和组成不在此赘述。主流的时空数据系统基本上都已经云化。有了云计算的加持，时空数据系统的性能更强、稳定性更好，更有利于让越来越多的用户享受到时空数据的红利。

6.2 时空数据服务标准

前面提到过，地理信息行业内为了推进技术的共享和开放，提出了一些标准规范。其中 OGC 提出的有关时空服务的标准，在行业内有非常广泛的影响。几乎所有主流的时空数据系统都直接使用或者参考了此规范。本节将着重介绍与 Web 相关的两代 OGC 规范。分别是经典的 OGC OWS，以及下一代 WebGIS 标准 OGC API。

6.2.1 OGC OWS

OGC OWS 中文全称为 OGC Web Service Common Implementation Specification，它描述了时空 Web 服务通用的一些接口规范，包括请求和响应的内容、请求的参数和编码等。这一类服务从 2008 年开始，到现在已经经历了十多个版本的迭代。那么 OWS 到底做了什么、解决了哪些问题才使其成为如此受欢迎的标准呢？

OWS 定义了空间数据网络请求的规范，包括请求的方式、请求的参数、请求的返回格式等。它覆盖了请求的方方面面，详细到参数的默认值、返回值的枚举等。我们可以把 OWS 看作一个预定义的接口文档。就像今天我们在做 Web 系统开发之前，后端工程师根据需求先输出一份完整的接口文档，然后前端开发人员基于接口文档写前端界面，后端工程师同步实现里面的逻辑。这种基于预定义好的规范来并行开发的方式，大大提升了开发效率。还有一种场景，当我们和外部团队进行对接时，通常也需要输出一份完整的接口文档。如果文档足够详细，可以省去双方非常多的沟通成本。前面提到过，曾经的 GIS 系统每家都开发了自己的接口，实现了自己的方法，输入输出完全不同。这不但导致这些系统之间的共享非常困难，还让二次开发的用户非常痛苦。比如，某个用户基于 A 系统开发了一个平台，里面所有的前后端都适配了 A 系统的接口。几年之后需要升级平台时，发现 B 系统的性能更好，但是适配的代价是前后端所有接口都要重写。这些问题累加起来导致整个行业的发展速度减慢。

OGC OWS 的提出解决了这些问题。它首先把行业内的服务场景进行分类，抽象出了 5 种服务规范，即 WFS、WMS、WMTS、WPS 和 WCS。然后，在这些规范内部又提供了灵活的参数扩展，基本满足了当时 GIS 领域主流的应用场景。每个系统厂商只需要遵循这些规范，内部的实现自己完成，效率自己优化，系统发布的服务可以被所有遵循规范的系统所调用。OWS 的这套操作既提升了整个行业的开发效率，又没有限制厂商的自主创新。下面简单介绍 OWS 包括的几个服务。

1. WFS（Web Feature Service，网络要素服务）

OWS 为开发者定义的一套基础数据操作服务标准，它允许用户通过网络请求对空间数据进行查询、编辑等操作，即增、删、改、查功能。其内部包括几个重要方法。

- GetCapabilities：获取 WFS 支持的所有方法列表。这些方法列表类似于服务的元数据，用于描述服务能力。
- DescribeFeatureType：获取要素类 FeatureType（第 4 章介绍过，可以看作一张表）的描述信息，包括它里面包含的字段、字段类型、几何字段的名称等。
- GetFeature：获取要素 Feature（第 4 章介绍过，类似一个表的记录）集合，可以通过 Filter 进行筛选，也可以定义要返回的字段。
- LockFeature：为一个要素上锁，防止它被编辑。
- Transaction：对要素进行增、删、改这类事务操作。

除上述方法外，还包括一些不太常用的 GetPropertyValue、GetFeatureWithLock 等操作。若要获取详细的介绍，大家可以参见 OGC 官网。

2. WMS（Web Map Service，网络地图服务）

OWS 为用户定义的一套地图访问服务标准。介绍此标准之前，需要简单说明一下网络地图的展示原理。早期的网络地图是通过后端将地理数据转换为图片，然后由前端将图片展示出来。流程如图 6-1 所示，地图服务器先要根据用户的请求范围，查询出数据，然后结合地图样式和符号制作对应的图片，返回给客户端。因为地图展示是非常通用的场景，因此 OWS 抽象出了 WMS 标准，统一了地图接口的规范。WMS 也有几个重要的方法。

- GetCapabilities：获取 WMS 支持的所有方法列表，和 WFS 服务类似。
- GetMap：根据用户访问的地理范围，返回地图图片。
- GetFeatureInfo：根据用户传入的当前平面的像素坐标，返回地理要素的信息，类似于单击查询功能。

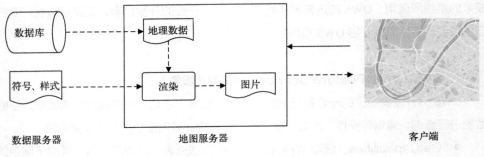

图 6-1　早期地图服务流程

3. WMTS（Web Map Tile Service，网络地图瓦片服务）

OWS 为用户定义的一套地图瓦片访问标准。前面介绍 WMS 时提到，早期互联网地图通过服务器渲染成图片返回前端进行展示。但是随着数据量的增大，访问量的增多，这种实时查询实时渲染的效率太慢，影响用户体验。因此，出现了一种预先生产地图图片的技术。大致的流程如图 6-2 所示。切片服务器会预先将所有数据根据样式生成图片，保存到切片数据库内。当客户请求地图时，地图服务器直接从切片数据库查询图片，省去了渲染图片的过程，大大提升了效率。不过这种技术有一个缺陷，当地图样式改变时需要重新生产所有图片，过程比较长。第 7 章会详细介绍地图瓦片技术，这是一种访问速度更快且可以随时修改样式的服务模式。WMTS 包括几个重要方法。

- GetCapabilities：获取 WMTS 支持的所有方法列表，和 WFS 服务类似。
- GetTile：根据用户访问的地理范围，返回地图瓦片。
- GetFeatureInfo：根据用户传入的当前平面的像素坐标，返回地理要素的信息，类似于单击查询功能。

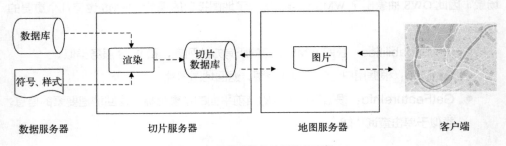

图 6-2　基于瓦片的地图服务流程

4. WPS（Web Processing Service，网络处理服务）

OWS 为用户定义的一套标准化地理空间数据处理服务规范，描述了如何通过远程的算法和模型处理矢量或栅格数据，以及如何处理流程的输出。该服务目前使用的场景较少，在此不详细介绍。

5. WCS（Web Coverage Service，网络覆盖服务）

OWS 为用户定义的一套栅格数据访问标准。内部定义了客户端访问栅格数据的一些操作规范。该服务目前使用的场景较少，在此不详细介绍。

6.2.2 OGC API

OGC API 是 OGC 根据时空数据技术在 Web 领域的发展，重新开发的一套新标准。回看上一代 OWS，有一个比较大的缺陷，即所有输入输出都比较依赖 XML。在今天 JSON 流行的年代，XML 显得太过臃肿，对前端也非常不友好。除此之外，OGC API 是以资源为中心的纯 RESTful 风格的，而且还增加了非常多的新接口。下面简单列举这一代 API 计划开发的接口（见表 6-1 和表 6-2）。

表 6-1 OGC API 升级接口列表

新版 API	对应 OWS 的服务	状 态
OGC Features API	WFS	已发布 Part 1/2，一共 4 Part
OGC Maps API	WMS	起草中，可预览
OGC Tile API	WMTS	起草中，可预览
OGC Process API	WPS	已发布 1.0，一共 1 Part
OGC Coverages API	WCS	起草中，可预览

表 6-2 OGC API 新增的接口列表

新版 API	用 途	状 态
OGC Common API	OGC API 的公共定义	Part 1/2 起草中，可预览
OGC EDR API	环境数据，与 Features API 很相似	已发布 1.0，一共 1 Part
OGC Records API	查询数据的数据，即元数据，一般与 Features API 一起搭配用	Part 1 起草中，可预览
OGC Styles API	可用于需要渲染的数据的样式接口	Part 1 起草中，可预览

（续）

新版 API	用　　途	状　　态
OGC DGGS API	访问格网数据的一种接口	起草中，可预览
OGC Routes API	路由数据接口，最直接的应用即网络分析	Part 1 起草中，可预览
OGC Joins API	提供为空间数据进行连接操作的接口	起草中，可预览
OGC Moving Features API	时态相关的要素数据接口，Features API 的扩展版	起草中，可预览
OGC 3DGeoVolumes API	三维体块数据接口，有望统一 3DTiles 和 I3S 等 三维数据格式的访问	起草中，可预览

6.3　时空数据服务系统的构建方案

本节将介绍时空数据服务系统需要具有哪些功能、它的架构怎样设计，以及有哪些技术可以帮助我们构建系统。

6.3.1　主要功能

时空数据服务系统从功能上可以分为 4 层（见图 6-3）。最底层负责数据的获取，通常分为数据上传和数据的接入。上传功能由于在 Web 环境下可能出现超时情况，一般适用于中小数据量场景。这些系统也会限制用户上传文件的大小，通常在百兆级别。数据接入有实时接入和离线导入，还有一种接入方式是用户提供数据库参数，让服务系统直接访问已有数据库。此方式常见于本地服务引擎产品，后文会有介绍。

系统的第二层是数据服务功能，这里包含了时空数据最基本的五类服务能力。第一类是最常用的可视化能力，用来发布供客户端展示的地图数据，它包括前文提到的 OGC 标准服务，以及其他场景可视化服务。第二类是兴趣检索（地点搜索）能力，涉及范围很广，包括最基本的名称和类目检索，以及各类空间范围的搜索查询。第三类是路径规划服务，是在线地图产品中最常用的能力，它可以提供实时导航、路线规划和智能调度等功能。第四类是轨迹相关的分析能力，它是最年轻的也是最有想像空间的时空轨迹服务，随着实时定位精度不断发展，轨迹分析将在更多场景内发挥重要作用。第五类是地理编码服务，包括基于地址文本获取经纬度的正向地理编码和基于经纬度获取地址的逆向编码，这在很多电商平台上有大量的落地场景。

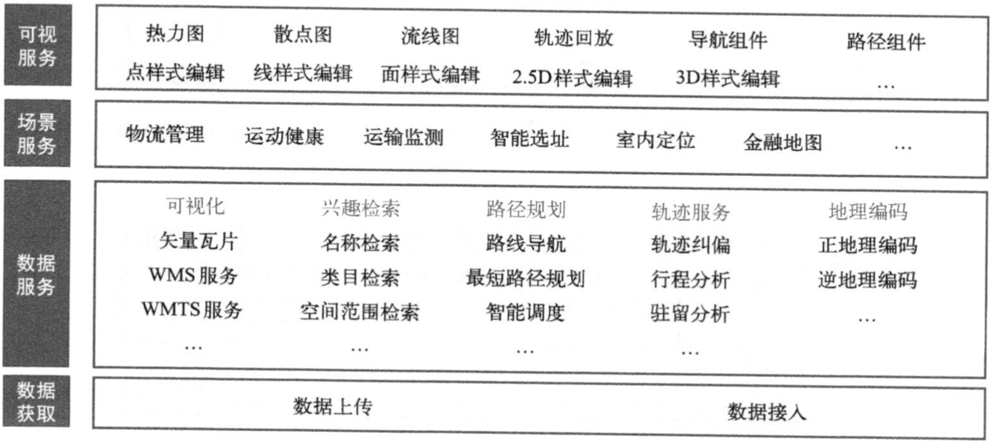

可视服务	热力图	散点图	流线图	轨迹回放	导航组件	路径组件
	点样式编辑	线样式编辑	面样式编辑	2.5D样式编辑	3D样式编辑	…
场景服务	物流管理	运动健康	运输监测	智能选址	室内定位	金融地图 …
数据服务	可视化	兴趣检索	路径规划	轨迹服务	地理编码	
	矢量瓦片	名称检索	路线导航	轨迹纠偏	正地理编码	
	WMS 服务	类目检索	最短路径规划	行程分析	逆地理编码	
	WMTS 服务	空间范围检索	智能调度	驻留分析	…	
	…	…	…	…		
数据获取	数据上传			数据接入		

图 6-3 时空数据服务系统功能架构图

系统第三层是数据服务与具体场景相结合后的场景服务，比如物流管理相关的配送规划、货物调度等；运输监测方面，比如危险化学品车辆的偏航预警、非法驻留发现等。这一类服务，随着时空数据和不同行业结合的深入，会越来越多。

最上面一层，是基于数据服务和场景服务的可视化展示及分析能力。常用的有热力图、流线图、轨迹回放等。随着前端技术的不断发展，时空可视化的表达能力会越来越强，对业务的支持也会越来越深入。

6.3.2 整体架构

时空数据服务系统从技术上可分为 3 层。最底层为数据层，包括数据库和文件系统等存储组件。最上层为展示层，主要是时空可视化相关的技术组件。系统中间为服务层，是时空数据服务系统最核心的部分。服务层内部有 5 个核心组件，分别为网关和服务管理组件、服务组件构成的集群、时空计算引擎、数据缓存以及时空数据访问组件。其中，网关和服务管理组件是客户端请求最先到达的服务端组件，负责鉴权、限流以及对服务集群进行管理。请求分配到服务节点之后会根据请求进行计算，首先会检查缓存数据库是否有预存结果，如果没有，则利用时空数据访问组件从数据层拉取数据，然后利用时空计算引擎进行计算，得到最终结果则返回给客户端。这是最简单的一个流程逻辑。图 6-4 展示了时空数据服务系统的最基本架构，在一些复杂业务场景内可能会有其他组件的引入，此处不再扩展。

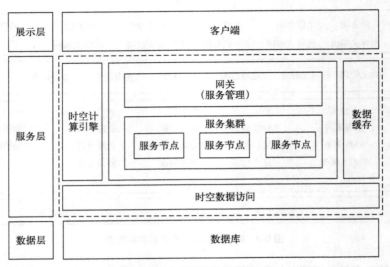

图 6-4　时空数据服务系统架构图

6.3.3　常用技术

　　上文我们了解了服务系统最基本的架构，接下来我们把服务层中相同功能的组件分为一组，介绍每组中常用的技术，如图 6-5 所示。其中每组中椭圆形的组件，是目前大型时空数据系统最常用的技术。

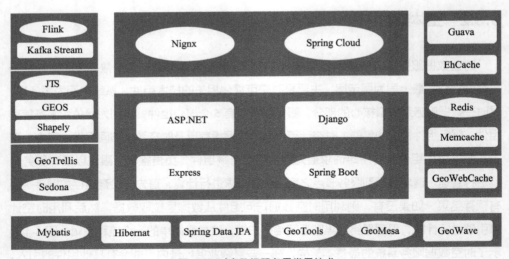

图 6-5　时空数据服务层常用技术

1. 服务组件

框架图中的服务节点，代表的是一个个服务进程，它们负责响应客户端的 Web 请求。这里的服务组件代指 Web 服务端技术。近些年，随着互联网的不断发展，Web 技术取得了巨大的进步，而且针对不同场景可选择的技术栈非常多，图 6-5 列出了比较有代表性 4 种技术。第一种是 ASP.NET，相信做过微软技术栈开发的朋友会非常熟悉，它是一种继承了 ASP（Active Server Pages）技术的全新服务端框架，基于微软的 .NET 平台，使用 C# 语言进行开发。如果你的服务端架构依赖 Windows，那么 ASP.NET 是一个不错的选择。第二种是 Django，目前最流行的基于 Python 的 Web 技术。Django 和大多数 Python 框架一样，只需要少量代码就能搭建一个功能强大的 Web 应用，它采用的 MTV（Model Template View）架构模式有点类似常见的 MVC 架构，能够很大程度上实现组件的复用。熟悉 Python 的同学可以尝试选择 Django 进行开发。第三种是 Express，一个基于 Node.js 的 Web 开发框架，它的开发语言是 JavaScript。如果你想做一个 Web 全栈开发，这个框架非常合适。第四种是 Spring Boot，在大型系统中应用极为广泛，也是最成熟的 Web 服务端框架之一（见图 6-6）。

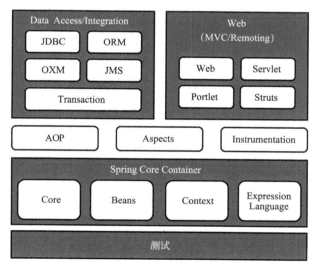

图 6-6　Spring 组件架构图

2. 网关和服务管理

网关和服务管理层是服务端的入口，它们负责路由、分流、限流、鉴权等工作。最常用的技术有 Nginx，它是俄罗斯开发的一款轻量级 Web 服务器，在项目开发中常被用来作为服务集群的反向代理和负载均衡组件。另一个常用组件是 Spring Cloud，它是目前最流行的微服务框架，内含大量的服务发现、服务注册和服务治理的组件，非常适合有大规模集群的产品框架（见图 6-7）。下面介绍一下 Spring Cloud。

Spring Cloud 是分布式微服务架构的一站式解决方案。它利用 Spring Boot 的开发与部署的便利性简化了分布式系统基础设施的开发，其内部的所有组件都可以用 Spring Boot 的开发风格做到一键启动和部署。它的优点是内部的每个服务足够内聚，职责分工明确，代码容易理解，比较便于扩大开发团队。同时，其内部每个服务可以独立部署，独立进行负载均衡，甚至可以用不同的语言进行开发，因此非常适合构建大型系统。Spring Cloud 有 5 个核心功能，它们相互协同构建起了一个基础的微服务系统。其他的功能，比如服务总线、全局锁等不在此展开。

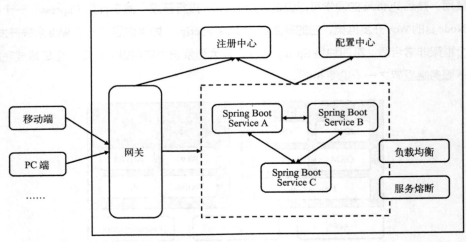

图 6-7　Spring Cloud 微服务架构

■ **服务注册与发现**

微服务架构下，系统会将功能拆分为原子能力，每一个原子能力都以服务的形式存在。因此，这种架构下将存在大量分散的服务，它们可能分布在不同的服务器、不同的机房甚至不同的城市。但是，服务之间需要相互调用，协同完成系统内的功能。因此，调用者必须知道被调用者当前的地址，以及它目前的状态是在线还是异常。所以，需要一种机制来管理这些信息，让调用服务和被调用服务双方保持信息同步。这就涉及服务注册与发现的最核心功能，分别是服务信息的注册、已注册信息的查询、确认服务状态是否健康。负责这个功能的模块叫作服务注册中心。对于服务注册中心，Spring Cloud 的第一代组件是 Eureka。在新一代版本中，比较常用的技术是阿里巴巴 Nacos。

■ 配置中心

微服务架构下，每个服务都是单独的 Spring Boot 程序，每个服务都包含自己的系统配置文件。如果每个服务都由自己管理，就需要到每个服务的服务器上进行替换和更新，这样会非常麻烦。而且同一个系统内很多配置都是相同的，比如数据库地址、中间件的配置等，如果分散管理则会产生大量的冗余。因此，需要一种集中管理分布式的服务配置的机制。负责这个功能的模块叫作配置中心。如图 6-7 所示，配置中心会和所有微服务进行通信，保证这些服务能够拉取最新的配置项。对于配置中心，Spring Cloud 的第一代技术是 Spring Cloud Config，新一代版本中比较有代表性的有阿里巴巴的 Nacos 以及携程的 Apollo。

■ 负载均衡

微服务架构下，为了满足系统的高吞吐量以及高可用需求，通常相同的功能会分成多个服务实例进行部署。这样，服务的调用方需要选择合适的实例去访问，以保障整个系统的负载是平衡的，避免请求全部打到同一个实例，导致有的服务器繁忙，有的空闲。此时，需要一种机制实现这种灵活、动态的服务调用。负责这个动态服务选择的技术叫作负载均衡。对于负载均衡技术，在 Spring Cloud 第一代技术中是 Ribbon，新一代版本里比较有代表性的是 Spring Cloud LoadBalancer。

■ 网关

前面提到过，微服务架构下服务分散，地址众多。为了解决服务间调用的问题，提出了注册中心技术。然而，除了服务间的访问，很多情况下服务需要被客户端直接访问，此时需要有一个统一的入口来路由这些访问请求。而且，微服务不能对客户端发出的每个请求都进行响应。如果有不怀好意者越权访问，或者频繁刷接口，都会导致系统安全性问题。因此，还需要一个统一鉴权的入口，帮助后面的微服务抵挡非法请求。实现这些功能的模块统称为网关。如图 6-7 所示，网关位于客户端和服务之间。对于网关，在 Spring Cloud 第一代技术中是 Spring Cloud Config，新一代版本里常用的是 Spring Cloud Gateway。

■ 服务熔断

因为微服务架构下，功能被拆分得很细，因此要完成一个复杂的请求往往需要多个服务组合。如图 6-8 所示，为了响应请求一，需要先调用服务 A，然后 A 调用服务 B，B 再请求服务 C；为了响应请求二，需要先调用服务 E，E 调用 F，F 再调用 C。如果服务 C 发生故障或者延迟，首先会导致上游的 B 和 F 的请求阻塞，然后传递到 A 和 E，此时上游的 4 个服务对应的请求线程都会被阻塞。如果系统的请求量比较小，过一会到达请求超时时间，会结束请求，依次释放线程。但是，如果这是一个高并发的场景，短时间内会有大量的请求涌入，此时会有大量线程在 4 个服务内被阻塞，从而导致资源耗尽，系统瘫痪。因此，需要一种机制，在发生服务故障的时候，可以让上游停止调用该服务，甚至提供一些备选方案。Spring Cloud 中实现上述功能的组件叫作服务熔断器。服务熔断器的第一代产品是 Hystrix，第二代比较有代表性的是阿里巴巴的 Sentinel。

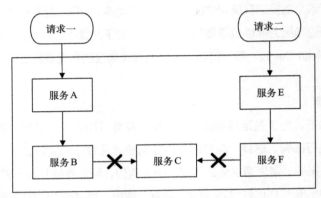

图 6-8　服务熔断示意图

3. 数据缓存

数据缓存负责暂存一些短期不会修改的结果，目的是加速客户端请求，减少服务端资源的消耗。这一类技术比较多，可以分为 3 类。第一类为本地缓存引擎，数据存储在 JVM 进程之内，最常用的有 Google Guava 和 EhCache，它们的特点是使用方便，只需要在工程内引入依赖，但是会消耗服务本身的内存。第二类是外部缓存系统，目前最流行的是分布式缓存 Redis，其他的还有很多，比如 Memcache。这类技术适合大中型系统，需要独立的服务器部署和运维，它们的优势是功能丰富，可以很方便地进行扩展。第三类是时空数据缓存技术，比如 GeoWebCache，它专门为地图瓦片服务设计，可以提高地图浏览的效率。其中，Redis 在大数据场景内应用最为广泛。

4. 时空计算引擎

这里我们将时空数据计算引擎分为 3 类。第一类为本地计算引擎，用户只需要在项目中引用，消耗的是本地资源。比较有代表性的有 JTS、GEOS 和 Shapely，这三个组件的库分别是 Java 库、C++ 库和 Python 库。更有意思的是，它们是依次出现的，并且后面的基于前一个技术迁移而来。JTS 是最早的空间图形计算库，几乎所有 Java 世界的时空数据系统都基于它来构建。随后 GEOS 基于 JTS 实现了 C++ 版本，常用的桌面开源软件 QGIS 就依赖它。最后，Shapely 基于 GEOS 实现了 Python 版本，用于地理空间相关的数据分析场景。本地计算引擎，除了上述几个之外还有很多优秀技术，比如栅格计算库 GDAL、矢量计算库 OGR、投影库 PROJ.4 等。第二类计算引擎是分布式批量计算引擎，具有代表性的有 Apache Sedona，它是基于 Spark 构建的专为空间数据打造的高性能计算引擎，目前已经是 Apache 顶级项目。它内部实现了基于空间的分布式弹性单元 SpatialRDD，包含了丰富的分析算法和索引方法，并且支持多种空间的分区策略。目前还集成了 Flink 流式计算引擎，正逐渐向批流一体的方向发展。除了 Sedona，另一个基于 Spark 构建的计算引擎是 GeoTrellis，它的强项是栅格数据的分析计算，目前也有着广泛的应用。第三类是流式计算引擎，目前还没有比较成熟的、直接可以用的系统，不过行业内基本以 Flink 引擎为主，通过扩展时空模型来满足产品需求。除此之外，Kafka Stream 也是比较流行的流式计算引擎，也可以作为一个基础组件使用。因为 JTS 在第 4 章已经有过介绍，这里不再做其他扩展。

5. 时空数据访问

时空数据访问组件可以分为两类。第一类是通用的 ORM 框架，这里列举 3 个常用技术：目前比较流行的是 Mybatis，它简单、易用、好维护，结合 Mybatis-plus 使用起来非常"傻瓜"；Hibernat，封装了完整的对象关系映射机制，导致内部的实现比较复杂，学习成本比较高，但是它封装后的 API 使用起来更加方便；Spring 框架内置的是 Spring Data JPA，如果开发 Spring 程序，它可以简化数据库访问，能通过命名规范、注解的方式较快地编写 SQL，但是对于复杂 SQL 的支持不好，比如对于 JOIN 的实现会比较麻烦。第二类组件是特别适配时空数据的访问中间件，其中 GeoTools 是非常底层的基础能力组件。GeoMesa 则是基于 GeoTools 扩展了丰富的面向分布式存储的访问组件，并且支持非常高效的时空索引，在大数据场景内有广泛的应用。GeoWave 和 GeoMesa 比较类似，底层也依赖 GeoTools。基于已有资料来看，相比 GeoMesa，GeoWave 在查询结果集较小的场景内效率更高，并且更适用于时空筛选范围较大的查询。两者都是 LocationTech 下的开源项目，截止发稿前，在 GitHub 上 GeoMesa 和 GeoWave 的 Star 数分别为 1339 和 488。

GeoTools 是一个开源的 Java 地理信息工具包，由英国利兹大学从 1996 年开始研发。它整体基于 OGC 规范研发，支持数据访问、数据处理分析、服务发布等功能。目前，因为 Spring 框架以及 Java 语言的流行，使得 GeoTools 有了非常广泛的应用，除了前面介绍的大数据中间件 GeoMesa 外，空间大数据分析组件 Apache Sedona 也使用了它的部分功能。下面总结了 GeoTools 主要的 4 个核心能力。

- 定义了基础空间概念和数据结构：它内部继承了 JTS（Java Topology Suite）全部的几何模型，同时定义了符合 OGC 规范的属性和空间过滤器。
- 简洁的数据访问 API 和多线程事务控制：其内部定义的接口可以支持通过多种文件格式和空间数据库访问 GIS 数据，并提供了方便的事务控制方法。
- 无状态的低内存渲染器：GeoTools 内部的渲染器能够方便地合成或者显示样式非常复杂的地图，这对于 WMS 这种服务端渲染技术非常重要。
- 开放的插件模式和工具扩展能力：虽然 GeoTools 内部提供了丰富的访问和处理组件，但是用户仍可以自己扩展一些个性化的能力。比如 GeoMesa 就是扩展了 GeoTools 的数据访问能力，让其支持了 HBase、Kafka 等分布式的存储组件（见图 6-9）。

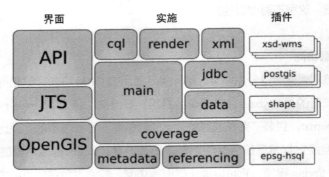

图 6-9　GeoTools 组件架构图

6.4　常见的时空数据服务系统

时空数据服务系统的分类方法有很多，本书从用户使用的方式将其分为两大类。一类是基础服务引擎，可以理解为一个工具系统，用户使用前需要先把该系统部署在本地环境，然后导入或者挂接自己的数据，最后利用该系统发布服务。第二类是时空 SaaS 平台，它们一般位于互联网或者政务网环境内，用户不需要安装任何系统，只需要注册账户并订阅相关的服务即可使用。下面分别介绍这两种时空间数据服务系统的代表产品。

6.4.1 服务引擎

服务引擎在时空数据领域属于基础技术软件。一个好的服务引擎不但要易用，有丰富的服务能力，还要能适配各种场景，能在高并发和大数据量情况下保持稳定、高效。服务引擎可以分为商业化软件和开源软件两类。这里我们介绍两款行业内最流行的产品——商业化的 ArcGIS Server 和开源的 GeoServer。

1. ArcGIS Server

ArcGIS Server 是 ESRI 发布的面向 Web 空间数据服务的一个企业级工具，它是 ESRI 大的产品套件里的一个组件。ArcGIS Server 除了支持标准的 OGC 服务，还内置了丰富的 ESRI 标准服务。它的稳定性出众，在很多场景里有很好的表现。在它的整体架构里，Web Adaptor 是客户端请求的路由器，负责将请求发送到底层服务端集群。每台服务器节点都有着相同的服务实例，内部负责处理用户的请求，这些实例会直接访问底层的地理数据库。服务管理者、发布者可以通过服务端的管理界面进行相关功能的操作。

2. GeoServer

GeoServer 是遵循 OGC OWS 标准的企业级开源实现，是目前最流行的开源时空服务引擎之一，特点是轻量级且简单易用，并且兼容所有主流的时空服务。GeoServer 完全免费，而且代码开源，完全可以满足一些中小场景的应用需求，并且提供了丰富的功能插件，方便用户扩展，以应对不同场景的需求。如果现有功能无法满足需求，用户可以下载源码自己修改。GeoServer 支持丰富的时空数据源，它内部支持多种数据源的访问，其中矢量数据支持 Shapefile、外部 WFS 服务、PostGIS、ArcSDE、DB2、Oracle Spatial、MySql、SQL Server 等；栅格数据支持 GeoTiff、JPG 和 PNG、GDAL 文件格式以及 Oracle GeoRaster 等。

6.4.2 SaaS 平台

SaaS 平台基于云计算技术构建，可以快速扩展资源，能支持海量用户的使用。这类平台需要用户先注册登录，然后才能使用平台提供的通用功能。目前时空 SaaS 平台可以分为两大类，一类是地图开放平台，一类是在线分析平台。

1. 地图开放平台

地图开放平台是以数据服务为主体的时空 SaaS 系统的代表。目前国内有很多大型的平台厂商，如百度、高德等，这些平台厂商有一个共同特点，即都具有甲级测绘资质，同时具备自己的测绘数据采集团队。这些厂商早期都有自己的地图产品，比如百度地图、高德地图，当这些产品发展到一定阶段，积累了丰富的技术和数据之后，逐渐开放给外部用户。

2. 在线分析平台

在线分析平台主要提供的是数据管理及数据分析能力，其代表性产品有 Carto、Mapbox 等。这类平台更像是传统 GIS 系统的 SaaS 化升级，用户需要导入自己的数据，然后在平台上进行处理、分析和可视化。

第**7**章

数据可视化

数据可视化既是一门科学也是一门艺术，有效的可视化能直观地展示数据背后的特征和规律，帮助用户更好地传达信息。因为时空数据具备空间特质，所以它不但能用传统的图表进行展示，还可以用地图来表达。一方面，随着前后端技术的发展，时空可视化效果及其传达的信息越来越丰富。另一方面，因为传感器和物联网等感知能力的不断提升，时空数据体量激增，数据更新频率加快，时空可视化也在不断地面临各种挑战。本章我们将剖析时空数据可视化面临的一些问题，及其涉及前后端的核心技术，并在最后展望未来可视化的一些方向。

7.1 时空数据可视化的常用形式

和普通数据一样，时空数据也可以用表格展示，通常用于查看原始数据的属性信息。但是当数据量很大时，表格形式会非常不便。而且这种逐条查看的方式，能发现的数据特征也非常有限，使用者很难挖掘数据的更多价值。当然，还可以对数据进行聚合、统计，生成统计图，比如饼状图、柱状图等。虽然这些形式能展示普通属性的更多特征，却很难表达数据本身的时空信息。实践证明，只有以地图为基础，辅以其他的展示形式，才能达到信息传递效果的最大化。

7.1.1 地图的发展

早在公元前 6 世纪，古巴比伦出现了已知最早的地图，如图 7-1 所示。它被刻在一个陶片上，北方朝上，巴比伦位于地图中心。地图上展现了几座城镇和一些河流。周围有 7 个岛屿，形成一个七角星。巴比伦地图由两个同心圆构成，其中的内圆代表世界的中心区域，最上方是今天土耳其南部的山地，四周环绕着"盐海"。

公元 150 年托勒密的《地理学指南》的出版，被认为是地图学的起点。书中托勒密介绍了如何严谨地运用地理坐标系绘制地图、如何应用数学地图投影系统将地球的曲率表现在地图上，以及如何运用喜帕恰斯建立的纬度和经度网来确定山川、城市的位置，开创了近代绘图学的先例。托勒密首次将地理学和地图学相结合，他指出地理学的内容应是对整个地球的已知地区以及与之相关的一切事物作线性描述，即绘制图形，并用地名和测量一览表代替地理描述。

西方近代的地图学起源于 15 世纪以后的地理大发现。15 世纪以前，西方宗教势力强大，地图成为宗教宣传的工具。大多数的地图被绘制成"T-O"型，如图 7-2 所示，即世界为圆盘，以 T 型线条分之为亚洲、欧洲和非洲三部分，中间为圣城耶路撒冷。地理大发现以后，随着各国殖民贸易和航海的兴起，地理知识不断丰富，需要更加精确的地图。随后的制图学借助罗盘、望远镜、气压计等仪器和文艺复兴时期不断发展的数学知识不断更新，逐步形成了按照数学法则、通过地图符号、经过取舍和概括来绘制地图的新地图学。

图 7-1　古巴比伦陶片上的地图

图 7-2　西方宗教绘制的地图

地图的英文为 map，翻译过来是"映射"。这代表地图的作用就是将现实世界进行转换映射，形成人类生产生活所需要的新镜像。在对空间映射的表达中，地图学形成了独特的空间思维模式，即抽象的概括、形象化的展示和定量化的表达。为了延展和落地这些思维模式，地图学中相应地包含了三个技术点：地图综合、地图投影和地图展示。其中地图投影已经在第 2 章有过介绍，本节重点介绍地图综合与地图展示。

7.1.2 地图综合

地图制图综合（简称地图综合或制图综合），是指在大比例尺空间数据缩编为小比例尺空间数据时，对空间数据进行抽象、概括的工程、技术和科学。在理解此概念之前我们需要了解什么是地图比例尺。首先看图 7-3(a)，假设这是我们所有的数据，里面包含两类地物，一些点数据表示地点，比如住宅楼、停车场、学校等，还有一些线数据表示道路。图中左下角有一个黑白间隔的尺子，每一节都是等长的，上方有一些刻度值，表示每一节对应的实际地理距离。这个尺子就叫作比例尺。它表示的是地图上的距离和实际距离的关系，比如图中一节黑色的长度为 1 毫米，它表示的实际距离为 25 米，那么此时的地图比例尺为 0.001 米 /25 米 =4 × 10^{-5}，或者称为 1:25000（读：一比两万五）。在这个比例尺下，地图整体看上去比较舒服，每个地点和每条道路基本可辨识，只是在右下角有几个点有些重叠，对整体影响不大。继续看图 7-3(b)，发现地图明显变小了，比例尺也发生了变化。比例尺的刻度值没有变化，每一节仍然是 25 米，但是每一节的长度变短。此时，一节长度大约为 0.5 毫米，那么比例尺为 0.0005 米 /25 米 =2 × 10^{-5}，对比图 7-3(a)，比例尺变小了。我们通常把同一个地理范围在地图上展示的区域减小的变化称为缩小比例尺，并把较小的比例尺对应的地图称为小比例尺地图。图 7-3(b) 不但比例尺变小了，还有一个明显的特征是地图变"挤"了，很多地点出现了明显的重合，有些名称已经显示不出来了。继续看图 7-3(c)，比例尺进一步缩小，此时地图上的点大多数已经连在一起，有些道路线也出现了重合。这种情况下，不但被遮盖的地物很难辨别，在上层的地物也受到了干扰，整体观感非常差。此时，再回看地图综合的概念，发现它要解决的问题正是当地图比例尺变小时，如何对数据进行概括和抽象。

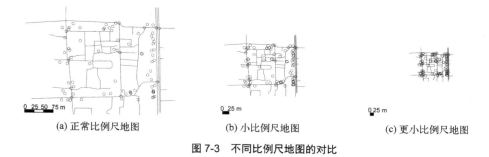

(a) 正常比例尺地图   (b) 小比例尺地图   (c) 更小比例尺地图

图 7-3　不同比例尺地图的对比

我们回顾一下出现上面问题的原因，思考一下地图综合应该怎么做。首先，我们有很多数据，在地图比例尺很大时，能观察到所有这些地物轮廓和位置。然后，我们想看一下更大范围的数据，看看它们属于哪个区、哪个市。此时需要缩小地图，于是刚才那个范围在地图上变小了，地物变"挤"了，不过更大的范围出现了，更多的地物出现了。此时，我们关心的是新的更大的地理范围的轮廓，和它内部一些"主要"的地物，有哪些主干道，有哪些主要的地点，哪些位置地点多一些，哪些少一些。简单来说就是，"大比例尺看细节，小比例尺看整体"。因此，地图综合需要帮助地图制作者在比例尺变小时抛弃不必要的细节，而展示"合理"的整体效果。这里出现了一个比较模糊的概念，即"合理"。什么是合理的效果没有统一标准，往往需要根据地图的应用场景来决定，而且和制图者的风格甚至审美有一定关系。下面通过一张对比来感受一下地图综合在真实地图下的效果，如图 7-4 所示。左侧地图是未进行综合的地图，所有地理要素全部在当前的缩放级别展示，看上去非常凌乱，没有重点。右侧地图则比较清晰地展示了一些典型地物，看上去更"合理"。

图 7-4　未做综合与已做综合地图的对比

虽然地图综合看上去是一个比较主观的过程，但是经过几十年的发展，已经形成了一套完整的理论和一些成熟的方法。本节我们不探究地图美学的内容，也不讨论通过人工配置突出某些主要地物的方法。我们重点介绍最通用、最经典的综合手段。它们在所有地图综合的过程中都会用到，分别是数据抽稀、数据化简和数据合并。

1. 数据抽稀

顾名思义，让数据更稀疏，减小密度。这种方法通常用于点数据，既可以减少点的数量，同时能保持点的分布特征。之所以线和面不适合此方法，是因为线数据之间有拓扑联通关系，线的减少会破坏这种关系。如图 7-5(a) 所示，假设黑色的道路被剔除掉，整个道路网的联通性就改变了。面数据也类似，在一个地块地图中，如图 7-5(b) 所示，如果剔除掉某些面要素（深色地块），会使得一些土地凭空消失，这显然不可接受。

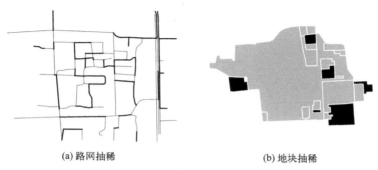

(a) 路网抽稀   (b) 地块抽稀

图 7-5　线和面要素的抽稀效果

数据抽稀最常用的方法是空间均匀采样。通常有两种方式，随机采样和格网采样。

■　**随机采样**

假设在一个确定的比例尺下，给定一个数量值 n（通常是一个经验值）。然后从所有点数据中随机抽取 n 个，得到最终的点数据。随机采样可以保持数据分布的特点，反映到空间上就是空间分布的特征，如图 7-6 所示。

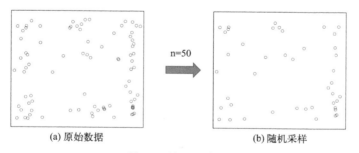

(a) 原始数据   (b) 随机采样

图 7-6　抽取 50 个点

■　**格网采样**

随机采样有一个明显的缺陷，即它无法根据点的密集程度进行抽稀。假设我们希望点稀疏的区域少去除或者不去除，点密集的区域多去除，利用随机采样是无法实现的。格网采样可以实现这个效果。首先确定正方形格网大小，其边长为 d，格网面积为 $d \times d$，并将整个区域划分成多个格网。然后将原始点数据集与格网进行空间连接，得到格网内点数据的 ID。设定一个参数 n，表示每个格网内部最多包含的点数量，对点的个数大于 n

的格网进行随机采样，得到采样后的点的 ID 集合。最后用 ID 集合与原始的点数据集进行左连接，得到最终的采样点（见图 7-7 和图 7-8）。

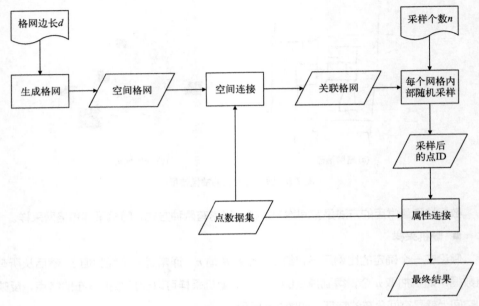

图 7-7　格网采样流程

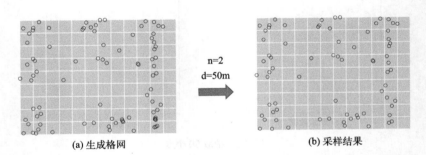

(a) 生成格网　　　　　　　　　　　　　　　(b) 采样结果

图 7-8　格网采样

格网采样可以让整体分布变得更均匀，这种效果可能会破坏原有的分布，减少了稀疏和密集区域的差异。两种采样方式各有所长，最终选择哪一个可依实际场景而定。

2. 数据化简

顾名思义，降低数据的复杂度，简化图形。这种方法通常用于线和面数据，它会对几何线段进行节点的裁剪，在一定比例尺下既可以保持线的整体趋势，又能减少线段的节点数量。下面通过案例来说明数据化简的作用，图 7-9(a) 是图 7-5(a) 道路线中间区域放大后的效果，叉号代表组成每条线的节点。从图上可以看到，有些线段的节点很多，看上去更平滑，道路的弯曲更精细。相比之下，节点更稀疏的线段蜿蜒比较少，都是直线段。在这个比例尺下，道路的细节信息都可以展示出来，比较有效地表达了道路的形状。

(a) 局部路网图　　　　　(b) 原始路网图　　　　　(c) 简化路网图

图 7-9　道路线节点示意图

继续看图 7-9(b)，将比例尺缩小，对应局部区域的路线也相应变小，它的细节不再那么清晰，节点之间变得非常"挤"，有些甚至重叠在一起。此时，有些节点对于道路形状整体的贡献度变得非常低，在一些弯度很小且节点很密的区域可以进行节点的化简。化简的算法常用的有两种，分别是 Douglas-Peucker 算法和 Visvalingam-Whyatt 算法。其中前者以距离为阈值，常用于线数据，比如道路、管网等。该算法的优点是计算简单，但它的结果可能会出现自相交，所以在经典算法的基础上，还有一些改良算法，它的时间复杂度是 $O(n^2)$。后者以面积为阈值，算法产生的角度变化更少，更能保留几何面的特征，适用于面状要素边界的化简，例如河流、森林边界、海岸线等，它的时间复杂度是 $O(n\log n)$。

对道路线进行 Douglas 化简，得到图 7-9(c)。可以观察到，道路节点的个数明显减少，特别是弯度较小的位置，而整个道路的走势没有明显变化。这样，通过数据化简，就达到了保持原有图形样式的前提下，将数据量减少的效果，这不但可以加快前后端数据传输速度，还可以提升前端的渲染速度。但是，所有这些环节都要在一定的比例尺下选择合适的距离阈值作为参数。

3. 数据合并

顾名思义，对多个数据进行合并，减少数据量。这种方法可以用于所有几何图形，它会根据距离等因素进行几何对象的合并,对稀疏地区数据保留原有状态,对密集区域进行聚合。常用的算法有聚类算法,比如 KMeans、DBScan 等。

大数据时代,地图综合尤其重要。时空数据在不断产生与更新,数据体量巨大,内部细节非常丰富甚至有些冗余和杂乱。用综合的手段化繁为简,在不同尺度上表达合理的时空信息,是时空大数据可视化的一项重要工作。

7.1.3 动态地图

时空数据的展示是数据可视化里最重要的一环,直观的展示形式能让用户快速接收到有效的时空信息。相比传统的静态地图,具有动态效果的地图更加生动,表达的信息更丰富。常见的展示形式有流线图、轨迹图(见图 7-10)等。

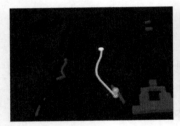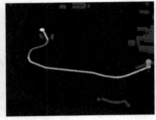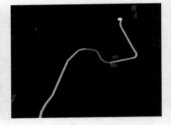

图 7-10　轨迹图

7.1.4 专题地图

前面提到的地图大都展示的是时空信息本身,很多时候我们还希望以地图为载体,展示更丰富的属性信息,这时候就要用到专题地图。顾名思义,它是突出某一种或几种专题信息的地图,比如,土地利用分布图、人口收入分布图、人流密度图等。这种地图可用的专题表达手段非常多,而且越来越丰富。

1. 分布图

分布图是最常用的专题地图,它展示了不同地物在地图上的分布特征。除了利用点、线、面这些几何样式对地物进行区分,还可以用颜色和符号来表示。如图 7-11(a) 所示,利用不同的符号样式展示了不同的土地类型。

2. 密度图

密度图表达了某一区域内，某种地物、某段时间甚至某种行为等的空间密度特性。它适用于展示较大尺度范围内的数据特征。图 7-11(b) 展示了某个城市打车软件统计的用户上车点密度图，亮度越高的区域密度越大，上车点越多；颜色越暗的区域，上车点越少。通过统计结果可以更直观地展示哪些区域需要更多的车辆，从而为帮助系统更合理地分配运力提供依据。

3. 统计图

这是一种将统计图表与地图相结合的展示形式，通常是以面数据为基础，叠加每个区域的统计指标，来表示当前区域的一些统计特征。如图 7-11(c) 所示，以某区域的饼状图和地图叠加的展示形式表示了 3 种指标的区域占比。

 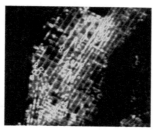 

(a) 土地类型分布图　　　　(b) 用户上车位置密度图　　　　(c) 地理饼状图

图 7-11　常见专题地图

7.1.5　三维地图

前面介绍的地图都属于传统的二维平面地图。这种地图制作简单，技术成熟。但是它终究是一种示意图，是将真实世界经过多次转换、抽象而形成的图形。近些年，随着技术的发展，更加逼真的三维地图越来越常见（见图 7-12）。这种地图可以模拟真实世界的场景，让用户获得沉浸式的体验。本节列举两种三维地图。

1. 三维球面地图

三维球面地图可以将地形信息更加真实地展现出来，结合三维切片技术和一些单体精细模型，在城市场景内效果非常逼真。常用的技术框架有 Cesium。此类地图常用于比较专业的分析系统，它可以方便地叠加地理数据，还提供一些丰富的三维分析能力，比如可视域分析、淹没分析等。

图 7-12　三维地图

2. 实景地图

实景地图相比三维球面地图更加逼真，它基于三维建模数据，并且增强了光照的效果，所有地物的纹理清晰可见（见图 7-13）。它的效果毋庸置疑，但是整体的成本也非常高昂，一方面它对所采集数据的质量和精度要求非常高，另一方面数据处理和渲染的难度也很大。这类地图常用于区域级的一些大屏展示系统，它对于三维分析的支持有限。

图 7-13　实景地图

7.2　时空数据可视化基本原理

随着计算机技术的不断发展，时空数据的展示方式也在发生变化。早期的桌面可视化软件，更适合单人或者小团队的数据处理工作。今天，Web 及移动互联网的出现，不但改变了人们使用地图的形式，同时也影响了可视化技术的架构。现在，不论系统规模的大小如何，前、后端分离已经是不可逆的趋势。两个端分工明确，技术方向更加专注，更加有利于维护复杂的大系统。

7.2.1　电子地图介绍

与纸质地图相对应，我们将显示屏上绘制出来的地图称为电子地图。显示屏是由 $m \times n$ 个像素组成的像素矩阵，m 和 n 分别表示屏幕中的行数和列数。像素是可视化的最小单元，屏幕的像素数越多，则它的分辨率就越高。高分辨率的屏幕可以显示更多的数据细节，可视化效果也更加清晰平滑，图 7-14 所示的是一块像素为 20×40 的显示屏。

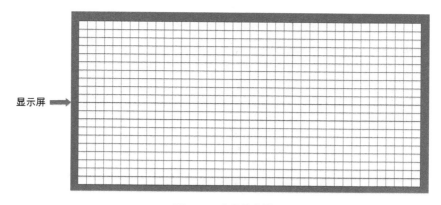

显示屏

图 7-14　电子显示屏

电子地图通过将空间中的地物以特定的样式显示在屏幕上而得到。地物在空间上的位置与显示屏上的像素相对应，地物的颜色、明暗或者符号样式等视觉特征对应显示屏上像素的取值，不同的像素值对应颜色模型中的不同颜色。对于常见的矢量空间数据，地图渲染主要由两个步骤组成，即先确定地物在显示屏上对应的像素，然后为这些像素赋予颜色或者符号。

我们在第 2 章介绍过，根据地理数据的存储格式可将其分为栅格数据和矢量数据。

栅格数据本质上是具有空间信息的图片，图片本身对应一个像素范围，图片文件中存储的数据就是每个像素的像素值。对于栅格数据，我们可以直接将图片像素对应到显示屏像素，图片中的像素值就是显示屏上的像素值，直接显示成电子地图即可。矢量数据只存储了地物的空间坐标，所以需要先将空间坐标转换成屏幕中的像素坐标，然后为像素设置颜色值，才能将矢量数据渲染成电子地图。

利用栅格数据和矢量数据绘制电子地图的方式存在差异，但是其最终目标是一致的，即将地物显示在屏幕上。现实世界中，地物之间在空间上可能存在相互重叠和遮挡的情况，为了方便表达这一特征，电子地图中使用了图层的概念，将同一类互不遮挡的地物归为一个图层，比如道路线图层、行政区域面图层、兴趣点图层等。以图层为单位，可以在绘制电子地图时动态地控制某个图层的显隐（即是否显示）、图层之间的叠加顺序（即图层的遮挡关系），从而提高绘制电子地图的灵活性。不管是栅格图层还是矢量图层，图层的叠加最终都体现为像素的叠加，即将不同图层在同一个像素上的取值进行融合，生成一个新的像素值的过程。图 7-15 是将道路线图层和绿地面图层叠加后形成的一个简单电子地图的示例。

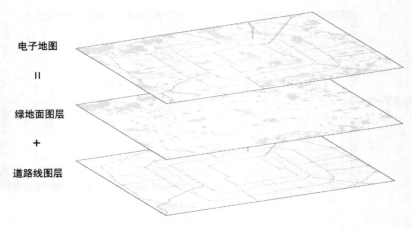

图 7-15　图层叠加示意图

7.2.2　地图瓦片原理

地图可视化的一个重要步骤是将地理坐标转换为像素坐标，然后将像素坐标系中的地物渲染在显示屏上。Web 墨卡托坐标系是 Web 电子地图最常用的坐标系，我们在第 2

章介绍过,它是一个投影坐标系,也是一个平面笛卡尔坐标系,如图 7-16 所示,Web 墨卡托坐标系展示为一个正方形。与之对应,右侧的像素坐标系也呈现出一个正方形。

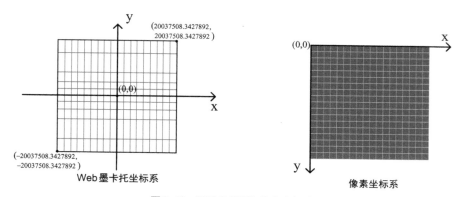

图 7-16 平面坐标系与像素坐标系

在纸质地图上,比例尺 = 图上距离 / 实地距离,用来衡量地图对现实世界的缩小程度,比例尺越大,地图尺寸越大,缩小程度越小。在电子地图中,图上距离用像素个数来度量,则比例尺 = 像素数 / 实地距离。然而,人们更习惯将比例尺的倒数称为地图分辨率,地图分辨率 = 实地距离 / 像素数,单位是米每像素(米 / 像素)。

绘制全球的电子地图时,实地距离就是 Web 墨卡托坐标系的宽(或高),是一个定值。根据比例尺和地图分辨率的定义,我们可以得出如下结论:比例尺越大,投影坐标系对应的像素坐标系的宽和高越大,地图分辨率越小。

我们在综合地图中讲到,在大比例尺下看细节,在小比例尺下看全貌。为了兼顾用户浏览地图全貌和局部细节的需求,电子地图在前端是分级显示的,级数(Zoom Level)用字母 z ($z \geqslant 0$) 表示。在 z = 0 时,像素坐标系的宽和高是 extent 个像素;在 z = 1 时,像素坐标系的宽和高是 $2 \times$ extent 个像素;在 z = n ($z \geqslant 0$) 时,像素坐标系的宽和高是 $2^n \times$ extent 个像素。当 extent 的值取 512 个像素时,0~2 级的地图的像素大小如图 7-17(a) 所示。不同层级的地图组织起来像一个金字塔的形状,所以地图的分级显示模型也称之为金字塔模型。

显示屏的像素大小是固定的,当层级变大时,显示屏无法展示整张地图,只能展示地图的局部,用户可以通过移动光标来查看地图的不同区域。所以,前端无须向后端请求整张地图,只需要请求用于展示的那部分地理数据即可。为了满足这一需求,需要对地图进行划分,生成多个地图分片,每个分片称之为一张地图瓦片。瓦片是大小固定的正方形，边长是 extent 个像素。z = 0 时，地图大小恰好是一张瓦片；z = 1 时，地图划分成 4 张瓦片；z = 2 时，地图划分成 16 张瓦片；依此类推，当 z = n 时，地图可划分成 4^n 张瓦片，如图 7-17(b) 所示。

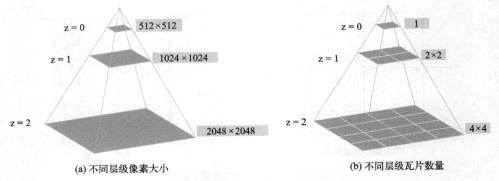

(a) 不同层级像素大小   (b) 不同层级瓦片数量

图 7-17 金字塔模型

当用户在前端界面上移动光标时，前端组件会根据金字塔模型实时计算出需要加载哪一层级的哪些瓦片中的地理数据，并向后端服务器发起请求。为了方便定位瓦片在金字塔中的位置，需要为每张瓦片赋予一个坐标 (z, x, y)，其中 z、x、y 是非负整数。z 表示地图的层级；x 表示瓦片是地图上从左到右的第几张瓦片，称为瓦片的列号；y 表示瓦片是地图上从上到下的第几张瓦片，称为瓦片的行号。图 7-18 给出的是 0、1、2 三级地图上瓦片的坐标。

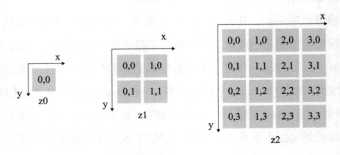

图 7-18 地图瓦片在金字塔中的坐标

在金字塔中，缩放层级 z 越大，地图的宽和高越大，每个像素对应的实地距离（地图分辨率）也就越小，地图上展示的地理实体的轮廓也就越精细。表 7-1 列出了 extent=512 像素时，不同层级的地图分辨率和地图的宽高数据。

表 7-1 不同层级的地图分辨率和地图尺寸

缩放级别	地图分辨率 （单位：米 / 像素）	地图宽和高 （单位：像素）
0	156543.0339	512
1	78271.51696	1024
2	39135.75848	2048
3	19567.87924	4096
4	9783.939620	8192
5	4891.969810	16384
6	2445.984905	32768
7	1222.992452	65536
8	611.4962263	131072
9	305.7481131	262144
10	152.8740566	524288
11	76.43702829	1048576
12	38.21851414	2097152
13	19.10925707	4194304
14	9.554728536	8388608
15	4.777314268	16777216
16	2.388657133	33554432
17	1.194328566	67108864
18	0.597164263	134217728
19	0.298582142	268435456
20	0.149291071	536870912
21	0.074645535	1073741824
22	0.037322768	2147483648

根据所包含地理数据格式的不同，地图瓦片可以分为栅格瓦片和矢量瓦片。在地图可视化时，前端以瓦片坐标 (z, x, y) 为参数向后端发起请求，后端给前端返回瓦片中的地理数据。请求的 URL 格式为：http://host:port/z/y/x.png 或者 http://host:port/z/y/x.pbf，前者用于请求栅格瓦片，后者用于请求矢量瓦片。

7.2.3　栅格瓦片技术

栅格瓦片中的地理数据以图片格式存储，图片上的内容没有特殊限制，既可以是遥感影像，也可以是符号化的矢量地图，甚至可以是对纸质地图扫描得到的图片。图 7-19展示了两幅根据遥感影像生成的栅格瓦片，级别分别是 13 和 18。栅格瓦片通常是正方形的 PNG 或者 JPG 格式的图片。本节将以遥感影像为例讲解栅格瓦片生成的步骤。

z = 13

z = 18

图 7-19　不同层级的栅格瓦片

栅格切片是将地图按照固定的像素大小（extent×extent）切分成多张图片（栅格瓦片）并通过图片的组合来还原地图的技术。下面我们以遥感影像地图为例，介绍栅格切片的过程。目前，全球遥感影像的地图分辨率可以精确到 0.6 米。对照表 7-1 可知，0.6 米的地图分辨率对应遥感影像的宽高为 134 217 728 个像素，extent 取值 512 个像素时对应金字塔的第 18 级。可根据全球遥感影像（第 18 级的地图）生成其他层级的地图，并将每级的地图切成栅格瓦片，具体可分解为以下两个步骤来实现。

1）拆解遥感影像：因为遥感影像是第 18 级的地图，所以只需要将遥感影像拆分成 4^{18} 个小的正方形图片，即栅格瓦片，瓦片大小为 512 像素 ×512 像素。根据坐标信息，将栅格瓦片按照 z/y/x.png 的目录结构存储到文件系统即可。

通常遥感影像是分地区拍摄的，而不是将全球拍成一张大图。对于局部遥感影像，需要先根据影像覆盖的地理范围，确定该区域对应第 18 级的哪些瓦片，然后将局部遥感影像拆解到这些瓦片上。如图 7-20 所示，将一个 1270 像素 ×820 像素的局部遥感影像拆解到了 6 张相邻的瓦片中，形成了 6 张栅格瓦片。

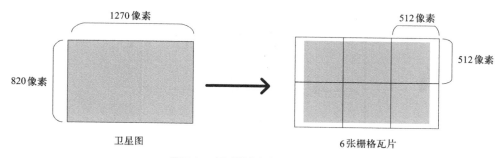

图 7-20 遥感影像拆解成栅格瓦片

2）生成金字塔：第一步生成了遥感影像在 18 级上的栅格瓦片，但未生成 0 至 17 级的栅格瓦片。根据金字塔的特点，上一级的栅格瓦片可以由下一级的 4 张栅格瓦片合并而成。根据这个规则，可以自底向上地生成 0 至 17 级的所有栅格瓦片。栅格瓦片的合并过程如图 7-21 所示，将 $n+1$ 层的 4 张相邻栅格瓦片合并成 n 层的一张栅格瓦片。

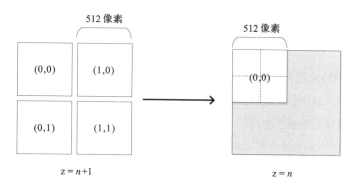

图 7-21 栅格瓦片合并示意图

栅格瓦片的合并过程在微观上是将每 4 个相邻的像素合并成 1 个像素。像素的合并过程会导致地图分辨率变高，地理实体的轮廓细节也会丢失得越来越多。如图 7-22 所示，为了绘图方便，取 extent 的值为 16 像素。对于第 $n+2$ 级的 (0, 0) 号瓦片里面的一个地理实体，可以充分地保留其轮廓的细节，当将其合并到 $n+1$ 级的 (0, 0) 号瓦片中时，像素空间缩减成原来的四分之一，其轮廓细节出现丢失，而到了 n 级的 (0, 0) 号瓦片中时，该地理实体已经从原来的折线变成了一个像素点。

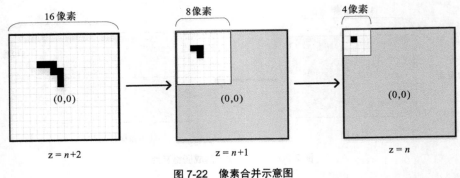

图 7-22　像素合并示意图

　　因为遥感影像的地图分辨率是 0.6 米每像素，也就是说对于地理实体的轮廓细节只保留到了 0.6 米的粒度，18 级以下的层级上看到的轮廓和 18 级上看到的完全一样，所以无须生成 18 级以下的栅格瓦片。

7.2.4　矢量瓦片技术

　　栅格瓦片的特点是预生成样式，前端拿到图片直接展示即可，流程简单，前端压力小。但其缺点也比较明显，比较突出的一个是图片占用带宽和存储空间都较大，影响传输速度；另一个是样式是提前生成的，无法在前端修改。本节介绍矢量数据可视化的技术。
　　矢量数据的可视化操作可简单分为两个步骤：空间坐标转成像素坐标，然后设置像素的颜色值。前端只需要向后端请求瓦片中的矢量数据，并且根据不同的应用场景，设置不同的渲染样式，比如图标样式、线形线宽、填充色和透明度等，渲染出各式各样风格的电子地图。图 7-23 展示了用 Point 表示的兴趣点、用 LineString 表示的道路和用 Polygon 表示的公园等矢量数据绘制的电子地图。

兴趣点　　　　　　　　　　　　道路　　　　　　　　　　　　公园

图 7-23　矢量地图上的地物

矢量数据通常是以空间坐标来表示的，如果将空间坐标转像素坐标的计算任务交由前端来执行的话，前端的渲染压力就会很大。可以将矢量数据可视化的两个步骤分别交由后端和前端来执行，后端负责空间坐标转像素坐标，前端负责根据样式对像素进行渲染，这样既保证了矢量数据灵活选择渲染样式的特性，又提高了前端的渲染效率。基于这一思想，业界提出了矢量瓦片的概念，矢量瓦片中保存了像素坐标表示的矢量数据，成为了前后端交换矢量数据的标准格式。相比于栅格瓦片，矢量瓦片有如下特点。

- **高清晰度和可伸缩性**：矢量瓦片具有无限的分辨率，可以实现高清晰度的地图显示。无论是在高分辨率屏幕上还是缩放到细节层级，矢量瓦片都能提供清晰的地图效果。

- **网络传输效率**：相比栅格瓦片，矢量瓦片的数据量更小，因为它们只存储地理要素的几何相对位置和属性，而不是像素图像，这使得矢量瓦片在网络传输中具有更高的效率和更快的加载速度。

- **动态样式化**：使用矢量瓦片，前端开发者可以通过动态样式表对地图进行实时的样式化。这意味着可以根据数据属性、用户交互或其他条件来改变地图的样式，实现个性化的地图显示。

- **数据分析和查询**：由于矢量瓦片存储的是原始地理数据，所以可以直接在客户端进行数据查询和分析操作。这为开发者提供了更多的空间分析和地理处理的能力。

下面，我们将深入学习矢量数据的坐标转换，以及矢量瓦片文件的编码方式。

如图 7-24 所示，平面坐标系是一个边长为 2δ 的正方形，$\delta = 20037508.3427892$ 米，是个定值；像素坐标系是一个边长为 $2^z \times \text{extent}$ 个像素的正方形，z 表示地图在金字塔中的层级。对于投影坐标系中的坐标点 (x, y)，其投影在像素坐标系中的像素坐标为 (p_x, p_y)。首先，根据地图分辨率的定义，可以计算出每个像素宽度对应的空间距离，用 r 表示地图分辨率，则计算公式为：$r = 2\delta \div (2^z \times \text{extent})$。然后，可以将投影坐标到像素坐标的转换过程用如下公式表示：

$$p_x = (x + \delta) \div r$$
$$p_y = (\delta - y) \div r$$

其中 $(x + \delta)$ 和 $(\delta - y)$ 分别表示 (x, y) 距离左上角坐标 $(-\delta, +\delta)$ 的水平和垂直距离（单位为米）。

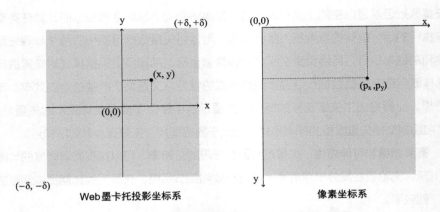

图 7-24　投影坐标点到像素坐标点之间的转换示意图

下面介绍如何将像素坐标系中的矢量数据编码成矢量地图瓦片。如果一个矢量数据与多个瓦片空间相交，则该矢量数据与每张瓦片的相交部分（Intersection）就会被编码到对应的矢量瓦片中，如图 7-25 中的长方形面数据。

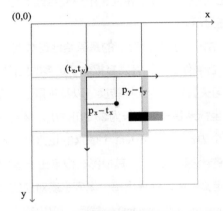

图 7-25　矢量数据匹配到瓦片中

在前端渲染时，为了保证视觉效果上的连续性，每张矢量瓦片的范围都会向外扩展 *buffer* 个像素，以保证不同瓦片中的同一个矢量数据有 *buffer* 个像素宽度的重叠。我们将扩展后的瓦片范围称为 TB(Tile Bounding)。TB 是一个边长为 extent+2 × *buffer* 像素的正方形，如图 7-25 所示。在矢量瓦片中，矢量数据是以瓦片左上角 (t_x, t_y) 作为坐标原点的，像素坐标系中的坐标点 (p_x, p_y) 在瓦片中的坐标为 (p_x-t_x, p_y-t_y)。

经过上述的转换过程，我们可以将所有矢量数据匹配到与之相交的瓦片中。下面介绍如何将瓦片中的矢量数据编码形成矢量瓦片。MapBox 公司定义了矢量瓦片的编码规范，目前该规范已经成为了行业标准。如图 7-26 所示，为了方便绘图，取 extent=10，buffer=2，矢量数据在 TB 中是以一个或多个像素坐标点存储的，线对象和面对象用坐标点之间顺序连接形成的线和环来表示。对于图中的四边形，MapBox 将其用四条指令表示。

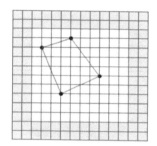

Move (1,2)
LineTo (3,−1)
LineTo (3,4)
LineTo (−4,2)
ClosePath ( )

图 7-26　矢量数据转成指令集

指令有 3 种，如表 7-2 所示。指令表达的是游标在瓦片像素坐标系上的移动过程。设游标的初始位置坐标为 (cx, cy)，其中 cx 指代游标在 x 轴上的位置，cy 指代游标在 y 轴上的位置。最开始的时候，游标位于瓦片的左上角 (0, 0)。对于参数 (dx, dy)，定义坐标 (p_x, p_y)，其中 $p_x = c_x + d_x$，$p_y = c_y + d_y$。

MoveTo(d_x, d_y) 指令：

对于点要素，(p_x, p_y) 坐标定义了一个新的点要素；

对于线要素，(p_x, p_y) 坐标定义了一条新的线要素的起点；

对于面要素，(p_x, p_y) 坐标定义了一个新环的起点。

在 MoveTo 指令执行完之后，游标移至 (p_x, p_y)，即令 $c_x = p_x$，$c_y = p_y$。

LineTo(d_x, d_y) 指令：

对于线要素，(c_x, c_y) 到 (p_x, p_y) 的线段延长了当前线要素；

对于面要素，(c_x, c_y) 到 (p_x, p_y) 的线段延长了当前的环；

在 LineTo 命令执行完之后，游标移至 (p_x, p_y)，即令 $c_x = p_x$, $c_y = p_y$。

需要注意的是，LineTo 指令的 d_x 和 d_y 参数不能同时为 0，因为都为 0 意味着下一个坐标点 (p_x, p_y) 和当前坐标点 (c_x, c_y) 是同一个点，则连线是没有意义的。

ClosePath 指令：

这条指令将游标 (c_x, c_y) 与起点连接，形成一个闭合的环，面要素由最外层的边界和零至多个内部的孔洞组成，边界和孔洞都是用环来表示的。ClosePath 指令不改变游标的位置。

任何一个空间类型，如 Point（点）、LineString（线）、Polygon（面）、MultiPoint（多点）、MultiLineString（多线）、MultiPolygon（多面）和 GeometryCollection（几何集）都可以拆分成点、线、环这三个原子几何类型，而点、线、环都可以用 MoveTo、LineTo 和 ClosePath 这三个原子指令的集合表示。也就是说，这三个原子指令足够表达任意的空间几何类型。

表 7-2　MapBox 定义的指令详情

指令	Id	参数	参数个数
MoveTo	1	dx, dy	2
LineTo	2	dx, dy	2
ClosePath	7	无参数	0

对于任意空间要素，其几何属性都可以用一系列指令表达。将指令集编码成二进制，然后连同非几何属性一起序列化，便得到了该空间要素的二进制编码。具体的编码细节这里不再展开讨论，读者可以阅读 MapBox 标准。表 7-2 中每个指令的 Id 就是供编码的时候使用的。所有二进制格式的要素便组成了矢量瓦片。

矢量瓦片用到了 protobuf 序列化技术，生成的矢量瓦片的格式为 .pbf。因为 protobuf 是一种跨语言的序列化技术，所以 pbf 格式的矢量瓦片非常方便前端编程语言进行解码。

将矢量数据编码成金字塔中所有层级上的矢量瓦片的过程，称为矢量切片。切片操作可以在前端请求瓦片时执行，请求哪张切哪张，这种策略称为动态矢量切片。也可以预先将金字塔中的所有矢量瓦片都切好，保存成静态的 pbf 文件，在前端请求时，根据瓦片坐标返回对应的 pbf 文件即可。这种策略称为静态矢量切片，又称矢量预切片。

我们知道，电子地图在前端是分层级显示的。层级是一个离散概念，但前端在展示地图时，是地图连续放大或者缩小的过程，不会让用户感受到层级之间的跳变。在 n 级和 $n+1$ 级地图之间的连续展示是通过对 n 级瓦片的拉伸（放大）来实现的，但是栅格瓦片和矢量瓦片的拉伸方式存在差异：栅格瓦片是图片的拉伸，而矢量瓦片是像素坐标的变化。表现在地图上就会看到，栅格瓦片的拉伸会降低地图的分辨率，而矢量瓦片则不会。

7.2.5　动态矢量切片

对于动态变化的矢量数据，适合使用动态矢量切片策略。因为矢量瓦片是在瓦片请求时生成的,所以矢量数据的任何更新都可以在瓦片中得到体现。PostGIS 作为关系数据库 PostgreSQL 的空间数据插件,实现了基于空间表的动态矢量切片能力,使用的正是我们前面讲到的技术。

图 7-27 展示了基于时空数据库提供动态矢量切片服务的全流程,分以下 4 个步骤完成。

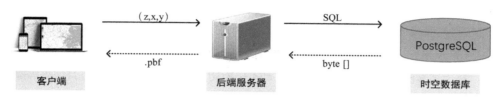

图 7-27　基于时空数据库的动态矢量切片服务

1)客户端发起对瓦片的请求,参数是瓦片坐标。

2)后端服务器将瓦片坐标转换成时空数据库中用于动态生成矢量瓦片的 SQL 语句,并向数据库发送请求。

3)数据库查询出属于指定瓦片的矢量数据,编码成矢量瓦片,并以二进制格式返回给后端服务器。

4)后端服务器将二进制的瓦片数据返回给客户端,用于可视化。

上述步骤的完整代码请读者参考我们的 GitHub 项目。假设空间表结构为(id:Long, name:String, position:Point),步骤 2)中的 SQL 语句如下,主要通过调用 PostGIS 提供的各种函数来实现。其中 MVT 是 MapBox 矢量瓦片(MapBox Vector Tile)的缩写。

```
WITH mvtgeom AS (
    SELECT id,
        name,
        ST_AsMVTGeom(
            ST_Transform(position, 3857),
            ST_TileEnvelope(z, x, y), extent => 512, buffer => 8) AS geom
    FROM t_gas_station
    WHERE position && ST_Transform(ST_TileEnvelope(z, x, y), 4326)
)
SELECT ST_AsMVT(mvtgeom.*) as mvt
FROM mvtgeom
```

ST_Transform：该函数用于坐标转换，此处主要用于在基于球面的地理坐标系（以WGS84 坐标系为例，EPSG 代码为 4326）和基于平面的投影坐标系（Web 墨卡托坐标系，EPSG 代码为 3857）之间做转换。

ST_TileEnvelope(z, x, y)：该函数用于生成瓦片在 Web 墨卡托平面上的正方形范围。

ST_AsMVTGeom：该函数用于将 Web 墨卡托坐标系下的矢量数据投影到瓦片的像素坐标系中，即将矢量数据从平面坐标系转换到像素坐标系中，并且只保留与瓦片的 TB 相交的部分。extent 和 buffer 取值分别为 512 和 8，则 TB 的长宽为 512+2×8=528 像素。

ST_AsMVT：该函数将查询出来的要素编码成二进制格式的矢量瓦片。

在上述案例中，时空数据库提供了动态矢量切片函数：坐标转换、瓦片编码等操作都由数据库来实现。如果选择的时空数据库不是 PostgreSQL，矢量切片逻辑就需要在后端服务器上执行，而数据库只提供简单的空间范围查询功能。

动态矢量切片是在前端请求瓦片的时候发生的，矢量数据的任何更新都会及时地可视化出来，适用于数据量不大但频繁更新的矢量数据的可视化场景。对于数据量大、更新不频繁并且高并发访问的矢量数据，动态矢量切片策略会因为计算量过大而存在严重的性能瓶颈。根据更新不频繁这个特点，我们很容易想到对矢量数据进行预切片，当前端请求瓦片时直接返回预先切好的矢量瓦片，省去计算过程，从而大大提高响应速度和并发量。预切片生成的矢量瓦片不再随着矢量数据的更新而变化，所以称为静态瓦片。预切片又称静态矢量切片。动态矢量切片和静态矢量切片的逻辑如图 7-28 所示。

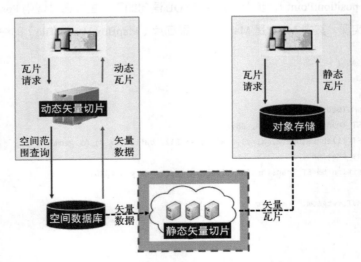

图 7-28　动态矢量切片和静态矢量切片的示意图

7.2.6 静态矢量切片

静态矢量切片适用于数据量大且不频繁更新的矢量数据的可视化，例如底图数据。底图数据是由多个基础地理图层叠加而成的电子地图，由行政面、道路、河流、湖泊、绿地、兴趣点、兴趣面等多个图层组成，是地图可视化应用中的基础部分。底图数据是测绘得到的矢量数据，数据量庞大，更新频率低，是地图可视化应用中最频繁访问的数据。下面以底图数据为例，介绍静态矢量切片技术，以及需要注意的相关问题。

静态矢量切片的算法逻辑和动态矢量切片的完全一致，只是将金字塔中的所有瓦片都预先切好，存放在对象存储服务（OSS，Object Storage Service）中，在前端请求时直接从对象存储服务中获取瓦片即可。

矢量切片的计算过程可以大致划分成以下 4 步。

1）查询与瓦片空间相交的矢量数据；

2）将矢量数据从地理坐标系转到 Web 墨卡托投影坐标系；

3）将矢量数据从投影坐标系转到瓦片的像素坐标系；

4）对瓦片中用像素坐标表示的矢量数据进行编码，生成矢量瓦片。

如果对金字塔中的每张瓦片都执行上述 4 个步骤，就会存在过多的重复计算。根据金字塔的原理，我们只需要对金字塔的最大层级执行步骤 1 到 4，而上层矢量瓦片的生成只需要对下层瓦片中的数据做坐标的平移变换即可获得，省去步骤 1 到 3 的计算过程，从而大大提升静态矢量切片任务的执行效率。

如图 7-29 所示，为了绘图方便，取 extent = 8 像素。$n + 1$ 级的 4 张相邻矢量瓦片中的 4 个坐标点，经过坐标统一和坐标收缩之后，变成了 n 级的一张瓦片中的 4 个坐标点。坐标统一规则与瓦片的位置相关，我们设定坐标点在 $n + 1$ 级瓦片的像素坐标为 (from_x, from_y)，该点在坐标统一后的像素坐标为 (to_x, to_y)。

对于左上角瓦片：(to_x, to_y) = (from_x, from_y)。

对于右上角瓦片：(to_x, to_y) = (from_x + extent, from_y)。

对于左下角瓦片：(to_x, to_y) = (from_x, from_y + extent)。

对于右下角瓦片：(to_x, to_y) = (from_x + extent, from_y + extent)。

对于统一后的坐标，于其坐标进行 1/2 的收缩，便得到点在 n 级瓦片上的像素坐标：(to_x/2, to_y/2)。在计算机中，非负整数除以 2 的除法运算可以等价替换成算数右移一位的位运算，位运算的效率远远高于除法运算。

图 7-29 中展示的是点数据的变换过程。对于其他几何类型，将其坐标点按照上述过程变换即可。

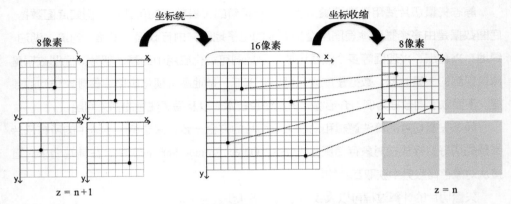

图 7-29   相邻层级矢量瓦片的坐标变换示意图

当数据量非常庞大时，单机的静态矢量切片任务会非常耗时，利用 Spark 的分布式计算能力，可以实现海量数据的矢量切片。我们知道 RDD 是 Spark 对数据集的抽象，由多个分散在分布式集群中的 Partition 组成，计算任务并行地发生在 Partition 所在的机器上，一个任务负责对一个 Partition 中的数据进行计算。

静态矢量切片任务最基本的输入参数是 min_zoom（最小层级）、max_zoom（最大层级）和 extent（瓦片的宽高）。分布式静态矢量切片可以划分成 3 个阶段，如图 7-30 所示。

1）空间分区：以金字塔中的第 p(min_zoom ≤ p ≤ max_zoom) 级为分区层，将原始的 RDD1 中的矢量数据匹配到 p 级的瓦片上，并利用 Spark 的 Shuffle（洗牌）操作将属于同一个瓦片的矢量数据汇集到一个 Partition 中，共组成 4^p 个 Partition，得到图中的 RDD2。

2）下层切片：在 RDD2 中，对每个 Partition 中的数据并行地执行计算，包括空间坐标转投影坐标、投影坐标转像素坐标，以及利用上文介绍的坐标统一和坐标收缩的方式自底向上递归地进行静态矢量切片，形成 max_zoom 级到 p 级的所有矢量瓦片。

3）上层切片：根据金字塔的特点，利用 Spark 的 Shuffle 操作，将每 4 个相邻瓦片对应的 4 个 Partition 中的数据汇集成一个 Partition，共 4^{p-1} 个 Partition，如图中的 RDD3。然后对 RDD3 中每个 Partition 中的数据并行地进行坐标统一和坐标收缩，最后生成 p-1 级的矢量瓦片。这个过程递归执行，直到 RDD 中 Partition 达到 min_zoom 级，这样便生成了第 p-1 级到 min_zoom 级之间的所有矢量瓦片。

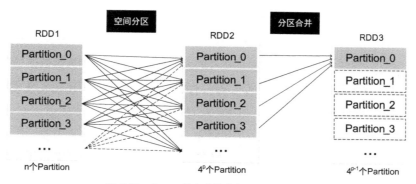

图 7-30　Spark 分布式静态矢量切片示意图

　　静态矢量瓦片是预先切好并已存储了的，可在前端请求的时候对其进行查询并返回查询结果。这些瓦片该如何存储才能使瓦片的查询更高效呢？下面我们介绍静态矢量瓦片的存储方法。这个方法也同样适用于栅格瓦片。

　　浏览地图时，相邻瓦片会被加载到前端拼成一幅地图，也就是说空间上相邻的瓦片通常是被同时请求的。而在数据存储引擎中，都会基于空间局部性原理提供缓存功能。在请求一条数据时，将其附近的数据加载到内存中。利用这一点，可以将相邻瓦片存储在一起。4.2 节中介绍的 z 空间填充曲线索引恰好可以将二维的矢量瓦片用一条线串起来，并从头到尾进行编号。瓦片按照编号顺序存储，即可利用缓存的原理，加速瓦片查询效率。

　　如图 7-31 所示，假设显示屏需要 8 张瓦片拼接成地图，由于图中 0 至 7 共 8 张瓦片是连续存储在一起的，在请求 0 号瓦片时，存储引擎已经缓存好了后续的 1 至 7 号瓦片，因此对 1 至 7 号瓦片的请求就会直接从内存中拿数据，从而大大提升地图渲染效率。

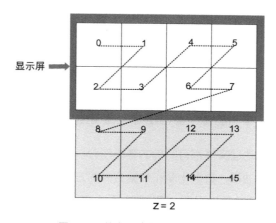

图 7-31　静态瓦片存储索引示意图

7.2.7 矢量切片与地图综合

在矢量切片算法中，需要重点考虑瓦片的大小。假设要切片的矢量数据是全球的底图数据，那么金字塔 0 级的那一张瓦片会包含全球的底图数据，数据量非常庞大。在一张瓦片中保留所有底图数据是不现实且没必要的。

在金字塔中，层级越大，地图分辨率越高，地理实体的细节保留得越完善。对于细小的地理实体（绿地、湖泊、建筑物、兴趣点等），适合放在层级大的瓦片中。在小层级的地图中，保留空间跨度比较大的地理实体（行政边界、主干道等），用于显示地图的轮廓。哪些地理实体在哪些层级显示，用到的正是前文介绍的地图综合技术。其主要宗旨是，根据地物特征，控制每个瓦片的地物数量，保证主次、大小分明，数据既不过于密集，也不过于稀疏，从而为用户提供平滑顺畅的地图浏览体验。

下面以路网数据为例，简单介绍地图综合的技术细节。图 7-32 右边列表给出的是划分的道路等级，综合绘图师会基于道路等级控制其显示的地图层级，生成图 7-32 左边的配置参数。在对道路数据进行矢量切片时，会结合配置参数和道路的等级判断是否将其保存在特定层级的矢量瓦片中。

```
[
    {
        "class" : 13,
        "minzoom" : 4,
        "maxzoom" : 20,
    },
    {
        "class" : 12,
        "minzoom" : 8,
        "maxzoom" : 20,
    },
    {
        "class" : 19,
        "minzoom" : 18,
        "maxzoom" : 20,
    },
    ...
]
```

ROADCLASS	CLASSNAME
1	轮渡线
2	区域内道路
3	步行街
4	城市支路
5	次干道
6	主干道
7	快速道路
8	村道
9	乡道
10	县道
11	省道
12	国道
13	高速

ROADCLASS	CLASSNAME
14	景区道路
15	绿道
16	区域内人行道
17	步行道路
18	人行天桥
19	人行横道
20	地下通道
21	交通设施内通道
22	天桥梯道
23	地下通道梯道
24	人行设施连接路
25	索道
26	景区轮渡线
27	栈道

图 7-32　基于道路等级的综合绘图策略

然而，并非所有的地理实体都有明确的等级划分。对于没有等级划分的实体，通常使用综合地图中的数据抽稀、数据化简和数据合并的方法来减少瓦片中的地物数量。这些方法可以应用到矢量切片的过程中，下面列举两个在矢量切片时执行抽稀的例子。

1）根据实体的像素宽高：对于线和面实体，如果在瓦片中的横向和纵向跨度均小于指定阈值（单位是像素），在视觉效果上看起来近似于点的时候，就可以将其丢弃。金字塔中，层级越大比例尺越大，实体的空间跨度越大；层级越小比例尺越小，实体的空间跨度越小，因此，在小层级上被丢弃的实体是可以在大层级上看到的，并不会影响可视化效果。

2）根据实体间的像素距离：如果相邻实体之间的像素距离小于指定阈值（单位是像素），则丢弃其中一个，保持实体之间的疏散，这种方式称为碰撞检测。相同的空间距离，在大层级的地图上像素距离大，在小层级的地图上像素距离小，因此在小层级上因为碰撞而被丢弃的地理实体也是可以在大层级上看到的，不会影响可视化效果。

7.2.8 矢量免切片技术

动态矢量切片用于数据量小、频繁更新的矢量数据，而静态矢量切片用于数据量大、更新不频繁的矢量数据；动态矢量瓦片的请求计算量大，响应相对较慢，所以支持的并发请求数小，而静态矢量瓦片的请求不涉及计算，响应速度快，所以支持高并发访问；动态矢量切片只需要存储矢量数据，矢量瓦片是在前端发起请求时根据矢量数据实时生成的，而静态矢量瓦片是一次切片多次使用，需要对切成的静态瓦片进行保存。两种矢量切片策略的对比如表 7-3 所示。

表 7-3 不同矢量切片策略的优缺点对比

矢量切片策略	优　点	缺　点	适用场景
动态矢量切片	同步数据更新，不需要存储矢量瓦片	请求响应慢，并发量小，重复的坐标转换	适用于小数据量、数据频繁更新、小并发的场景
静态矢量切片	请求响应快，支持高并发，避免重复的坐标转换	不能同步数据更新，需要预切片，并额外存储矢量瓦片	适用于数据量大、数据保持不变、高并发的场景

那么，对于数据量很大又频繁更新的矢量数据，该选择何种切片策略呢？是否有一种切片策略可以兼具上述两种切片策略的优势，既支持数据的更新又支持大数据量，同时还不需要额外存储矢量瓦片呢？这正是矢量切片未来的探索方向，业界将这种理想的切片策略统称为免切片。下面笔者将结合自己的实践经验，介绍一种可行的免切片方案，为读者提供一些研究思路。

动态切片策略无法支持大数据量的大部分原因在于，瓦片请求会触发两次坐标转换，同一个地理实体的坐标转换操作会在不同的瓦片请求中重复进行。坐标转换过程如图 7-33

所示。为了避免重复的坐标转换，可以在存储之前执行坐标转换，保存像素坐标系下的矢量数据，而非原始的地理坐标系下的矢量数据，这样保证了每条矢量数据只执行一遍坐标转换。

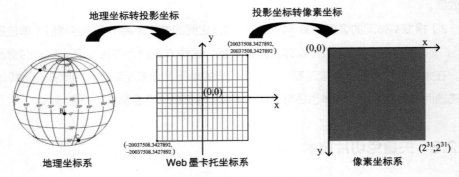

图 7-33　矢量切片中的坐标转换示意图

对照表 7-1 可知，当 extent = 512，z = 22 时，地图分辨率已经达到了 3.7 厘米每像素。这个分辨率在绝大多数地图可视化场景中已经足够了，此时整个地图的像素宽度和高度为 $2^{22} \times 512 = 2^{22} \times 2^9 = 2^{31}$ 个像素。在时空数据库中，将矢量数据用像素坐标进行表示和存储，可以利用时空数据的增删改的数据更新能力。当执行瓦片 (z, x, y) 的请求时（其中 z ≤ 22），首先根据瓦片坐标计算出 22 级的像素坐标系中与瓦片相对应的像素范围，并利用时空数据库的空间范围查询接口获取该范围内的矢量数据，然后对获取到的矢量数据的像素坐标进行变换，得到瓦片坐标系下的矢量数据，最后编码成矢量瓦片。

假设一个坐标点在缩放级别为 22 的像素坐标系下的坐标为 (p_x, p_y)，要将其转成瓦片 (z, x, y) 的像素坐标系下的坐标，需要执行两次坐标系适配操作。

1）绝对坐标系适配：因为存储的矢量数据的坐标系是金字塔 22 级的像素坐标系，而瓦片是 z 级的，所以需要将 22 级坐标系中的像素坐标适配到 z 级像素坐标系中，假设适配后的坐标为 $(contract\_p_x, contract\_p_y)$，则有：

$$contract\_p_x = p_x \div 2^{22-z} = p_x \gg (22-z)$$
$$contract\_p_y = p_y \div 2^{22-z} = p_y \gg (22-z)$$

2）相对坐标系适配：瓦片中的矢量数据是以瓦片左上角为坐标原点的，因此需要将 z 级像素坐标系中的绝对坐标 $(contract\_p_x, contract\_p_y)$ 适配成以瓦片左上角为原点的相对坐标 $(move\_p_x, move\_p_y)$，则有：

$$move\_p_x = contract\_p_x - x \times extent$$
$$move\_p_y = contract\_p_y - y \times extent$$

对于瓦片 (z, x, y) 的请求来说，22 − z、x × extent、y × extent 都是固定不变的，那么步骤 1）就是整数的位移运算，步骤 2）就是整数的减法运算，这两种运算都是非常简单的。因此，这种动态生成矢量瓦片的方式计算量并不大，能够提供更快的请求响应速度。如果像素坐标系中的矢量数据是存储在分布式数据库中的，还可以提供非常高的并发访问量。

另外，这种方案还可以与地图综合技术相结合。对于指定层级 z 上的瓦片，地图综合技术若指定了当前层级 z 要显示的地物的属性，则在执行空间范围查询时，附加上属性查询，就可以实现更加灵活丰富的矢量切片效果。

7.2.9 时空数据可视化模型

截至目前，我们讨论的都是空间数据的可视化，那么对于时空数据，在地图可视化中又有哪些方法呢？下面结合笔者的实践经验，试着探讨一下时空数据可视化的一些方案。

按照空间位置是否随时间动态变化的标准来分，时空数据可以分为两类：空间静态 + 时间动态（例如气象站传感器数据），时空动态（例如人的手机报点数据）。时空数据可视化一般都追求数据的时效性，比如可视化最近 10 天的气温数据，可视化最近一小时某区域流动人口的分布数据。

对于第一类时空数据，由于空间位置静态不变，所以首先生成静态矢量瓦片，然后将最近一段时间的读数信息（气温数据）作为一个新的图层叠加显示在地图上即可。

对于第二类时空数据，其空间位置随时间变化，所以要使用动态矢量切片策略。地图层级小的时候，瓦片对应的空间范围大，瓦片的时间窗口应该缩小；地图层级大的时候，瓦片对应的空间范围小，瓦片的时间窗口可以放大。基于这一特点，可以扩展出时空金字塔模型，如图 7-34 所示。

在时空金字塔中，层级越小，时间窗口越小，只可视化最近一小段时间内的数据，而层级变大时，可以放大瓦片的时间窗口，看到过去更长一段时间内的数据。这种动态时间窗口的矢量切片方案可以基于上文介绍的免切片方法。将时空动态数据的空间属性转成像素坐标之后存储在时空数据库中，在请求瓦片时，根据瓦片的坐标生成空间范围，又根据瓦片层级 z 生成时间范围，对矢量数据执行时空范围查询，得到由数据编码形成的矢量瓦片并将其返回给前端。

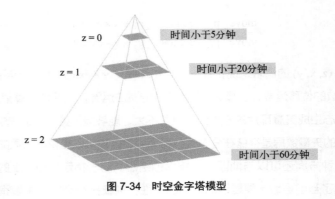

图 7-34 时空金字塔模型

7.3 时空数据可视化渲染技术

可视化渲染是时空数据展示的最后一个环节，也是最重要的一个环节，它决定了呈现给用户的最终效果。在近几年的可视化市场，早期那种仅仅展示一张静态地图的形式已经满足不了用户多样化的需求。高清、无级、动态、炫酷的效果是目前大多数用户的基本要求。显然，静态的栅格切片已无法满足上述需求，于是矢量切片技术开始被迅速推广。上一节提到，矢量切片本身保存了完整的几何信息，这样前端可以有最大的灵活度来实现丰富的效果。但复杂的效果同时带来了更大的前端负载压力，渲染技术同样需要迭代升级。本节将介绍 WebGIS（基本可以等同于时空数据 Web 技术，近几年因为时空数据的概念更加泛化，WebGIS 概念逐渐弱化）渲染技术的发展历史，随后重点介绍矢量瓦片时代最重要的技术 WebGL，最后简单介绍数字孪生场景下常用的云渲染技术。

7.3.1 WebGIS 渲染技术的发展

WebGIS 前端渲染技术的发展可以以 HTML5（简称 H5）为分水岭划分成两个时代。在 H5 出现之前，地图前端技术以 Flex、JavaScript 和 Silverlight 为代表。当时，几乎所有大型地图开发平台，都会推出适配这三个技术的版本，其中商业软件以 ArcGIS API 应用最广，包括 ArcGIS API For Flex、ArcGIS API For Silverlight 和 ArcGIS API For JavaScript。开源软件的代表有基于 Flex 的 OpenScale 和基于 JavaScript 的 OpenLayer。这一阶段，WebGIS 以栅格瓦片作为主要可视化手段，基本原理上一节已经介绍，其前端的渲染技术也相对简单，只需要根据返回的瓦片图片按顺序拼接显示即可。

随着互联网的发展，H5 技术日趋成熟，逐渐取代早期技术。2010 年乔布斯宣布 iPhone 将不再支持 Flex，标志着一个时代即将谢幕。这样 HTML5 及其主要的语言 JavaScript 逐渐一统前端的天下，很多基于 H5 标准的 WebGIS 引擎纷纷入场。图 7-35 是 H5 时代时空数据可视化前端技术的一些代表性时间点。

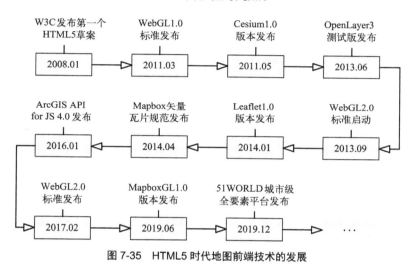

图 7-35　HTML5 时代地图前端技术的发展

7.3.2　WebGL 技术

本节我们重点讲解划时代的可视化技术 WebGL，它也是矢量瓦片技术可以广泛使用的基础。本节还会通过简单的实验，将 WebGL 与早期 H5 地图渲染技术 Canvas 做一个性能对比。WebGL（Web Graphics Library）是一种 3D 绘图协议。这种绘图技术标准允许把 JavaScript 和 OpenGL ES 2.0 结合在一起，通过将 JavaScript 绑定到 OpenGL ES 2.0，使 WebGL 可以为 HTML5 Canvas 提供硬件 3D 加速渲染，这样 Web 开发人员就可以借助系统显卡在浏览器里更流畅地展示 3D 场景和模型及创建复杂的导航和数据视觉化。图 7-36 显示了 OpenGL、OpenGL ES 1.1/2.0/3.0 和 WebGL 的关系。

HTML 渲染文档有 3 种方式：一种是使用 DOM；一种是 Canvas（2D）；还有一种是 WebGL。DOM 是一种中间代理模式，维护文档树，处理事件交互、样式和绘制，对开发者最友好，实现上最容易，方便调试，样式丰富，交互控件多，界面体验好，通过

keyframes 来实现动画也很便捷。缺点是无论实际应用是否需要这些服务，它们都是标配，没法绕过去，导致开销大，性能差，不适用于元素数量很多的情况。

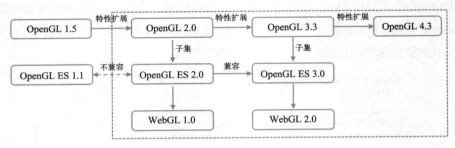

图 7-36　WebGL 与 OpenGL 关系图

　　Canvas 则给开发者开放了一种直接访问底层绘图功能的接口，去除了中间代理。这样做的好处当然是更快了，坏处是需要开发者自己处理交互、刷新和渲染，自己维护数据。此外，Canvas 在处理大分辨率设备、文本和屏幕适配等方面也不太友好。WebGL 实际上用了 Canvas 的一个 3D 渲染上下文。在绘制平面内容时，和 Canvas 相比，WebGL 更为直接地利用了 GPU 硬件，在某些场合，几乎可以摆脱 CPU 的限制，达到性能极致。

　　为了进行渲染性能的对比，我们做了一个简单的实验，用 Canvas、WebGL 分别绘制 5000 个半径为 10px（像素）的圆，最终结果如图 7-37 所示。在相同的硬件配置下（Intel Core i7、集成显卡、16GB 内存、高分屏），Canvas 绘制 5000 个图形时渲染帧率低于 24 帧每秒并明显出现视觉卡顿现象，而 WebGL 绘制时，将数量参数调到 10 万后，渲染效果也十分流畅。

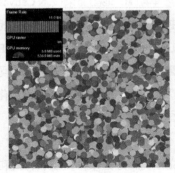
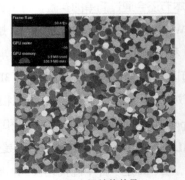

(a) Canvas渲染结果　　　　　　　　(b) WebGL渲染结果

图 7-37　Canvas 与 WebGL 渲染效率对比

由于海量的时空数据需要更高的展示和渲染效率，所以利用简单的 Canvas 2D 无法实现良好的用户体验。因此业内将 WebGL 技术与 GIS 相结合，打造出众多基于 WebGL 的开源 GIS 引擎（如 Cesium.js、Mapbox GL 等）。WebGL 在目前以及很长一段时间内都将是时空数据可视化的主流技术。图 7-38 展示了 WebGL 渲染矢量数据的主要流程。首先将地理要素坐标投影成瓦片上的像素坐标，之后通过 WebGL API 将数据传入 GPU，经过顶点着色器（Vertex Shader）转换成几何对象，经由几何着色器（Geometry Shader）处理成像素网格，随后由片段着色器（Fragment Shader）上色并输出图形。

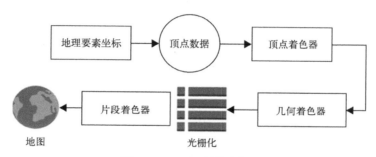

图 7-38　WebGL 渲染流程图

7.3.3　云渲染

当前，国家正在大力推动数字化发展，加强数字建设，各地也在全面推进实景三维中国、CIM 平台、数字孪生等的落地，这对三维可视化提出了更高的要求，云渲染、WebGL、WebGPU、WebAssemble 等技术也在不断更新迭代，以实现良好的用户体验。

云渲染是一种依托云计算、充分利用云资源能力的在线服务，用户将本地任务提交到远程服务器，由远程计算机集群统一调度并进行渲染操作，最终将渲染完成后的图像实时传输到用户终端，主要流程如图 7-39 所示。

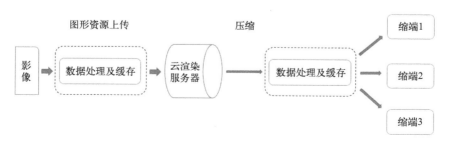

图 7-39　云渲染流程图

以国内云渲染企业 51WORLD 为例，它自主研发了以云计算、边缘计算和网络串流技术为基础的实时云渲染平台。该平台可帮助终端设备突破限制，无论是大屏、平板电脑还是手机，均能体验实时渲染 3D 画面，让所有的移动终端都成为一个指挥中心，方便使用者随时随地掌控实时状况。云渲染技术也帮助 51WORLD 在数字孪生及元宇宙等场景取得更好的业绩。

7.4 发展趋势

时空数据可视化经历了二维地图、三维地图和数字孪生等阶段，目的就是将人、事、地、物、组织与地球之间的关系以二、三维形式可视化地表达出来。随着可视化技术的发展，GIS 在原生技术的基础上又融合了很多先进技术，出现了云渲染 GIS、大数据 GIS、AI GIS、AR GIS、区块链 GIS 等技术。这些技术的出现使得克隆地球有望成为现实。

近几年，随着元宇宙概念的出现，三维时空数据可视化迎来了新的发展浪潮，GIS 技术与头显设备的结合、提供 GIS 数据和模型的能力及提供虚拟地址空间和地理资源信息的能力等使其赋能元宇宙更进了一步。虽然元宇宙的很多技术并不是特别成熟，但是很多 GIS 产品已经在探索，通过三维 GIS 融合 VR/AR/MR 技术进一步增强三维 GIS 的沉浸感；通过游戏引擎技术进一步增强三维 GIS 渲染效果；通过 WebGL 实现在任何地点、任何设备使用三维 GIS，等等。总而言之，未来时空数据可视化将是硬件与软件的强强结合，挖掘时空大数据背后更多的价值，帮助业务人员做出更准确的判断及预测。

第 **8** 章

网上购物时空数据应用

经过前面的学习，我们已经对时空数据系统整体结构和常用技术有了比较全面的认识，接下来我们结合前面的知识，进一步探索如何利用时空数据解决现实问题。本章我们以一个电商 App 为例，探索在购物场景下常用的技术方案。

8.1 案例背景

近些年，网购已经成为人们的一种重要生活方式。各大电商在为用户提供便利服务的同时，汇集了海量的用户购物数据，包括用户的商品信息、下单时间、收货地址等。怎样从体量如此庞大的数据中挖掘有用的信息，怎样对数据再加工后为用户提供更好的服务，已经成为电商行业新的挑战。

本章的案例是这样一个有趣的应用：某电商平台在大促销期间推出一款基于购物数据的小程序，帮助用户快速查看周围人购买商品的排行，以及自己在其中的排名。通常，相同地区的人有相似的收入水平和购买力，甚至有着相近的品味。基于这种"密切"关系产生的商品排行会驱使用户查看受欢迎的商品，从而增加购买的可能。

8.2 案例分析

8.2.1 产品功能分析

整个系统有两大功能模块，第一个功能名为"附近大家都在买"（如图 8-1 左侧页面所示），能根据自己的位置查看附近人都在买什么，以及这些商品的销量排行。第二个模块是"你在附近排第几"（如图 8-1 右侧所示），能查看自己在附近的消费力排行，以及自己排名最高的品类。通过这两个功能可以让用户全方位体会自己周围人的消费习惯，发现一些自己未关注的好商品。

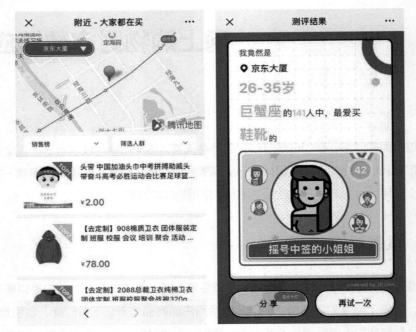

图 8-1　系统功能界面

1. 附近大家都在买

在"附近大家都在买"这个模块中，用户单击左上角蓝色下拉框，系统会根据用户目前的地理位置解析出一些最可能的地址。用户选择一个地址便确定了一个查询位置点。除此之外，用户也可以进行地址文本输入，系统同样会匹配出最相近的一组地址。除了可以筛选地理位置，用户还可以设置物品的排行榜（如图 8-2 左侧页面）、销售榜（n 天内已购商品排行）、种草榜（n 天内加入购物车未购买排行）、回头榜（n 天内重复购买排行）中的一项。若用户不设置，则默认为销售榜。最后用户还能设置购买人的属性（如图 8-2 右侧页面），比如性别、年龄、星座等，以查看附近特定人群的购物偏好。

整个页面非常简单明了，但是反馈的信息却非常丰富。整个模块内融合了人、地、物三种元素，并将三者围绕同一个主题"购物"有机结合。用户基于这三种元素能够进行各种组合，且因为"地"的存在这种组合是"无限"的，这会激发用户无限的探索欲，让其爱不释手。这里除了空间信息，其实也有时间的维度，只是隐含在了排行榜之内。综合考虑计算复杂度和用户体验，产品将排行榜数据固定为近 30 天，即从昨天开始起算向前推 30 天的数据。因此，时空数据在本模块内被充分利用，并给用户一种焕然一新的体验。另外，用户可以单击排行榜里的商品直接进入商城页面，快速购买对应商品。

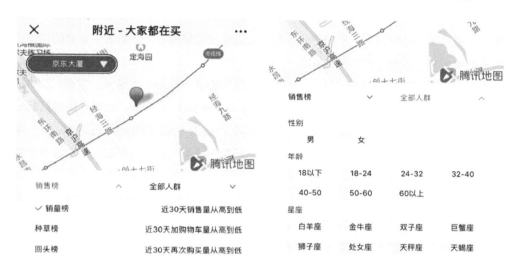

图 8-2　条件筛选界面

2. 你在附近排第几

"你在附近排第几"这个模块中，用户不需要太多操作，打开该模块后系统会直接定位当前位置，然后根据位置得到附近购物数据，再结合当前用户的购物信息计算出一种当前用户购买力最高的组合。比如，图 8-1 右侧，当前用户的位置在京东大厦附近，基于该位置得到附近人的购物数据，然后查询当前用户的购物数据，进行购物人的条件组合，发现她是在京东大厦附近、最近 30 天、年龄在 26 到 35 岁区间、巨蟹座的人里买鞋靴最多的。这一系列有趣的条件，一方面提升了系统的趣味性，另一方面通过了条件筛选减少了最终数据量。

页面还可以进行共享，分享给其他好友。分享链接的文案就是这里的排行信息。比如，"我竟然是 ** 附近 * 岁到 * 岁之间 ** 座里最爱买 ** 的！"。分享功能其实是整个模块最重要的功能，所有设计都在为其服务。因为这个页面的目的就是用户的裂变，前面各种信息的组合和计算得出一个"最"高排名就是为了提升用户的"满足感"，促使用户进行分享。看到分享链接的用户也会出于好奇，进入应用进行体验。明确了产品的功能后，下一节我们对已有数据进行分析。

8.2.2　数据分析

通过上一节的介绍，结合商城内数仓的库表情况，分析出目前整个系统需要 3 类数据，分别是商品订单数据、用户的画像数据、订单地址数据。下面查看 3 张表的具体结构（见图 8-3），其他无关字段已省略。

t_order 表为订单信息表，其中 order_id 为订单的唯一标识，也是表的主键。表中还包含了商品的三级分类，对应字段 cate_one、cate_two 和 cate_three。电商在销售商品的过程中，会对所有产品进行分类管理，将相同或相似的产品根据类别进行合并。同一类的商品会有相似的展示方式和管理模式。在一些推荐场景内，同类产品还可以推荐给有相同喜好的人群。上一节的例子中，用户在"鞋靴"品类的排名中最高，这个品类就是一种二级类别，再细化到三级还可以有"马丁靴""雪地靴"等。t_order 表的结构中还有下单时间 order_time 和加入购物车时间 car_time。这两个字段可以帮助我们筛选订单时间，如果用户选择"销量榜"则用 order_time 进行过滤，如果选择"种草榜"则利用 car_time 进行过滤。还有一个是否回购字段 is_repurchase。该字段表示此订单是否为回购商品，如果值为 1，结合订单时间可以筛选出产品排名中的"回头榜"。表中的 item_num 字段表示订单中购买商品的数量，user_id 字段是下单用户的唯一标识，它是用户信息表的外键。address_id 字段是下单地址的唯一标识，它是地址信息表的外键。

t_user 表为用户信息表，其中 user_id 为用户的唯一标识和主键。其中用户名为 user_name，用户的性别为 gender。用户的年龄段字段为 age_range，类型为 int，10 年一个级别，比如 21~30 岁为 2、31~40 岁为 3 等。还有一个星座字段 constellation，类型也为 int，共 12 个星座，取值为 1~12。

t_address 表为地址信息表，其中 address_id 为地址唯一标识和主键。表内除了详细地址文本字段 address，还包括其所在省、市、区县信息，分别对应 province、city 和 county。地址表中最重要的两个字段是经纬度字段 lng 和 lat。它们组合起来对应着地址点的真实坐标。这个坐标信息通常是通过对地址文本信息进行地理编码后得来的。本次应用涉及的 3 张表都位于数仓贴源层，所有字段都是原始加工好的字段，基本满足需要。但是，要达到系统可用，还需要进行进一步处理，后面会对此做详细讲解。

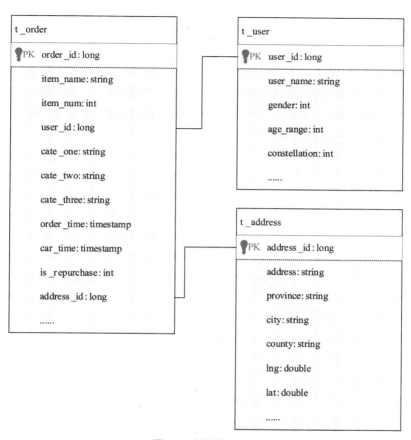

图 8-3　主要表的结构

除了表结构之外，我们还需要了解数据体量和更新频率。这两个因素会影响系统技术选型和架构方案。经过探查发现，在大促销期间每日订单量可达千万级别，最高峰单日可达 3 千万。因为我们数据中不仅包含下单数据，还有加入购物车的数据。根据经验，购物车订单量还要扩展 3 倍。这样，结合业务查询时间范围（30 天），可以计算出我们数据库内可能存储的最少数据量（见下面的公式）。随着订单的增长，数据量还会不断累加。所有服务器资源和技术选型，都需要基于这个数值进行评估。

$$S = 3000 \times 10^4 \times 3 \ 倍 \ \times 30 \ 天 = 27 \ 亿$$

最后我们还需要对订单的空间分布有一个大致的了解。在大部分时空数据应用里，对空间分布特征的探测都必不可少，且会影响最终的技术选型。我们将订单的收货地址经纬度展示到地图上，发现全国的订单数据分布非常不均匀。图 8-4 中左侧箭头所指区域，代表某个城市中心区域，其在近 30 天可能有几万个订单（地图中的点为抽稀后的结果），各种商品类目和各年龄段数据都很丰富，不同排名都可得到排名前十的数据。但有些人员比较稀少的地方，比如图 8-4 中右侧箭头所指区域，30 天内可能只有几个订单，甚至没有订单。如果将数据随机采样后的订单点，在全国的尺度上进行展示，可以更清晰地看到这种分布情况。其中，北京及东部沿海地区的订单量非常密集，中部地区相对较少，西部地区则非常稀少。

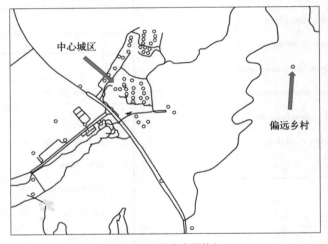

图 8-4　订单分布不均匀

通过对数据整体状况的探测，我们掌握了数据表的结构，了解了整体数据量，并且清楚了数据的空间分布特征。接下来，需要结合系统需求对关键的技术点进行总结。

8.2.3　关键流程分析

经过分析后，我们将整个应用按照数据流的方向，总结了 3 个非常重要的技术点。

1. 数据预处理

数据预处理需要解决两个问题。第一个问题是将数据从商城的数据仓库中抽取到应用的大数据集群中。第二个问题是将 3 张表的数据加工成一张大宽表，然后将经纬度字段转换为空间字段，并建立空间索引。结合前面的知识来分析这两个问题，第一个问题其实是时空数据感知与接入问题，系统的大数据集群是时空数据系统的底座，那么商城中台的数仓就是外部数据源，需要通过离线导入或者实时接入的手段将数据拿到本地环境中。第二个问题很显然是时空数据的存储与索引问题，需要首先建立时空数据模型，然后选择合适的索引进行存储。

2. 查询索引构建

构建好时空订单数据之后，需要实时根据用户的位置进行附近订单的搜索。这类应用场景十分常见。一般的解决方案有两种。第一种是可以通过最近邻 kNN 算法，查询周围 k 个订单然后返回，但是 kNN 没有时间维度筛选，结果可能不符合预期。第二种是通过建立空间网格，根据用户位置确定网格，然后利用网格范围查询订单，但是，根据上一节所做的分析，由于订单空间分布极其不均匀，这种方法也会导致结果不理想。具体如何查询，下一节的技术选型分析中会做详细的探讨。这个技术点既涉及时空数据的存储与索引，又包含了时空数据分析与挖掘。

3. 聚合运算

聚合运算是指，在查询获得数据之后，根据用户的信息进行排序或筛选。

8.3 实现方案

前面两节完成了产品的功能说明和技术点的分析，本节我们会详细说明系统整体的技术实现方案。我们首先进行技术选型分析，因为上一节关键技术点分析时还有一个难点没有处理。

8.3.1 难点分析与技术选型

首先回顾一下产品需求，用户确定一个位置点，随即系统会得到一个空间范围"附近"和一个时间范围"30 天"（目前是 30 天，后续业务可能变化），基于这两个时空条件去查询订单数据，再基于排行榜条件"** 榜"对商品进行排序（见图 8-5）。可以注意到这里的前两个条件会影响数据库中查询出来的数据量。产品人员希望每次查出的订单"足够多"，这样可以展示一个商品较为丰富的排行榜。但是对于研发人员来说，考虑到计算成本和传输成本，最好查出的数据"不太多"，可以保障更多的并发请求。所以，当前的难点在于如何控制查出来的订单数量，让它可以"刚刚好"。之所以会有这种奇怪的难点，就是因为系统没有明确的定义"附近"，比如，应该把周围 100 米算附近还是 1 公里算附近，应该按小区划分还是按街道划分。但分析后发现，其实用户对于如何定义"附近"并不关心，这是一种娱乐性质的系统，能让每个用户查看到完整的商品排行最重要。基于这个结论，我们需要重新定义一下"附近"的概念，使得每个用户的查询都有足够的返回值。于是我们开始基于现有技术进行选型。

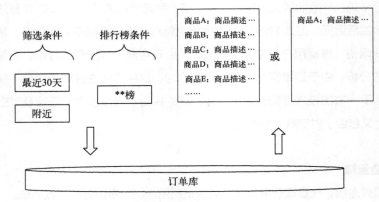

图 8-5　数据查询示意图

1. 基于关系型空间数据库的 kNN 查询方案

以最流行的开源空间数据库 PostGIS 为例，如果要实现数据筛选，需要进行两个步骤。首先，通过 kNN 空间最近邻算法，查询出用户位置周围足够数量的订单（比如设置 $k=n$）。这个过程可以称之为一级过滤。然后，将 kNN 查询出的 n 条数据根据时间字段进行过滤，得到最近 30 天的最终订单。这个过程可以称之为二级过滤。理论上经过这两步过滤，即可实现满足产品需求的筛选效果（见图 8-6）。

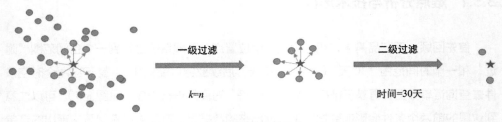

图 8-6　两级订单过滤

　　然而，以上过程通过实践分析后，发现存在两个缺陷。

■ **查询低效**

一级过滤是纯空间过滤，得到的候选订单极有可能并不在目标时间内。比如，我们通过 kNN 查询得到了附近 5000 个订单，这些订单可能全部或大部分产生于 30 天前，这样会导致二级过滤后的结果中没有订单或订单非常少。当然，针对这种情况，有两个改进方案。第一种方案是，将一级过滤的 k 值放大，比如查询 50000 个附近的订单，这样二级过滤剩余的数据量很可能会增加，但是这种方案仍然不能保证一定能查询到足够的数据，同时，增加 k 值还会造成性能的降低。第二种方案，先进行时间过滤，再进行 kNN 查询。我们的订单数据在 7 天内可能有上千万或者更多数据，在内存中对时间过滤后的结果进行 kNN 查询会有非常大的性能开销和效率问题。这种方案由于一级过滤的效果太差而导致难以实现。

■ **性能瓶颈**

PostGIS 作为关系数据库，水平扩展性天生比较有限。虽然有 pgpool 和 pg-xl 这种外部组件支持集群模式，但是天千万级数据量的写入，会导致整体的查询性能骤降。

2. 基于分布式数据库和时空索引的查询方案

利用现有的空间大数据引擎（比如 GeoMesa）作为订单数据的存储组件。它的优势是可以保障每天千万级甚至更多数据写入时，查询性能不有会明显损失，而且它内部提供了比较完善的时空索引能力。这样，基于此方案，将订单数据导入之后，建立时空 Z3 索引，通过一步查询即可实现时空过滤。但是，此方案存在比较明显的缺陷，即我们无法确定查询的空间范围。因为 GeoMesa 的时空查询必须指定查询的空间范围与时间范围。时间范围可以预先设定，比如最近 30 天，而空间范围无法确定。这个在难点分析时已说明。每个区域的订单分布极不均匀，如果使用固定的空间范围，会出现两种情况，第一种情况是，某些区域查询到非常多的数据，比如 10 万个订单，这会导致回传到客户端的数据量很大，增加客户端压力，最终导致整体性能的下降。另一种情况是，某些区域因为订单量很少，最终没法产生完整的排行榜，因此固定空间范围的方案是不可行的。

基于对两种方案的综合评估，项目最终决定使用 GeoMesa 作为存储引擎，这样能够保障系统稳定性和大吞吐量。但是，难题就是如何确定空间查询范围。既然固定范围不可行，那只能动态生成范围。动态生成的机制会在后面详细介绍。

8.3.2　数据预处理

确定了关键的技术实现方案，下面回到我们的主流程上来。如前面所述，我们首先要对数据进行预处理，整体流程见图 8-7。

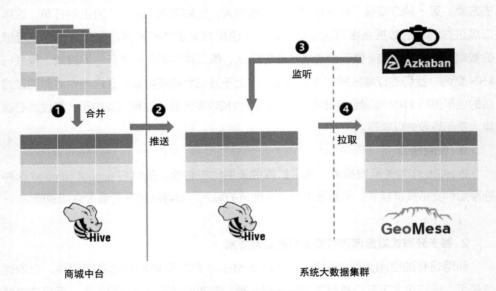

图 8-7　数据处理流程图

第一步，在商城中台内将 3 张业务表合并为一张大宽表，以简化最终的业务查询。在实际应用中，由于数据源多种多样，经常有几十甚至上百个表，各种预处理工作不可避免。所有这些复杂的前期工作，都是为了让最终的应用可以简化为一个或几个简单的查询，这样才能让终端用户有更顺滑的体验。本系统内，需要将订单表 t_order 分别与用户表 t_user 和地址表 t_address 进行连接，连接的条件就是 t_order.user_id = t_user.id and t_order.address_id = t_address.id。连接后的表命名为订单连接表 t_order_join。

第二步，需要将商城中台处理完的表导入系统本地服务器。经过了解，商城的中台数据是存储在 Hive 中的，而系统的大数据集群也有 Hive 组件，于是数据的迁移可以通过 Hive 之间的同步来完成。这里使用的是 T+1 的更新模式，商城每天更新完数据之后，会将数据推送到系统集群。也就是说，首先会在 Hive 中建立一张订单同步表 t_order_join_sync，第二天凌晨 1 点完成前一天增量订单数据的推送。

第三步，在系统服务器中，基于 Azkaban 调度系统启动一个监控程序，每隔 30 分钟查看 t_order_join_sync 表中是否有数据更新，一旦有更新就会执行第四步。

第四步是将 Hive 内的数据导入 GeoMesa 时空数据存储引擎。在此之前，先建立一张时空订单表 st_order，以经度和纬度组合成 POINT 建立空间字段，以 order_time 为时间字段，同时建立 Z3 时空点索引。

至此，全部的预处理工作就结束了。

8.3.3 查询索引构建

本节开始前，我们先解决一下前面遗留的动态查询范围问题。为了获得一个合适的查询范围，我们第一时间想到的就是网格划分，如图 8-8 所示。每个订单都位于一个格子之中。当用户确定一个位置点（图中五角星）时便会落入一个格子，如图中的 D，那么格子 D 中的订单点也被找到，这些订单就是用户所在位置点"附近"的订单。

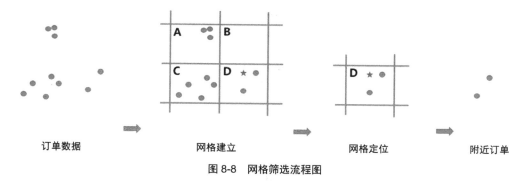

| 订单数据 | 网格建立 | 网格定位 | 附近订单 |

图 8-8 网格筛选流程图

上述方案的缺陷很明显，因为所有格子的大小都是相等的，所以订单的分布不均匀会导致如果用户的位置落到了图中的 B 格子中，就会没有任何"附近"订单。因此，最好有一种可以根据数量来划分的网格，在订单多的地方格子小一点，在订单少的地方格子大一点。经过对比实验，最终我们选用了一种动态四叉树网格。如图 8-9 所示，将四叉树不断地划分，当一个四叉树格子中订单个数 S_i 小于等于 n 时（图中 $n=3$），停止划分，否则继续划分。由于直到所有格子都满足 $S_i \leqslant n$，划分才结束，因此如果 n 取一个合适的值，则所有格子都会有足够的订单，无论用户位置点落到哪个格子内，都会找到很多"附近"的订单。

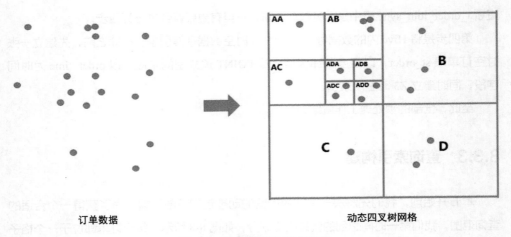

订单数据　　　　　　　　　　　　　　　　　动态四叉树网格

图 8-9　用动态四叉树划分订单

　　但是，这时一定会有人质疑，"如何保证这些订单是最近 30 天的？如果按时间筛选后格子里订单没有了怎么办？""订单每天都在变化，这种一次性的索引时间长了总会失效的，应该如何更新索引呢？"。针对这两个问题，我们建立的一套比较有效的动态索引方案，可以给出答案。

　　首先，回答如何保证构建的索引在时间和空间范围上都有数据的问题。前面的动态四叉树我们只说明了利用不等网格解决空间划分问题，订单的时间过滤没有体现。其实，答案很简单，就是在建立四叉树索引前，先对订单数据做一次时间过滤，这样参与索引建立的订单一定满足时间条件。具体的实施方案是，我们利用 HiveSQL 将过滤好时间的数据从 t_order_sync 表中拉取到分布式计算引擎 Spark 内，利用 Spark 将数据进行分区划分，在每个分区内并行建立四叉树网格，最终将叶子结点的格子（即空间查询范围）存储到 Redis 缓存内。因为订单数据量非常大，前面估算过 30 天的订单可达 27 亿，所以如果将这些数据全部拉取到 Spark 内，会有内存溢出的风险，而且整个计算时间也会非常慢。因此，我们用了一种数据抽稀的思想，即从 t_order_sync 表中提取的数据不但进行时间的过滤，还要进行一次随机采样，这样即保证了数据分布的特征，同时减少了数据量。不过，由于数据经过了抽稀，所以格网划分条件 $S_i \leqslant n$ 中的 n 也要等比例地缩小。比如，假设 30 天全量数据是 27 亿，我们希望每个格子里面都有 10000 条订单，即 $n=10000$。如果进行 1/1000 的抽稀，那么参与索引构建的数据就是 270 万，n 也减少了 1000 倍，则网格划分的条件就是 $S_i \leqslant 10$。

然后，回答第二个问题，即每天订单在变化，最近 30 天的数据分布也会产生变化，应该如何更新索引呢？答案也很简单，就是每天都构建一次索引，因为数据经过了抽稀，整个构建速度比较快。我们只需要在 Azkaban 工作流中再配置一个流程，当图 8-10 中的流程 3 结束之后，就可以和流程 4 并行进行索引的构建。将索引构建加入之后的流程如图 8-10 所示。

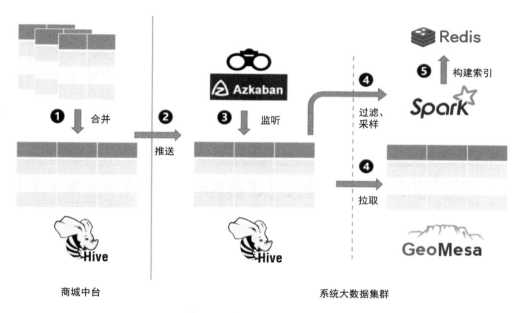

图 8-10　整体技术方案的流程图

做一个简单的总结，为了能够获取任意位置足够数量的近 30 天"附近"的订单，我们使用了一种每日动态建立查询索引的方案，即建立每天全国范围的查询区域网格。每次用户输入位置查询"附近"订单前，先根据用户位置点去 Redis 获取对应的查询范围格子，然后用这个格子作为订单筛选的空间范围，最终获取"附近"订单数据。下面详细介绍索引构建的流程。

索引的建立流程可以看成是原始数据的预处理过程。一般情况下，订单数据是 T+1 模式，即每天凌晨导入前一天的所有订单数据，白天查询到的数据是昨天及昨天以前的数据。索引的建立就是在数据导入之后进行的，整个过程如图 8-11 所示。

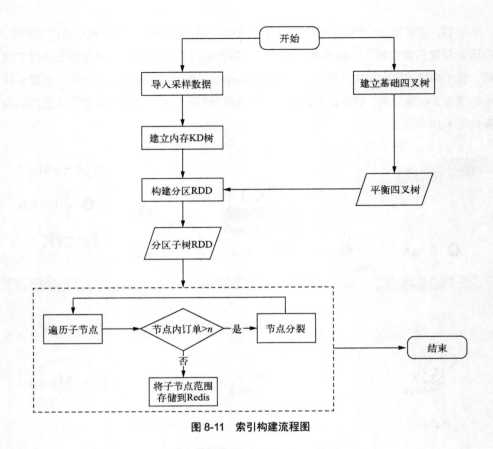

图 8-11　索引构建流程图

1. 订单数据采样并建立 KD 树索引

前面讲过，我们会先对 Hive 中的 t_order_sync 进行数据抽稀，获取到抽样订单后，建立一棵内存 KD 树，用于后面建立索引。当我们构建查询范围索引时，会根据索引中当前节点对应的空间范围查找包含的订单。这个查找过程会在构建索引时不断重复。建立 KD 树就是为了加快这个过程。在时空数据应用中，我们经常会构建一些内存里的辅助索引，用来提升计算速度。本例中我们利用 JTS 提供的 KDTree 进行包装，具体代码可以参见本书附带的 GitHub 仓库。在代码的具体实现中，我们真正用到的方法是 KDTree 的 queryCount，即根据一个矩形空间范围查询此范围内的要素个数。这里的矩形就是查询范围索引中每个节点的范围，要素个数就是订单的数量。因为构建查询范围索引时，节点分裂时只需要判断包含订单的个数，因此我们不需要知道具体有哪些订单，而只需要一个数量 count 即可。

2. 建立基础索引树

所谓基础索引树，是一棵平衡四叉树。它是我们内存范围索引的构建基础，叶子节点的空间范围是索引构建的初始范围。假设初始级别为 2，先把二级叶子节点全部建立好，并计算好每个叶子的空间范围。基础索引树最终会被 Spark 分区器（partitioner）拆分为不同的子树，每棵子树位于一个 Spark RDD 分区内，这样就可以并行进行最终索引的构建。

3. 构建缓存索引

经历了 RDD 分区后，在每个分区内分别进行当前子树的缓存构建，流程分为两步。第一步，遍历所有基础索引子树的叶子节点，将叶子节点对应的空间范围作为查询范围搜索 KD 树，获得该范围内的订单个数 orderNum。如果订单个数大于阈值 n，则进行分裂，否则停止分裂。这一过程如图 8-12 所示，假设 n 为 5，所有大于 5 的节点会继续分裂为 4 个子节点，直到不存在节点范围内订单数大于 5 为止。第二步，将索引树存储到 Redis 缓存。我们以时间戳和子树的根节点编码为 key，将子树进行序列化后存储为 value。当服务进行查询时，会查找最新日期的缓存树，然后在内存中构建完整的索引树。

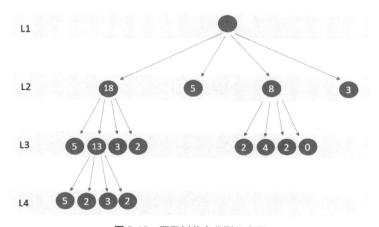

图 8-12　四叉树节点分裂示意图

通过对某一天统计的某业务地区索引树进行可视化分析（如图 8-13 所示），并将索引树和订单抽样数据进行分布叠加（如图 8-14 所示），可以看到我们的索引树可以很好地模拟订单分布情况。

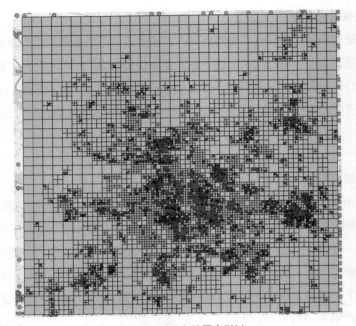

图 8-13　某业务地区索引树

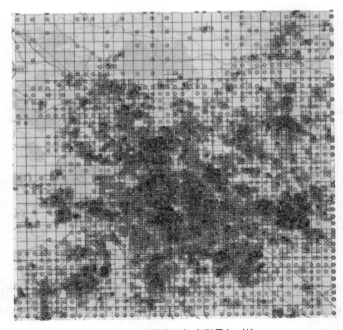

图 8-14　抽样数据与索引叠加对比

8.3.4 数据查询与聚合运算

数据查询流程可以看作是查询范围索引构建的逆向流程。所有服务实例，需要先从 Redis 中获取最新的索引树，然后在内存中进行组装。其实，不组装也没问题，因为我们要的是所有叶子节点的空间范围。取出所有叶子节点的空间范围，构建一颗 R-Tree。当用户输入一个位置点时，在 R-Tree 上查找对应的矩形，然后用这个矩形作为空间范围再结合时间范围比如 30 天，查询 Geomesa 的时空表 st_order。因为我们建立了 Z3 索引，因此查询的过程非常快。得到订单数据后，根据需求进行聚合或者筛选。因为数据量不大且在内存中，因此速度会非常快。图 8-15 给出了查询与聚合的流程。至此，整个系统的功能就完成了。

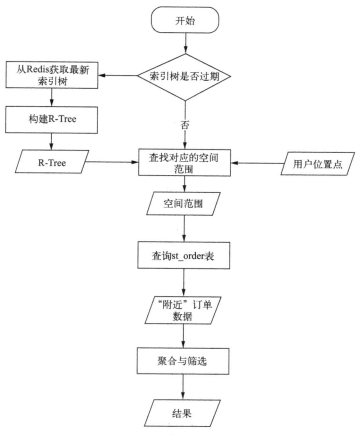

图 8-15 查询与聚合流程图

经过对一段时间的查询进行统计，可以看到最长的查询响应也在 1 秒内，如图 8-16 所示。整体效率非常快，而且随机抽样了全国范围内的一些地点，发现都可以返回充足的订单数据。

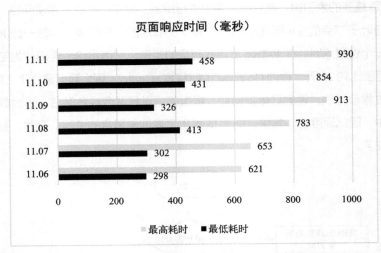

图 8-16　页面响应耗时

8.4　案例总结

本章的案例是一个非常典型的网上购物场景的时空应用，里面涉及时空数据接入、查询、索引等。这在很多电商、外卖或者共享经济等场景都很常见。希望大家经过本章的学习，对时空数据面向 C 端的应用场景有了比较清晰的认识，后面我们还会对 B 端以及 G 端的案例进行介绍。

第 9 章

物流服务时空数据应用

本章将以一个真实的智能物流管理系统为切入点，探索物流过程中时空数据是如何产生的，以及如何基于时空数据来解决物流痛点。

9.1　案例背景

根据物流行业的不同需求，物流服务可分为 4 类：一是物流管理服务，通过信息化管理帮助企业实现资源的合理配置；二是物流运输服务，包括集装箱运输、冷藏运输和航空运输等方式，为企业快速且安全地运送货物；三是物流仓储服务，即帮助企业进行货物的存储，以降低物流成本并提高物流效率；四是物流增值服务，指在上述服务之外提供一些额外的服务，满足企业的定制需求，包括物流信息推送、物流配送直达和物流咨询客服等。下文无特殊说明，均指物流运输服务。

随着经济的快速发展，物流行业也得以迅猛发展。以电商的快递物流服务为例，如今人们已经能够以较低的价格享受到"次日达"甚至"当日达"服务，即使面对快递件数日均过亿的常态化和电商平台大型促销活动的海量包裹，中国物流仍能保持高效的运输效率，这离不开中国物流的科技发展。

本章的案例是基于上述物流科技飞速发展背景的一个真实的物流管理系统。出于数据隐私安全的考虑，我们将会对该系统进行抽象，同时限于行文字数，仅提取其中 3 个与时空数据强相关的功能点进行剖析。

9.2 案例分析

如图 9-1 所示，商品首先在工厂被生产出来，然后电商平台向厂商订货并将商品运输至其自营的物流仓库中。假设此时某用户在该电商平台订购了该商品，那么该商品将在仓库被打包并运送至分拣中心，再由分拣中心运输至离用户最近的配送站点。当包裹到达配送站点后，最后由快递人员完成"最后一公里"的配送。至此一件商品便完成了它的回家之旅。

图 9-1　一件商品的回家之路

面对日益增长的海量数据，物流企业在不断增加大数据方向的投入时，不应仅仅将大数据看作是一种数据挖掘技术，而应将大数据看作是一项战略资源，充分发挥数据价值，用大数据支持企业商业模式、资源配置和战略转型等方面的决策。所谓的物流大数据，即在运输、仓储、搬运、包装以及配送等各个物流环节中产生或涉及的数据。通过大数据分析，可以提高运输和配送效率，进而降低物流成本。

综上，一个合格的物流管理系统必然涉及商品转运的全链路流程，并配有成熟的大数据信息平台，这不仅可以为客户的物流活动提供管理服务，还可以通过对其中产生的数据进行分析挖掘，对客户提出具有指导意义的解决方案，同时将分析挖掘结果反馈给系统，以供其优化管理流程。

9.2.1 产品功能分析

一个基于大数据的智能物流管理系统（见图 9-2）通常需要具备两个基础功能：第一是业务数据化，即所有物流操作的线上化和数据化，对每个操作都可以进行实时分析和历史回溯，进而奠定系统的数据基石；第二是大数据处理技术，除了常规的数据收集、存储和可视化，还应包括大数据的分析挖掘能力，充分发挥数据价值。其中，不乏时空数据的身影，如运输过程产生的轨迹是时空数据、运单信息中的地址文本是时空数据、购物订单中的下单时间和地点是时空数据、何时何地浏览了商品详情是时空数据，路网兴趣点等基础地理信息也是时空数据等。可以说，时空数据占据了物流数据的半壁江山，也为智能物流管理系统立下了汗马功劳。

图 9-2　基于大数据的智能物流管理系统

限于篇幅，本章无法展开每个环节来做详细说明，而是重点介绍物流数据挖掘部分，并从中精心挑选出 3 个产品功能，即销量预测、智能分单和路径规划。这些功能均与时空数据强关联，且为商品"准时回家"提供了巨大支持。下文将从产品功能、已有数据和关键流程来对此进行分析，而且会继续说明这 3 个产品功能的具体实现方案。

1. 销量预测

预测，即在掌握现有信息的基础上，按照一定的方法和规律对未来进行测算，以了解事物发展的结果。举个例子，棒球击球手会在球到来之前判断球将在什么时刻出现在什么位置，进而提前跑位接球，这就是预测。但是，让计算机做预测就比较困难，因为要了解事物发展的真实规律或进行近似模拟，考虑何种因素和如何考虑，都是复杂且困难的问题。

其中，商品销量预测就是在充分考虑未来各种影响因素的基础上，根据历史销量和当前对产品的需求，对未来一定时间内的产品销量变化所进行的科学预计和推测。这是一个古老的问题。特别是进入大数据时代后，收集数据的成本越来越低且规模越来越大，传统的基于规则的预测方法已不再适用，使得该问题愈发困难也愈发有趣。如图 9-3 所示，横轴表示时间，纵轴表示商品销量，前段实线实心圆表示真实销量，后段虚线空心圆表示未来的预测销量。可以看到，预测销量大致符合该商品的销量走势。

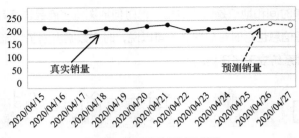

图 9-3　商品销量预测示意图

　　商品销量预测对物流企业有很高的价值，特别是对于后端供应链的备货问题，即图9-1 中从商品工厂至物流仓库的步骤。其中，备货是指电商提前将从厂商预订的商品转运至其自营的物流仓库中。这些仓库所在位置都是精心挑选的，一般位于各大城市的交通枢纽。这样，当用户下单成功后，便可快速从离用户最近的仓库发货，而不用从生产地发货，进而大大提高了快递的整体速度，这本质上是一种新型的以储代运的商业模式。例如华为手机的主要生产地为深圳，若每个用户下单后均从深圳发往全国各地，这一方面会给厂商物流造成压力，另一方面也会导致较远城市的物流变慢，进而影响用户体验。此时，若电商平台提前将手机运输至各大城市，那么用户下单后便可从用户所在城市发货，从而给用户提供"当日达"的服务体验。

2. 智能分单

　　分单，是指对待转运的商品进行更细空间粒度的分类，以便将其拨至下一转运点进行后续操作。例如，物流信息上经常看到某商品已至某市级中分拣中心，等待分配至该市各区甚至各街道进行下一步处理。传统的分拣模式以人工为主，分拣员位于流水线各节点处，各自负责一个区或街道。当商品包裹过来时，人工识别包裹上标注的地址文本是否属于自己管辖的范围，属于则分拣出来，反之跳过留给其他分拣员处理。如图 9-4 所示，假设进行区县级别的分单，则第一个和第三个商品包裹地址属于北京市东城区，第二个和第四个包裹地址属于北京市通州区，分单后再各自转运至所属区。

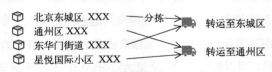

图 9-4　分拣中心分单示意图

但是随着互联网和电商时代的到来，日益增长的快递件数和用户对配送时效的高要求，已使得传统的人工分拣越来越力不从心，人力成本不断攀升，运营成本持续增加，分单慢、包裹积压等现象时有发生。因此，现代物流企业急需引入一种更加智能精准的分拣模式，以快速提升物流配送效率，降低运营成本。此时，智能分单便呼之欲出。智能分单是指在无人工参与的情况下，首先通过文字识别（Optical Character Recognition，OCR）等技术识别出贴在包裹上的物流地址等信息，然后进行地址搜索以确定其所属的地区，最后自动将包裹集中至各个所属区域，运往下一级转运点。

3. 路径规划

路径规划是一个经典问题，即在地图中规划从起点至终点的路径。这看似是一个简单的问题，仅需对各用户住址做一个多点路径规划即可。如图 9-5 所示，在星悦国际小区共计有 8 个商品包裹等待配送，分散在 5 个不同的楼栋且每个楼栋的包裹数量不一，仅需将这 5 个楼栋的空间位置作为必经点，然后基于该小区路网数据进行多点最短路径规划即可。

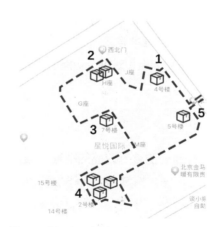

图 9-5 "最后一公里"配送的路径规划问题

但是随着快递件数的日益增长和人们对快递服务的高期待，使得"最后一公里"配送路径的规划问题面临很多新的挑战：第一，待配送的快递件数变多，目前平均每个快递人员一天需要送约 100 单甚至更多，这就要求快递人员在同一小区或楼栋尽量送达更多的快递；第二，各个快递配送空间位置不同，即使每个快递人员所管辖的片区一般相邻，但对于先配送哪个小区哪个楼栋，若无事先规划，则容易导致低效的路径选择，即相当于对路径规划的空间维度做了限制;第三,用户对物流服务提出了更高的要求,大多用户要求快递人员于其在家时进行配送,但是每个用户在家的时间段都是不一样的,这就相当于又对路径规划的时间维度做了限制。鉴于上述挑战,传统的路径规划算法无法直接应用,此时便急需一套针对"最后一公里"的快递配送问题的优化算法。

9.2.2 数据分析

整个物流过程产生了大量的时空数据,该物流管理系统也建成了大数据管理和分析平台,可对这些数据进行收集、清洗、分析和归档等操作。产生的典型时空数据如下:商品销量数据,包括商品的种类、下单时间和收货地址等;轨迹数据,包括运输车辆和快递人员的行驶路径等;商城用户浏览数据,包括用户访问的商品内容和商品的用户单击率等。

此外,还有一些非物流过程产生的外部时空数据,同样对物流链路管理起到了重要作用:气象数据,包括天气、温度和空气质量等;路网数据,包括城市主干道和小区小路等;行政区划分数据,包括省、市、区、街道、社区、小区、楼栋、单元和门牌号的九级地址;电子围栏数据,包括各仓库和各配送站点所管辖空间范围等;兴趣点数据,包括兴趣点名称、种类、位置和详细地址等。

下文将结合上述的 3 个系统功能点,对每个功能所需的数据以及数据在该功能中所起的作用进行简单分析。

1. 销量预测

销量预测,顾名思义,最重要的就是商品的销量数据,对应于第 8 章所提到的订单信息表 t_order,如图 9-6(a) 所示。销量预测功能主要利用订单信息表中的商品种类 order_cate、下单时间 order_time 和收货地址 order_address 字段。

此外,销量预测功能还需要电商平台的商品浏览数据,对应表 t_browse,如图 9-6(b) 所示。该表的主要字段如下:browse_id 表示浏览记录唯一标识、browse_user 表示浏览的主体用户、browse_cate 表示浏览的商品种类、browse_time 表示浏览的发生时间、browse_location 表示浏览的发生地点。同时,销量预测功能也需要外部的天气数据。这也很好理解,例如若某段时间空间质量较差,就可预测室内空气净化器的销量会上升;同理,若夏天到来,气温升高,则也可以预测空调的销量上升,这些都是简单的因果关系和周期性的规律。

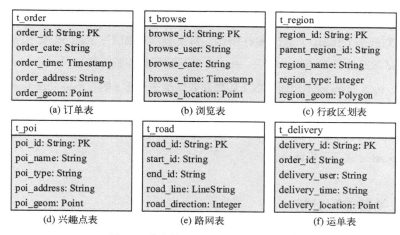

(a) 订单表   (b) 浏览表   (c) 行政区划表

(d) 兴趣点表   (e) 路网表   (f) 运单表

图 9-6　物流管理系统部分表结构示意图

2. 智能分单

智能分单中最主要的数据就是订单的收获地址。收获地址识别的准确度直接决定了后续分单至配送站点的效率，分单失败会导致包裹被返回至分拣中心重新发送至正确的配送站点，十分影响整体物流时间。收货地址数据存储在上述的订单信息表 t_order 中，对应其中的 order_address 字段。

此外，智能分单功能还需要行政区划和兴趣点数据，并基于该数据构建地址搜索服务，以便对收获地址进行落位查询。行政区划数据对应表 t_region，如图 9-6(c) 所示。表 t_region 的主要字段如下：region_id 表示区域唯一标识、parent_region_id 表示该区域的上一级区域的唯一标识、region_name 表示区域名称、region_type 表示区域所属层级、region_geom 表示区域空间范围。兴趣点数据对应表 t_poi，如图 9-6(d) 所示。表 t_poi 的主要字段如下：poi_id 表示兴趣点唯一标识、poi_name 表示兴趣点名称、poi_type 表示兴趣点所属种类、poi_address 表示兴趣点详细地址、poi_geom 表示兴趣点空间位置。

3. 路径规划

针对“最后一公里”的配送路径规划问题，所需数据主要有 3 个，即订单地址数据、电子路网数据和历史订单妥投数据。其中，订单地址数据告诉快递人员应该去哪儿配送，电子路网数据帮助规划最短路径，历史订单妥投数据是指快递人员上门配送时用户的签收数据，包括签收时间和签收地址等信息。基于历史妥投数据可以挖掘出用户最可能在家的时间段，进而优化最佳配送路径。

数据库层面，订单地址数据对应订单信息表 t_order 的订单地址字段 order_address；路网数据对应表 t_road，如图 9-6(e) 所示，其主要字段如下：road_id 表示路段唯一标识、start_id 表示路段起点唯一标识、end_id 表示路段终点唯一标识、road_line 表示路段空间信息、road_level 表示路段等级（如高速或城市主干道）等、road_direction 表示路段方向（如单向或双向）；妥投数据对应表 t_delivery，如图 9-6(f) 所示，其主要字段如下：delivery_id 表示妥投唯一标识、order_id 表示订单唯一标识、delivery_time 表示妥投时间、delivery_location 表示妥投地点。

9.2.3 关键流程分析

前面分别介绍了产品功能的价值和实现这些功能所需的数据，本节将继续介绍以上 3 个产品功能的关键流程，并阐述时空数据在其中扮演的重要角色。

1. 销量预测

总体来说，商品销量的预测分三步走，如图 9-7 所示。第一步整合已有数据，提取有用特征；第二步确定预测模型，训练并调优；第三步预测商品销量，完成仓储调拨。

图 9-7　商品销量预测流程图

其中最关键和最重要的步骤就是确定预测模型，模型的好坏直接决定了商品预测的准确度，进而会连锁影响物流企业的仓库备货分配。同时，模型的选择和训练也是富有挑战性的。

2. 智能分单

如图 9-8 所示，物流管理系统的分拣中心智能分单功能可以分为 3 个子流程，即配送范围划分、订单地址匹配和包裹自动分拣。第一个子流程是划分配送的空间范围，因为分拣之后就会运往各个配送站点以进入商品的最后运输环节，所以这一步的主要目标就是合理划分城市区域，使各个配送站点的运转效率达到最高。一般来说，配送范围是按照行政区进行划分的，如按区县、街道或社区等，但若遇上人口密集且需求旺盛的区域，可能一两个小区就会设置一个站点，以达到更好的配送效率和服务体验。第二个子流程是订单地址匹配，其工作就是解析文本中的地址层级信息，判断该订单应归属于哪个配送站点。第三个子流程是根据地址的解析结果，将商品包裹自动分拣至其所属配送站点的运输车辆以进行下一步的转运。

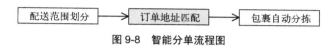

图 9-8　智能分单流程图

在智能分单中，最关键的流程是订单的地址文本匹配，因为若无法匹配地址文本或匹配出错，会导致无法进行分拣转运工作，这就对地址匹配准确度提出了很高的要求。

同样，地址文本匹配也具有挑战性，因为用户填写的地址信息可能存在别名、错写、漏写甚至相互矛盾的情况。处理这些问题并匹配正确的结果，是一项困难的工作。

3. 路径规划

前面提到，人们对物流服务期待越来越高，大多希望自己在家时快递人员再进行商品配送，但是何时家里有人这个信息不好获取。虽然可以提前打电话询问，但是当业务繁忙时快递人员也没有过多精力一个一个询问。因此，物流管理系统可以对用户在家的时间段进行推断，对配送路径的优化将是一个极大的助力。综上，如图 9-9 所示，配送站点至用户手中的"最后一公里"配送路径规划大致分为 3 个步骤：首先推断用户可能在家的时间段，然后将该条件作为约束，结合待配送的订单位置信息，进行多点最短路径规划，最后快递人员基于规划好的最佳路径进行配送即可。

配送时间推断　→　多点路径规划　→　最佳路径配送

图 9-9　"最后一公里"路径规划流程图

其中多点路径规划已有成熟的技术方案，即使加上每个订单位置的上门配送时间约束，也可以使用贪心算法求得一个近似解，并不算一个困难的问题。但如何推断用户可能在家的时间段，这是一个新颖也具有挑战的问题，有哪些数据可以使用，又如何利用好这些数据，这都是需要考虑的。

9.3　实现方案

前文介绍了智能物流管理系统中 3 个产品功能的价值和所需数据，下文将详细说明上述 3 个功能点的具体实现方案。

9.3.1 销量预测

以某电商平台为例，基于大数据和机器学习的商品销量预测模型，使其仓库调拨准确率达 92% 以上。下面将简单介绍该预测模型是如何利用历史订单和商品单击率等时空数据来精准预估市场需求的。

首先，分析商品销量的空间分布。通过对一定时间段内的订单数据在不同空间区域进行聚合，得到销售热力图，可知哪些区域是高热度区域、哪些区域是低热度区域，例如北上广深等大城市的商品购买力就比一般偏远地区要强很多。

其次，分析商品销量的时间分布。通过对指定空间范围内的订单数据在相同时间粒度上进行聚合，例如按天或按小时统计某城市某商品的销量总数，同样可得到时间维度的销售热力图。通过分析便可知商品销量的周期性波动或其他有趣的规律：人们喜欢在周五购物，因为这样周末在家正好可以收货；大型促销活动时商品销量通常会激增，因为此时商品价格的优惠力度很大。

接着，还可分析当前时间用户在电商平台对该商品的单击率或浏览率。不同于历史数据，这是当下鲜活的数据，即使还没有发生购买行为，但最能反映用户对商品的购买意愿。一般而言，某件商品的单击率越高，被越多人关注甚至加入购物车，就越有可能产生最终的购买行为，进而影响商品销量。

上述 3 点只是理论，还应将理论转换为实际的算法模型。传统的销量预测往往是运营人员根据各种数据和历史经验来推测出某个数字，但是真正的销量预测，必然是通过严格的数据筛选和算法模型计算出来的，这涉及基于数据驱动的科学决策。

目前，随着大数据和机器学习的兴起，越来越多的预测模型选择如线性回归、决策树或神经网络等算法，不断地调参和优化，直到达到一个比较理想的效果。基于机器学习进行销量预测一般有 3 个固定的步骤：首先需要选择历史数据，并对数据按照指定规则进行清洗，如把一些促销活动的数据消除以免影响后续分析；然后对历史数据进行拟合，让模型学习数据并对数据产生完整的认知，之后提取相关特征，如此便可得到一批训练样本；最后将清洗后的历史数据分为训练和测试两个集合，同时不断对模型调参以达最好效果。

图 9-10(a) 展示了基于决策树（Decision Tree）的商品销量预测模型可提取历史销量

和当前单击率等变量，并将其分布在树的不同分支上，之后进行迭代训练得到合适的算法模型。预测时，输入某商品的历史销量和当前单击率，便可得到该商品未来的销量走势。但是，单个决策树的能力通常是有限的。这时，可以引入随机森林（Random Forest）以加强预测模型。随机森林可以理解为一组不相关联的弱决策树的集合，将多个决策树的结果通过投票的方式最终聚合成一个结果。如图 9-10(b) 所示，可以针对历史销量和当前单击率、产品质量和售后服务、商品价格和营销活动这些因素组合，分别训练得到其对应的决策树，最终组合成随机森林模型。预测时先将条件输入 3 个决策树进行判断，再基于少数服从多数的投票原则得到最终预测结果。确定预测算法模型后，我们便可以导入 2022 年的历史数据来预测 2023 年的商品销量。

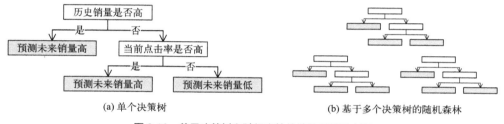

(a) 单个决策树　　　　　　　　　　　　(b) 基于多个决策树的随机森林

图 9-10　基于决策树和随机森林的销量预测示意图

除了可以使用决策树和随机森林等分类模型进行商品销量定性预测之外，还可以使用回归模型进行定量预测。一种简单的方法便是线性拟合。线性拟合假设自变量和因变量之间满足某种线性关系，如图 9-11(a) 所示，仅有一个自变量单击率，并假设单击率和销量的线性关系为一次函数；如图 9-11(b) 所示，存在两个自变量，单击率和商品价格，并假设销量与其满足二次函数的关系。在确定好变量数量后，便可对历史数据进行拟合以确定方程中的参数，如单个变量拟合的结果是一条直线，两个变量拟合的结果是一个平面。拟合完成后，输入相关因变量，便可得到对应的商品预测销量。

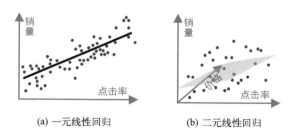

(a) 一元线性回归　　　　　　(b) 二元线性回归

图 9-11　基于一元线性回归和二元线性回归的销量预测示意图

上述只是两个简单的预测模型。在实际应用中，还需要进行大量的参数调优、样本优化和模型迭代，并结合实际业务情况，做进一步的验证判断。例如，目前随着直播带货的流行，某类商品可能在不经意间就火了。除了直播带货，还有很多其他因素，如随着前段时间电视剧《狂飙》的热播，竟意外使得图书《孙子兵法》大卖至脱销。这类销量提升是具有时效性的，即若这段时间用户需求未得到满足，等到热度过去，用户的购买需求可能就不复存在了，但同时这种意外的因素也很难捕捉和分析。目前，随着深度学习的兴起，出现了很多复杂度更高同时也能够捕捉更多隐藏信息的大模型，例如文献 [12] 基于深度元学习对城市中的商品销量进行预测，同时考虑了购买能力的空间分布和商品销量的时间周期以及促销活动等因素，感兴趣的读者可以去阅读原文。

预测完成后，对于高销量的区域，建议加强仓储资源的整合能力，提前备货，同时提升服务品质；对于低销量的区域，该区域销售尚未达到预期，仍有上升空间，故目前也仅需提供标准的服务即可，更多的精力应放在市场需求分析上。另外，还可结合可视化技术，为企业和商家提供直观的运营状况分析，帮助其进行后续战略调整和决策制定。

随着机器学习的不断发展，相信未来的销售预测会越来越准确，购物这件事可能会慢慢地从先购买再配送的方式，变成先配送然后再购买的方式，用户购物也会逐渐由主动变为被动。

9.3.2　智能分单

智能分单的关键步骤就是地址文本的识别，即从一串文本中解析出省、市、区、街道等层级地址信息。针对地址文本的落位技术，读者可参考本书第 5 章地理编码部分介绍的基于地理层级树的地址搜索，其大致流程如图 9-12 所示。

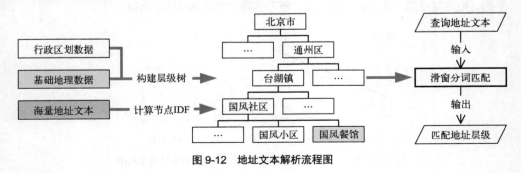

图 9-12　地址文本解析流程图

由图 9-12 可知，智能分单的地址解析功能主要分为两步。第一步是构建地理层级树，用到的数据有行政区划、基础地理（如兴趣点）、历史地址文本等数据，具体步骤为首先按行政区划的归属关系构建初始层级树，例如将"北京市 / 通州区 / 台湖镇 / 国风社区 / 国风小区"的节点路径基于兴趣点和各行政区的空间包含关系插入层级树，例如"国风餐馆"这个兴趣点被挂载至"国风社区"节点之下，最后基于海量的历史地址文本，计算层级树各节点名称分词的逆文档词频，便可完成地理层级树的构建。第二步是提供查询服务，输入待分单的地址文本，并利用基于地理层级树的滑窗分词算法进行匹配，最终输出匹配成功的地址层级信息，使用该层级信息便可实现自动分单操作。

9.3.3　路径规划

正如上一节所述，针对从配送站点到用户手中的"最后一公里"的路径规划问题，主要有 3 个步骤，即配送时间推断、多点路径规划和最佳路径配送，其中最关键的环节就是配送时间推断。配送时间推断指的是基于快递人员的历史妥投数据来推断用户可能在家的时间段，用于辅助后续的路径规划。

由上文的数据分析可知，妥投数据是指上门配送成功后快递人员所记录的签收数据，对应的妥投数据表 t_delivery 中包含时间和地点信息。一种简单的方法是直接使用该表的时间字段 delivery_time 的值作为用户可能在家的时间，但值得注意的是，该字段确实本应用来记录快递人员实际上门配送的时间，却也存在部分情况使得该信息失效，例如某些快递人员习惯在小区门口一次性将所有包裹确定签收，或者用户临时希望将快递包裹存放在快递柜，此时 delivery_time 字段是无效的。综上，历史的妥投时间数据是不可靠的，但不可靠并不意味着错误。幸运的是，用户通常会网购多次并产生多条妥投数据，故若可以对妥投数据的可信度进行量化，那就可以设置阈值并挑选出可信度较高的数据作为最终的预测值。于是，问题的核心在于如何量化数据可信度。

当单个数据无法解决问题时，我们便需要思考有没有其余相关数据可以帮助判断，如同中学几何问题需经常画辅助线解决一样，这也是大数据思维。仔细思考一下，快递人员配送过程中其实还产生了轨迹数据，除此之外还有用户的收货地址数据。再进一步思考可知，若快递人员轨迹在用户所在楼栋产生了驻留情况，且驻留时间与妥投时间吻合，便可增加妥投时间可信度。至此便可总结妥投数据可信度规则，即若该妥投点与某用户收货点相邻，并且在收货点附近存在快递人员轨迹驻留的情况，同时妥投时间点在驻留时间段范围之内，则认为该妥投点的时间信息是可靠的，可以作为用户可能在家时间的辅助判断，反之则不可信。

如图 9-13 所示，共有 3 种数据：一是用户的收货点，该数据一般由对用户填写的收货地址进行地理编码得到，仅包含空间信息；二是快递人员确认妥投的位置数据，包含空间和时间信息；三是快递人员配送轨迹的驻留点信息，包含空间和时间信息。图中有 3 个用户收货点 o_1、o_2 和 o_3，分别位于星悦国际小区 H 座、7 号楼和 2 号楼；还有 3 个妥投数据 d_1、d_2 和 d_3，分别位于小区门口、H 座和 2 号楼，时间点分别为 09:05、09:20 和 09:40；最后还有 4 个轨迹驻留点 s_1、s_2、s_3 和 s_4，分别位于小区门口、H 座、M 座和 2 号楼，对应的时间段分别为 09:00~09:10、09:15~09:25、09:30~09:40 和 09:45~09:55。根据上述规则，对于第一个妥投点 d_1，发现其并未与任何用户收货地址相邻，故该妥投点的信息是不可信的；对于第二个妥投点 d_2，发现其空间上与收货点 o_1 相邻，且在收货点 o_1 处发生了轨迹驻留的情况，同时时间上也正好符合，说明该妥投数据有极大可能是快递人员上门配送时产生的，故具有很高的可信度；对于第三个妥投点 d_3，发现其空间上与收货点 o_3 相邻，且在收货点 o_3 处也发生了轨迹驻留，但妥投的时间为 09:40，相比于其对应的驻留点时间段 09:45~09:55 是提前的，故该妥投数据可信度较低。综上，在 3 个妥投记录中发现了具有高可信度的妥投点 d_2，于是便可将其妥投时间作为用户可能在家的时间点存储起来，以供下次上门配送时参考。至于未推断成功的用户，则可继续尝试使用其他轨迹和妥投数据再次推断，毕竟在大数据时代数据几乎是无限的，低价值也是大数据的特征之一。

图 9-13　配送时间推断示意图

推断出用户可能在家的时间段后，便可将其作为路径规划的约束条件，例如针对习惯早出门的用户应当提前配送，之后进行多点最短路径优化即可，如图 9-14 所示。

图 9-14　基于配送时间约束的多点最短路径规划示意图

9.4　案例总结

时空数据以其多源、异构、动态、海量等特征被广泛应用在各行各业，并产生巨大价值，而在物流领域，时空数据的分析和挖掘为物流仓库备货、流程自动化和末端配送等多方面均提供了富有创新性的解决方案和思路。

本章案例是一个非常典型的电商物流场景的时空应用，数据驱动业务成长，业务反哺数据积累，两者相辅相成，其中时空数据扮演了至关重要的作用。

第 **10** 章

危化品车辆监管

前面两章分别介绍了时空数据在 2C 和 2B 场景的应用。本章我们介绍一个数字政府领域的 2G（to Government，面向政府）案例。本案例同样是一个真实的项目。因为服务的是政府客户，所以时空数据的来源、要解决的问题以及整体的技术架构也不尽相同。通过本案例的学习，读者会对 2G 场景下时空数据的应用价值有一个全新的认识。

10.1　案例背景

危化品是指具有毒害、腐蚀、爆炸、燃烧、助燃等性质的化学品，如果管理不善会对人体、设施、环境造成严重的危害。对于危化品的生产、运输、储存等环节，国家有详细且严格的规定。

为了加强该市危化品全流程监管的力度和效率，市政府想搭建一套完整的危化品监管系统，而危化品运输环节的监管就是非常重要的一环。本案例就是通过危化品运输车辆的行驶轨迹，检测车辆的行驶路线和驻留情况，进而判断是否存在不合规行驶、非法装卸危化品等违规行为，以便实时预警，相关部门可以在第一时间发现运输过程中出现的风险并及时排除隐患。

10.2　案例分析

我们首先分析危化品车辆监管中需要的功能点，然后分析轨迹等时空数据的特点，最后明确利用数据来实现监管功能的具体流程，让时空大数据在危化品监管中发挥重要的价值。我们称该案例为危化品车辆监测预警系统，下文简称预警系统。

10.2.1 功能分析

危化品运输车属于特种车辆，均配备有 GPS 设备，所有 GPS 位置信息需要实时地传回监管中心的服务器。对于潜在的危险，发现得越早越好。危化品车辆检测预警系统需要对接入的 GPS 实时地进行监测和预警，并对过往数据进行归档存储，具体功能可分为以下 3 类。

1. 车辆行驶状态监测

监测是预防风险的前提，要将危化品车辆的行驶状态直观地展现在监管人员的面前。车辆的行驶状态包括车辆的行进线路和车辆的驻留区域，当车辆在行驶的时候要明确其经过了哪些路段，当车辆停留时要明确其驻留的区域。行进线路和驻留区域都需要通过可视化手段，直观地展示到大屏上，监管人员能够查看每辆车的当前位置，过去一段时间的行进路线和驻留范围等，将车辆的运行状态精细地监管起来。

2. 异常行驶状态预警

预警是排除风险的重要手段，当危化品车辆出现危险行为时需要及时预警。车辆的行进和驻留两种状态对应着两类风险。对于行进状态，要预防车辆未按照限定的路线行驶，甚至误驶入学校、医院、小区等人口密集的高风险区域。对于驻留状态，要预防危化品车辆在未经登记的区域内停留，如果发现车辆在一些偏僻、隐蔽的地区长时间停留，那么这些地区极有可能是一些危险化学品非法小作坊，或者存在非法装卸和储存危化品嫌疑。另外，如果危化品车辆长时间出现在一些政府明令要求整改的化工企业附近，则表明这些企业有非法复工的可能。总之，对车辆在行进和驻留中存在的高风险行为要及时预警，这样一方面可以及时提醒或警告驾驶员来规避风险，另一方面可以为监管部门摸排违规违法行为提供重要依据。

3. 车辆历史轨迹归档

除了监测和预警这种预防型的功能以外，对已发生的违规行为的追溯和问责也是监管部门的一大需求。因此，我们需要对危化品车辆的历史轨迹进行归档存储，并提供高效的查询分析功能，以方便监管部门对车辆过往行为进行回放和追溯。

10.2.2　数据分析

下面我们将分析实现危化品车辆监测预警需要用到的时空数据，包括其特点及其作用。

1. GPS 数据

GPS 点记录了危化品车辆的空间位置信息，将 GPS 点按照时间顺序组织起来便形成车辆的行驶轨迹，如图 10-1 所示。该项目中，所有车辆的 GPS 点首先汇集到车辆监管中心，然后再推送到我们的系统之内。为了保证高吞吐量，系统使用分布式消息队列 Kafka 作为缓冲池。Kafka 中，一个记录被称为一条消息，消息是以 Key-Value 的格式存储的，Kafka 会将 Key 值相同的 Value 存储在相同的分区（Partition）中，方便数据消费者读取相同 Key 值的消息。Key 是字符串类型，而 Value 通常是 JSON 格式的字符串。

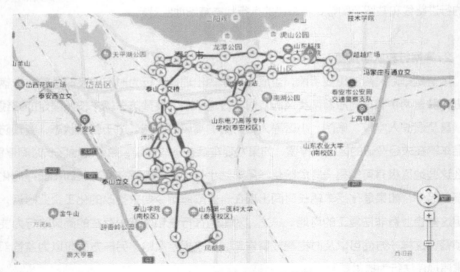

图 10-1　GPS 点序列组成的轨迹

一个 GPS 点由车辆 ID（车牌号）、车辆的空间位置（经度和纬度）以及时间戳组成，当 GPS 接入 Kafka 时，以车牌号为 Key，并将其他信息组成的 JSON 字符串作为 Value，如下所示。

```
{
  "id":"京 A66666",
  "time":"2022-08-10 11:23:15",
  "lng":116.23718,
  "lat":23.71592
}
```

2. 路网数据

本案例中，路网也是非常重要的一类数据，具有多个用途。在车辆实时轨迹检测时，需要利用路网数据，将空间上离散的 GPS 点序列匹配到道路上，得到沿着道路的 GPS 点序列，以便监测车辆行驶状态。此外，在大屏展示时会利用路网数据绘制底图，并将匹配后的 GPS 点叠加到底图上，实现车辆沿着道路行驶的可视化效果。

路网（Road Network）是由路段组成的图（Graph），由边（Edge）和节点（Node）组成，路网中的边就是一条条路段，而节点就是路段的端点。路段包含多个属性，如表 10-1 所示，其中方向（direction）和空间属性（roadLine）是轨迹地图匹配时所必须的。此外，可以根据 level 的不同取值剔除掉危化品车辆不会经行的道路，比如危化品车辆不会行经非机动车道和人行横道，在轨迹地图匹配中剔除这些道路能够精简路网，提高匹配的效率和准确率。

表 10-1　路段属性字段列表

字 段 名	字段类型	字段含义
roadId	Integer	路段唯一 ID
roadLine	LineString	路段空间属性
direction	Integer	路段方向：双向、正向、逆向
level	Integer	路段等级：高速、国道、省道、城市主干道等
speedLimit	Double	路段限速：30km/h、50km/h 等
laneNum	Integer	车道数：单车道、双车道等
name	String	道路名称

3. 兴趣点数据

兴趣点是分布在空间范围内的实体，大到学校、医院、商场、公园，小到餐馆、地铁站等。在该案例中，兴趣点也起到了重要的辅助决策的作用，危化品车辆不能经过学校、医院、商场等人员聚集的兴趣点，也要尽量避免经过兴趣点分布较为密集的区域，这是因为兴趣点密集在一定程度上代表了该区域的流动人口密度大。根据各类兴趣点的分布，我们可以为危化品车辆选择风险系数相对较低的线路。兴趣点的字段信息如表 10-2 所示，其中最主要的是其空间位置（location）和兴趣点类型（type）字段。

表 10-2　兴趣点字段列表

字段名称	字段类型	字段含义	字段值（以学校为例）
id	Integer	兴趣点 ID	1
name	String	兴趣点名称	东方红小学
type	Integer	兴趣点类型	5（表示学校）
location	Point	兴趣点位置	POINT (116.431, 23.4673)

4. 地理围栏数据

对于一个需要重点关注的空间区域，通常使用电子围栏技术。在空间范围内划定的一个或多个区域面称之为地理围栏。当空间上移动的车辆驶入或者驶离围栏时，需要进行实时预警，如图 10-2 所示。在该案例中，为了避免危化品车辆驶入人口密集的区域，通常会划定一些地理围栏，比如居民区、商业区等，并实时监控车辆是否驶入地理围栏。一旦驶入就要立刻触发预警，引起相关监管部门的关注并及时提醒司机。围栏数据的字段信息如表 10-3 所示，字段值中 MULTIPOLYGON 的坐标用省略号表示。

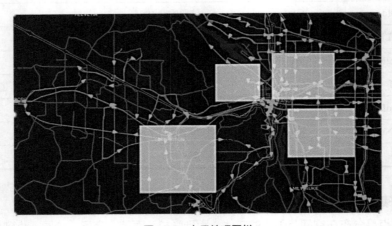

图 10-2　电子地理围栏

表 10-3 围栏数据的字段列表

字段名称	字段类型	字段含义	字段值（举例）
fenceId	Integer	围栏 ID	1
fenceName	String	围栏名称	万达广场
bound	MultiPolygon	围栏的空间范围	MULTIPOLYGON (…)

10.2.3 流程分析

1. 实时数据接入

GPS 点数据由车载 GPS 系统实时上报到危化品车辆监管中心。在监管中心服务器集群中，用 Kafka 消息队列存储接收到的 GPS 点数据。所有危化品车辆的 GPS 数据存储在 Kafka 的一个话题（Topic）中，Topic 由多个分区（Partition）组成，Partition 分散地存储在集群中。为了防止 Topic 中的数据随着时间持续增大，设置过期时间为 7 天，这样 Kafka 会自动清理掉 Topic 中超过 7 天的 GPS 数据。

2. 离线数据接入

路网、兴趣点、地理围栏等数据是不随时间变化的静态数据，又称离线数据。这些数据体量不大，为了方便空间查询，我们将这些离线数据导入时空数据库 PostgreSQL 中，并为其创建空间索引。

3. 实时监测预警

对于 Kafka 中暂存的实时数据，我们使用 Flink 的分布式流处理框架对接入的 GPS 点序列进行分析，监测其行进和驻留状态，然后结合预设的线路、地理围栏、兴趣点等对不规范行为进行预警。

4. 可视化展示

危化品车辆的当前位置、最近一段时间的行驶轨迹和驻留区域等信息都需要实时展示到可视化大屏上，供监管人员查看并辅助决策。

5. 历史数据归档

Kafka 中的数据只能按照时间顺序进行消费，无法根据车牌号、时间范围、空间范围对历史车辆轨迹进行查询。为了方便追溯车辆历史轨迹,我们将 Kafka 中的 GPS 数据归档到分布式时空数据库 GeoMesaHBase 中,并为其构建 ID 索引和时空索引。此处也需要用到 Flink 分布式实时计算框架。

10.3　方案实现

前面两节我们明确了危化品监测预警系统的需求,针对需求梳理了需要的时空数据,以及需要开发的产品功能,并给出了从数据接入到监测预警的流程分析。下面我们从技术实现的角度介绍一下各个功能的实现细节。

10.3.1　技术难点分析与技术选型

如何定义危化品车辆行驶路线的危险系数呢?这是一个无法量化的问题。要根据不同空间区域的特征,使用不同的方式来约束危化品车辆的行驶路线、检测车辆的非法驻留等信息,排除可能存在的安全隐患。

1. 严格约束路线方案

如果危化品车辆的出发地与目的地之间的路况简单且可选路线比较单一,则可以规定车辆的行驶路线,尽量保证选定的路线周边人口密度较小,从而降低风险系数。车辆在行驶的过程中,可以通过其产生的 GPS 点来判断车辆是否偏离规定的行驶路线,进而对危化品车辆进行监管,如图 10-3 所示。

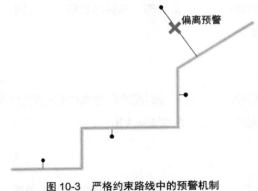

图 10-3　严格约束路线中的预警机制

2. 灵活选择路线方案

如果出发地与目的地之间的路况复杂且可选路线较多时，车辆的行驶线路要由司机根据实际情况来决定，无法提前设定。这种情况下，可以使用地理围栏的方法，指定哪些区域是危化品车辆不能驶入的，当危化品车辆驶入围栏时，要及时地对司机和监管人员进行预警，保持高度警惕。

3. 非法驻留检测方案

在灵活选择路线方案中，会存在危化品车辆非法停留并违法装卸危化品的可能，这也是本案例要解决的一大核心问题。可以通过车辆的 GPS 轨迹数据，检测车辆的驻留点信息，然后根据驻留点所在的空间位置，例如偏离机动车道的郊区，判断是否为非法驻留。对于非法驻留点，监管人员要去现场摸排，排查可能存在的危化品小作坊，解除潜在的危险。

10.3.2 车辆行驶状态分析

上面我们分析到，车辆的行驶状态可分为行进状态和驻留状态，危化品车辆监管场景中对这两种状态有不同的监测预警机制。因此在最开始，需要从实时接入的 GPS 序列中区分出行进状态和驻留状态。

在第 5 章的轨迹分析算法中，我们介绍了轨迹驻留点检测算法，如果连续的多个 GPS 点在空间上的移动距离很小，则认为车辆处于驻留状态。如图 10-4 所示，车辆在 GPS 点 p_5、p_6、p_7、p_8 上处于驻留状态，而在其他 GPS 点上处于行进状态。可见，通过将轨迹驻留点检测算法应用到实时计算中，便可以从源源不断的 GPS 点流中检测出危化品车辆的两种行驶状态。

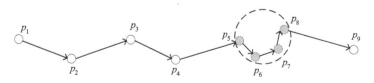

图 10-4 车辆的行进和驻留状态图

这里使用 Flink 的处理函数 KeyedProcessFunction 来封装流式计算逻辑，当以 GPS 点的车牌号为 Key 时，该处理函数会将同一辆车的 GPS 点都集中在一个任务中进行计算，并将计算结果组织成一个或多个输出流。车辆行驶状态检测任务的计算流程如图 10-5 所示，对 GPS 输入流进行流式计算，检测出其中的驻留点，组成驻留点输出流，其中 sp_1 是由 p_5、p_6、p_7、p_8 组成的；同时，将其他正常行进的 GPS 点组成行进的 GPS 输出流，并用特殊标记的 GPS 点 tag 来表示其前后两个 GPS 点之间被检测到驻留点，为后续的流式计算逻辑提供参考。本章涉及的实时计算代码可以参考本书附带的 github 仓库。

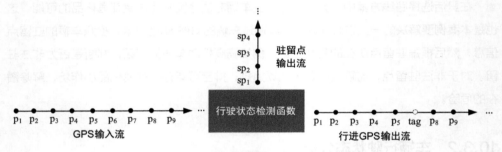

图 10-5　实时车辆行驶状态检测任务示意图

10.3.3　可视化大屏监测

可视化大屏是监管危化品车辆的总入口，其中展示的内容分为以下两个部分。

1. 车辆当前位置和行驶状态展示

大屏展示的基本需求包括展示危化品车辆的当前位置和行驶状态。如何基于车辆行驶状态检测的结果来获取车辆的当前位置并标识其行驶状态，是需要解决的问题。

Redis 是一款高性能的 Key-Value 内存数据库。以车牌号为 Key，GPS 点的 JSON 字符串为 Value 将 GPS 点存储在 Redis 中，Redis 只保留同一个 Key 的最新 Value，而旧的 Value 会被新的覆盖。本案例中，我们正是利用了 Redis 的这一特点，将行进 GPS 流的每个 GPS 点写入 Redis 中，这样就能保证 Redis 中存储了车辆最新上报的 GPS 点，即车辆的当前位置。

这里可能会有疑惑，只将行进状态的 GPS 点保存到 Redis，而忽略驻留状态的 GPS 点是否合理呢？其实，这是完全没问题的。因为在车辆行驶状态分析中，会将驻留点的起始 GPS 点（即锚点）写入行进 GPS 输出流中，而驻留点中其他 GPS 点与锚点的空间距离非常近（都小于最大驻留距离 δ），所以锚点能够表示车辆当前的驻留位置。

至此，Redis 中存储的 Key-Value 就代表了所有车辆当前的位置，那么车辆当前的行驶状态如何判断呢？根据检测逻辑可以知道，如果一个车辆当前处于驻留状态，检测逻辑会将其实时上报的 GPS 点缓存在 candidateGpsList 中，此时 Redis 中保存的最新 GPS 点是锚点；如果一个车辆当前处于行进状态，则其 GPS 点不会被缓存太久或者直接写入行进 GPS 输出流中，此时 Redis 中保存的最新 GPS 点就是车辆最近的空间位置。基于这个逻辑，可以计算 Redis 中 GPS 点与当前时间的时间差，如果时间差大于最小驻留时长 β，则认为车辆处于驻留状态；如果时间差小于最小驻留时长 β，则认为车辆处于行进状态。

将行进状态的 GPS 流写入 Redis，到从 Redis 中读取车辆位置并将其显示到大屏上的流程如图 10-6 所示。

图 10-6　车辆当前位置检测流程

2. 车辆轨迹和驻留点展示

展示车辆最近一段时间的行驶轨迹和驻留点，可以方便监管人员查看危化品车辆的最新动态。在车辆行驶状态检测中，已经得到了驻留点输出流，我们只需要将实时检测到的驻留点保存在 GeoMesaHBase 分布式存储中，供可视化展示时进行查询。

对于行进状态的 GPS 流来说，最简单的方法就是将这些 GPS 点连接成线（LineString）并展示到大屏上，如图 10-7 中虚线所示，但是这种简单的做法有非常明显的缺陷。首先，由于硬件技术的局限和周边物体的干扰，车辆的 GPS 点通常和车辆的真实位置存在偏差，GPS 点可能会落在道路之外，大屏上展示出的 LineString 并不是严格沿着道路的；另外，直接连接相邻 GPS 点的做法还会出现轨迹"撞墙""跨河"等非常差的视觉体验。为了实现更好的视觉效果，可以从物理和算法两个方面对轨迹可视化进行优化。

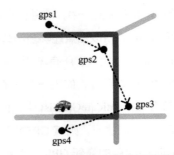

图 10-7　车辆轨迹可视化效果示意图

当 GPS 点的采样率很低，即前后两个 GPS 点的时间跨度很大时，将 GPS 点连接起来的 LineString 在视觉上的跳变现象越明显，可视化效果越差，这可以通过提升 GPS 点的采样率，即提高车载 GPS 系统的上报频率来改善，这样得到的 GPS 点更密集，显示在地图上的 LineString 就具有连续性，这就是物理优化。另外，当 GPS 精度过低时，GPS 与道路的偏离现象越明显，此时可以为车辆配置更高精度的 GPS 设备，让 GPS 点与道路的拟合效果更好。

如果物理优化存在困难，就需要用算法来弥补，即算法优化。我们的目标是将 GPS 序列表示的轨迹完全拟合到车辆行驶的真实道路上，要能在大屏上看到车辆是严格沿着道路行驶的，而不是从一个 GPS 点跳变到下一个 GPS 点。这很容易联想到轨迹地图匹配算法。轨迹地图匹配算法的本质是基于 GPS 点来预测车辆行驶的真实道路，然后将预测的道路连成线来表示车辆的行驶路线，从而达到与路网完全拟合的效果，如图 10-7 中沿着道路的深色实线所示。

轨迹地图匹配算法使用隐马尔科夫模型来预测车辆的真实行驶线路。如图 10-8 所示，首先，在路网上查找与 GPS 点相近的路段，并取路段上与 GPS 点最近的点为候选点（Candidate Point），如图中 gps1 查找到 3 条相近路段，对应的 3 个候选点分别是 c1-1、c1-2 和 c1-3。然后，为每个候选点预测一个最优前置候选点，如图中 c2-1 的前置候选点是 c1-2，即认为如果车辆的真实位置在 c2-1 的话，其上一个真实位置最有可能是 c1-2，图中的连线是候选点之间在路网上的最短路径。

假设在 gps4 对应的时刻，车辆仅有一个候选点 c4-1，则预测到车辆在 gps1~gps4 的真实行驶路线为 c1-2 → c2-1 → c3-3 → c4-1，这种从候选点 c4-1 开始反向寻找车辆完整行驶路线的过程称为最优路径回溯。

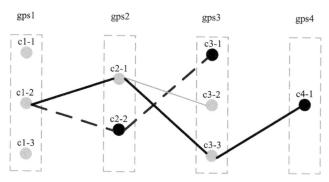

图 10-8　轨迹地图匹配算法示意图

对于离线场景，车辆的 GPS 点已经确定，对每个 GPS 点计算候选点，并对每个候选点预测其最优前置候选点，并基于最后一个 GPS 点的最优候选点做最优路径回溯，便可得到整条轨迹地图匹配后的路径。在实时场景中，GPS 是源源不断地流入的，没有"最后一个 GPS 点"的概念，而且实时场景要求实时地将最新的地图匹配路径展示到可视化大屏上，所以要不停地将最新匹配得到的路径输出。可见，实时轨迹地图匹配的挑战要比离线的更大。

既然是预测，就有可能存在偏差。图 10-8 中，gps3 上预测到的最优候选点是 c3-1，对应的路径是 c1-2 → c2-2 → c3-1（深色虚线所示），与 gps4 上预测到的路径存在偏差，这是正常现象。为了在大屏上显示最新的预测路径，需要用最新的路径覆盖之前的路径，例如在 gps3 流入时，将预测到的路径 c1-2 → c2-2 → c3-1 写入到 Redis 缓存，而当 gps4 流入时，将预测到的路径 c1-2 → c2-1 → c3-3 → c4-1 写入 Redis 缓存，并将 gps3 上预测到的路径覆盖掉。我们看到两个路径的起始 GPS 点都是 gps1，要想第二条路径覆盖第一条，它们就要拥有相同的 Key，本案例中，我们将车牌号 + 路径起始 GPS 点时间戳作为 Key，这样就能实现覆盖效果，且能在 Redis 中保存同一车辆的多段匹配后的路径。

图 10-8 中，gps2、gps3 和 gps4 上预测到的路径都是从 c1-2 开始的，我们不禁会想，gps1 之前的 GPS 点上预测到的路径是否也存在偏差，为何 gps1 会是后续 GPS 点上预测路径的起始点，成为这样的节点需要满足什么条件呢？要回答这些问题，还是要从轨迹地图匹配算法原理上出发。我们知道，最优路径回溯是从当前最新 GPS 点的最优候选点开始逆向递归搜索的过程，可以看到，gps2 上有两个候选点 c2-1 和 c2-2，它们的最优前置候选点都指向了 c1-2，这一特征保证了 c1-2 上预测到的最优路径一定是其之后所

有 GPS 点上预测到的最优路径的一部分，我们称 c1-2 之前的这部分路径为必经路径，称 gps1 上的 c1-2 为必经候选点。

我们在图 10-8 的基础上进行了扩展，得到图 10-9。图中有两段必经路径和实时计算中对轨迹地图匹配算法计算结果的缓存，三部分的区分点正是必经候选点 c1-2 和 c4-1，c4-1 是 gps4 上的唯一候选点，gps5 和 gps6 上预测到的路径一定会经过 c4-1。在进行实时轨迹地图匹配时，一个必经候选点到上一个必经候选点之间的路径就会成为一条必经路径，这条必经路径不会再随着时间推移而出现偏差，如图 10-9 中 gps4 流入时，发现 c4-1 是一个必经候选点，则将其与上一个必经候选点 c1-2 之间的路径 c1-2 → c2-1 → c3-3 → c4-1 便是一条必经路径，必经路径被写入 Redis 后不会再被覆盖。另外，会将缓存的必经点之前的所有内容从内存中删除。当 gps5 和 gps6 分别流入时，缓存的状态就只剩下 gps4、gps5、gps6 这个 3 个 GPS 点上的候选点，以及相邻候选点之间的最短路径。利用必经点可以在保证算法正确性的前提下，及时地清空内存中缓存的状态，减少不必要的内存消耗。

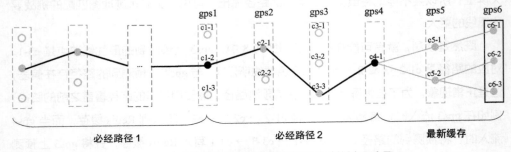

图 10-9 实时轨迹地图匹配的必经路径和最新缓存示意图

从上述的实时轨迹地图匹配算法原理可以看出，预测的路径可能存在偏差。造成偏差的原因有多个，直接的原因就是一个 GPS 点会有多个候选点，对应地有多条候选路径，不同 GPS 点上预测到的路径就有可能出现偏差。候选点越多，出现必经候选点的可能性就会变少，缓存的数据量就越大，出现预测偏差和 Redis 中路径覆盖的情况就会变多。一个 GPS 点对应多个候选点的情况不能消除，但是可以尽可能地避免，主要从两个方面来避免这种情况。

■ 简化路网

对路网数据进行简化，从中剔除危化品车辆不可能驶经的道路，如小区、公园内的道路、非机动车道这类毛细路网。这样能保证 GPS 搜索候选道路时，不会选到车辆不可能经过的道路，也能保证在计算前后两个候选点之间的最短路径时，不会有无用道路的参与。简化路网可以大大减少候选点的数量，提高预测两个候选点之间真实路径的准确性（因为剔除了无用道路的干扰），也提高了候选点搜索和最短路径的计算效率。

■ 控制搜索半径

在搜索一个 GPS 点的候选道路时，会设置一个搜索半径。搜索半径是地图匹配算法的一个重要参数，其大小与 GPS 点的精确度相关。如果车辆的 GPS 点和其真实位置之间的偏差比较大，即 GPS 定位误差较大时，搜索半径要适当扩大，以确保能搜索到车辆行经的真实道路。在保证兼容 GPS 定位误差的前提下，搜索半径还是要尽可能设置得小，从而减少 GPS 点上的候选道路和候选点的数量，减少缓存对内存的消耗，提高预测准确率和计算性能。

对于轨迹地图匹配的一些特殊情况，我们也会有对应的处理逻辑，下面逐一说明。

■ 找不到候选点

当 GPS 点在搜索范围内找不到候选点时，有可能是 GPS 点误差太大偏离道路太远，也有可能是路网数据不够完善，没有包含车辆行驶过的道路，对于这种情况，我们会直接将该 GPS 点丢弃。

■ 找不到最短路径

当前后两个候选点之间不存在最短路径时，这两个候选点之间的路径长度认为是无穷大，当相邻两个 GPS 点的所有候选点之间都不存在最短路径时，说明两个 GPS 点之间不能有路径相连，我们会将轨迹的这两个点之间切断。

■ 等不到必经候选点

当实时计算中缓存的 GPS 点数量很多时（比如 100 个 GPS 点），有可能仍没出现一个必经候选点，但是这种情况极少出现，我们观察到在该案例中平均每隔 4 个 GPS 点就会遇到一个必经候选点。对于没有出现必经候选点的极端情况，为了避免缓存太大造成内存溢出和任务失败，我们会将最新 GPS 点上的最优候选点作为一个必经候选点，这样有可能会引起短距离的路径偏差，但是对整体影响不大。

以上，我们介绍了利用轨迹地图匹配算法和实时计算框架，将危化品车辆行驶轨迹匹配到道路上并将匹配后的路径存储到 Redis 缓存中的流程。在大屏展示时，只需要根据车牌号来查询最近一段时间内的匹配路径并将其展示在地图上即可，如图 10-10 所示。

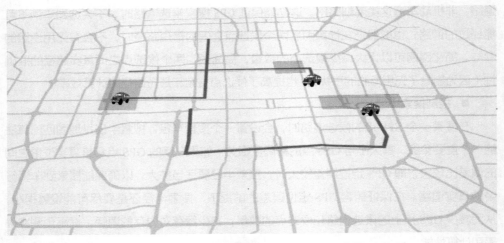

图 10-10　危化品车辆行驶轨迹大屏展示示意图

10.3.4　车辆行驶异常预警

1. 基于驻留状态的预警

基于实时检测到的车辆驻留点数据，可以开发实时异常预警功能。本案例对危化品车辆长时间在偏僻地方停留的情况非常警惕，需要对这种情况进行实时预警。驻留点本质上是一段空间跨度很短的 GPS 点序列，驻留点的起始 GPS 点和终止 GPS 点之间的时间差就是驻留时长；驻留点的空间位置周边的兴趣点分布的密度可以用来判断是否偏僻，兴趣点分布密度越低，认为越偏僻。具体来说，以驻留点的中心为圆心，设定一个距离为半径对兴趣点进行范围查询，然后用查询到的兴趣点数量、兴趣点的类型（比如有学校、医院、小区的地方偏僻度就很低）来综合评估出该驻留点的偏僻度。

2. 基于行进状态的预警

■ 行驶偏航预警

对于严格约束路线的方案，需要实时地将每个 GPS 点与路线进行匹配，如果 GPS 点与路线的距离超过指定阈值，则认为偏离了预设路径。然而，直接计算 GPS 点（Point）与路线（LineString）的距离是一个比较耗时的操作，这是因为 GPS 点的数量很多，加上路线的长度通常比较长，计算 GPS 点与路线的距离的算法复杂度也很高。为了优化 GPS

点与路线距离的计算效率，我们将路线用多段连续的线段集合表示，然后为路线构建 R-Tree 索引。R-Tree 索引提供了空间距离查询，每流入一个 GPS 点，就在 R-Tree 上执行一次空间距离查询，如果有查询结果，说明车辆没有偏航，如果没有查询结果则说明偏航了。为路线构建的 R-Tree 索引如图 10-11 所示。

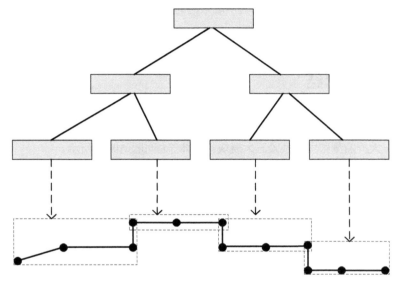

图 10-11　为路线构建的空间索引示意图

- **地理围栏预警**

对于没有路线约束的方案，我们使用排查法进行预警，即用地理围栏来约束车辆不能驶入哪些范围。当车辆驶入一个地理围栏时，就会触发一次预警，如图 10-12 中的叉号所示。

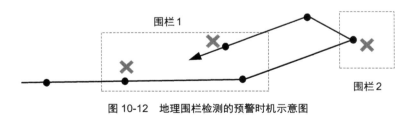

图 10-12　地理围栏检测的预警时机示意图

我们将每一次预警称为一个预警事件。本案例中，我们将预警事件流写入 Kafka 消息队列，供预警响应的功能模块进行消费。

10.3.5　历史数据归档

以上我们介绍了危化品车辆的实时监测预警功能，为了保证系统的稳定性，这些实时的分析结果在 Redis 或者 Kafka 中存储时都会设置过期时间，系统会自动将过期数据清除。为了永久地保留历史数据，并提供高效的时空查询分析能力，该案例将实时分析得到的车辆驻留点和行进的车辆轨迹保存在了 GeoMesaHBase 中。

10.4　案例总结

整个危化品车辆的监测预警都是基于对 GPS 点流的实时分析进行的，主要包括行驶状态检测、大屏监测和异常预警三大模块，整体流程如图 10-13 所示。

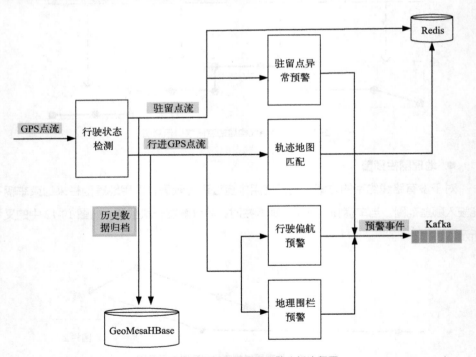

图 10-13　危化品车辆监测预警分析流程图

参考文献

[1] 徐冠华.“全社会要高度关注数字地球.”中国测绘 3, 7-8. 1999.

[2] Antonin Guttman. "R-Trees: A Dynamic Index Structure for Spatial Searching." In Proceedings of the 1984 ACM SIGMOD International Conference on Management of Data, pp. 47-57. 1984.

[3] Christian BÖxhm, Gerald Klump, and Hans-Peter Kriegel. "XZ-Ordering: A Space-Filling Curve for Objects with Spatial Extension." In International Symposium on Spatial Databases, pp. 75-90. Berlin, Heidelberg: Springer Berlin Heidelberg, 1999.

[4] Ruiyuan Li, Huajun He, Rubin Wang, Yuchuan Huang, Junwen Liu, Sijie Ruan, Tianfu He, Jie Bao, and Yu Zheng. "JUST: Jd Urban Spatio-Temporal Data Engine." In 2020 IEEE 36th International Conference on Data Engineering, pp. 1558-1569. IEEE, 2020.

[5] Hellerstein J M, Naughton J F, Pfeffer A. "Generalized Search Trees for Database Systems." September, 1995.

[6] Aref W G, Ilyas I F. "SP-GIST: An Extensible Database Index for Supporting Space Partitioning Trees." Journal of Intelligent Information Systems, 2001, 17: 215-240.

[7] Chang F, Dean J, Ghemawat S, et al. "Bigtable: A Distributed Storage System for Structured Data." ACM Transactions on Computer Systems, 2008, 26(2): 1-26.

[8] 邓俊辉.“计算几何 : 算法与应用 .”165-278. 2005.

[9] 高文超 , 李国良 , 塔娜 .“路网匹配算法综述 .”软件学报 29.2, 225-250. 2017.

[10] Jae-Gil Lee, Jiawei Han, and Kyu-Young Whang. "Trajectory Clustering: A Partition-and-Group Framework." In Proceedings of the 2007 ACM SIGMOD International Conference on Management of Data, pp. 593-604. 2007.

[11] Ruiyuan Li, Rubin Wang, Junwen Liu, Zisheng Yu, Huajun He, Tianfu He, Sijie Ruan et al. "Distributed Spatio-Temporal k Nearest Neighbors Join." In Proceedings of the 29th International Conference on Advances in Geographic Information Systems, pp. 435-445. 2021.

[12] Huiling Qin, Songyu Ke, Xiaodu Yang, Haoran Xu, Xianyuan Zhan, and Yu Zheng. "Robust Spatio-Temporal Purchase Prediction via Deep Meta Learning." In Proceedings of the AAAI Conference on Artificial Intelligence, vol. 35, no. 5, pp. 4312-4319. 2021.